今すぐ使えるかんたん

ぜったいデキます！ ワード&エクセル 超入門

2019 2016 対応版

JN015605

技術評論社

この本の特徴

1 ぜったいデキます！

操作手順を省略しません！

解説を一切省略していないので、
途中でわからなくなることがありません！

あれもこれもと詰め込みません！

操作や知識を盛り込みすぎていないので、
スラスラ学習できます！

なんどもくり返し解説します！

一度やった操作もくり返し説明するので、
忘れてしまってもまた思い出せます！

② 文字が大きい

たとえばこんなに違います。

大きな文字で 読みやすい	大きな文字で 読みやすい	大きな文字で 読みやすい
ふつうの本	見やすいといわれている本	この本

③ 専門用語は絵で解説

大事な操作は言葉だけではなく絵でも理解できます。

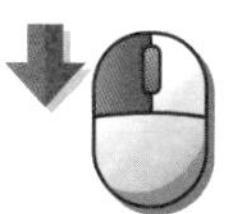

左クリックのアイコン

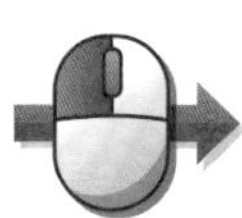

ドラッグのアイコン

入力のアイコン

Enterキーのアイコン

④ オールカラー

2色よりもやっぱりカラー。

2色

カラー

CONTENTS

パソコンの基本操作

第1章 ワードの基本操作を覚えよう

第2章 ワードでお知らせ文書を作ろう

第3章 ワードで文字の配置を整えよう

第4章 ワード文書に図形を作成しよう

第5章 ワード文書に写真やアイコンを入れよう

第6章 エクセルの基本操作を覚えよう

第7章 エクセルで集計表を作ろう

第8章 エクセルで表を見やすく整えよう

第9章 エクセルで表に罫線を引こう

第10章 エクセルで計算式を入力しよう

第11章 ワードでエクセルの表を利用しよう

第12章 便利な機能を知っておこう

[免責]

本書に記載された内容は、情報の提供のみを目的としています。したがって、本書を用いた運用は、必ずお客様自身の責任と判断によって行ってください。これらの情報の運用の結果について、技術評論社および著者はいかなる責任も負いません。

本書記載の情報は、2020年6月末日現在のものを掲載していますので、ご利用時には、変更されている場合もあります。

ソフトウェアはバージョンアップされる場合があり、本書での説明とは機能内容や画面図などが異なってしまうこともあり得ます。OSやソフトウェアのバージョンが異なることを理由とする、本書の返本、交換および返金には応じられませんので、あらかじめご了承ください。

以上の注意事項をご承諾いただいた上で、本書をご利用願います。これらの注意事項に関わる理由に基づく、返金、返本を含む、あらゆる対処を、技術評論社および著者は行いません。あらかじめ、ご承知おきください。

[動作環境]

本書はOSとしてWindows 10を対象としています。

お使いのパソコンの特有の環境によっては、Windows 10を利用していた場合でも、本書の操作が行えない可能性があります。本書の動作は、一般的なパソコンの動作環境において、正しく動作することを確認しております。

動作環境に関する上記の内容を理由とした返本、交換、返金には応じられませんので、あらかじめご注意ください。

マウスの使い方を知ろう

パソコンを操作するには、マウスを使います。
マウスの正しい持ち方や、クリックやドラッグなどの使い方を知りましょう。

マウスの各部の名称

最初に、**マウス**の各部の名称を確認しておきましょう。初心者には**マウスが便利**なので、パソコンについていなかったら購入しましょう。

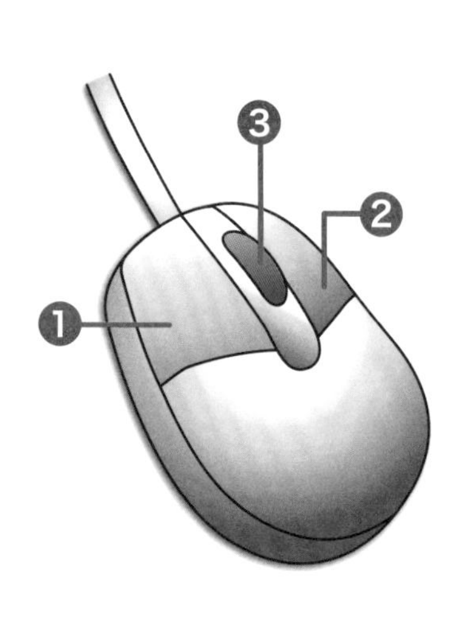

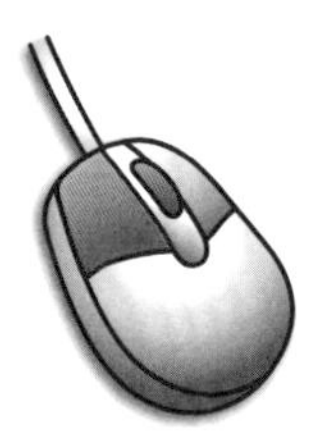

❶ 左ボタン

左ボタンを1回押すことを**左クリック**といいます。画面にあるものを選択したり、操作を決定したりするときなどに使います。

❷ 右ボタン

右ボタンを1回押すことを**右クリック**といいます。操作のメニューを表示するときに使います。

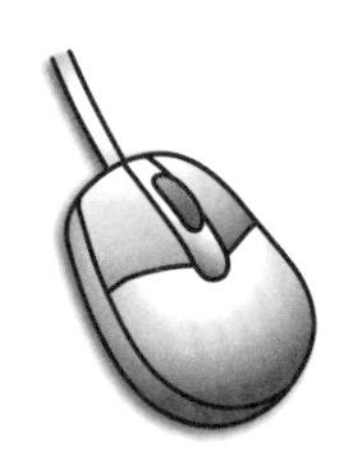

❸ ホイール

真ん中のボタンを回すと、画面が上下左右に**スクロール**します。

マウスの持ち方

マウスには、操作のしやすい持ち方があります。
ここでは、マウスの**正しい持ち方**を覚えましょう。

❶ 手首を机につけて、マウスの上に軽く手を乗せます。

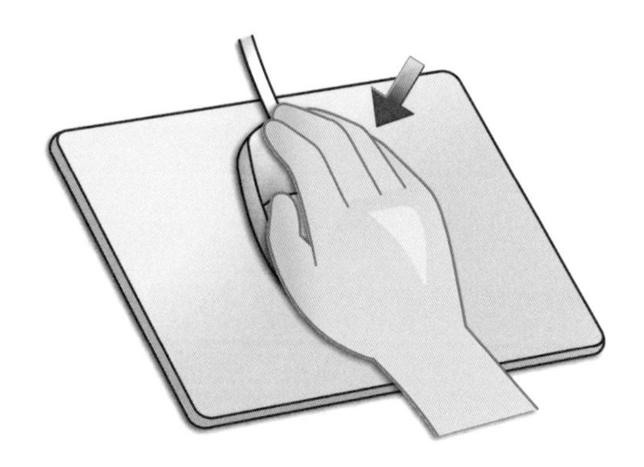

❷ マウスの両脇を、**親指**と**薬指**で軽くはさみます。

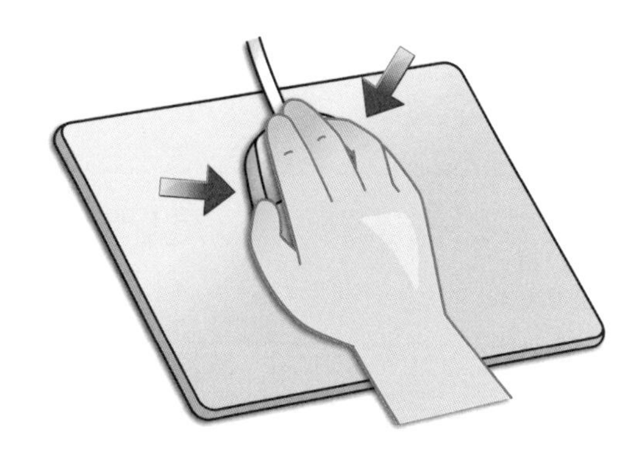

❸ **人差し指**を左ボタンの上に、**中指**を右ボタンの上に軽く乗せます。

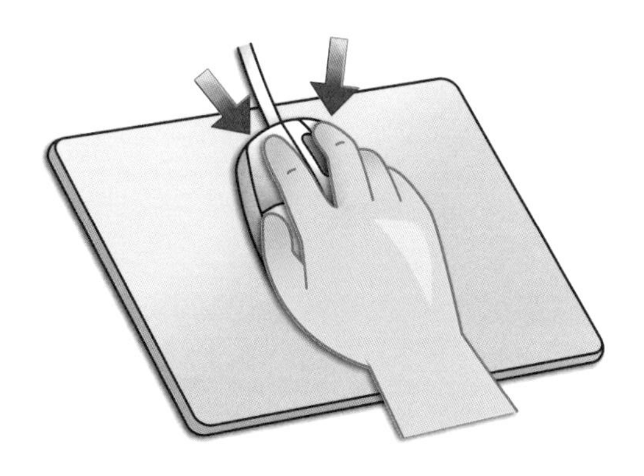

❹ 机の上で前後左右にマウスをすべらせます。このとき、**手首をつけたまま**にしておくと、腕が楽です。

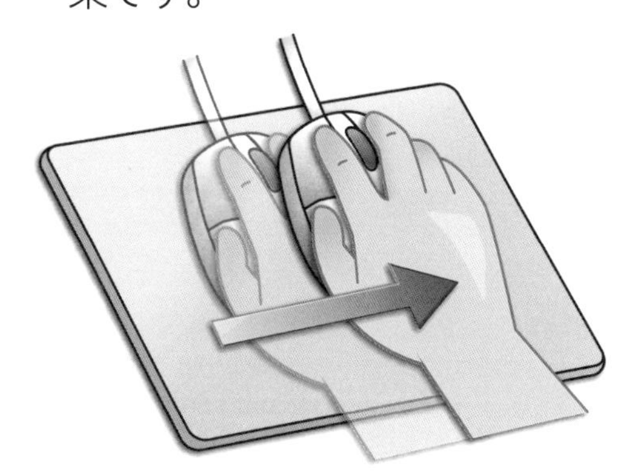

 カーソルを移動しよう

マウスを動かすと、それに合わせて画面内の矢印が動きます。
この矢印のことを、**カーソル**といいます。

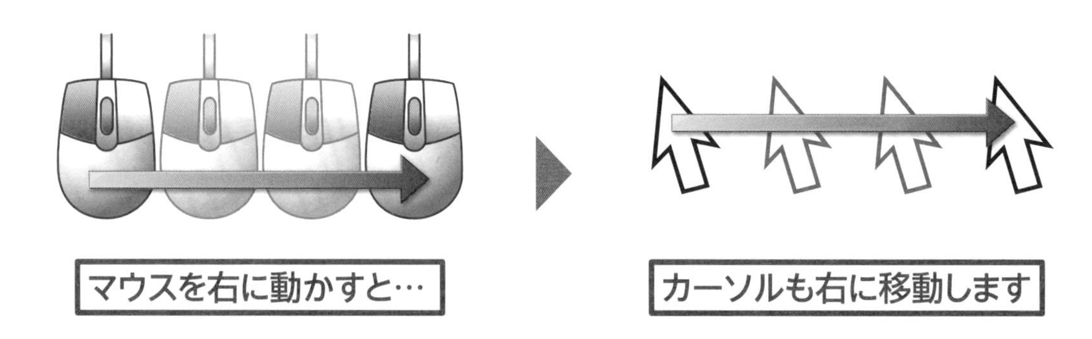

● もっと右に移動したいときは?

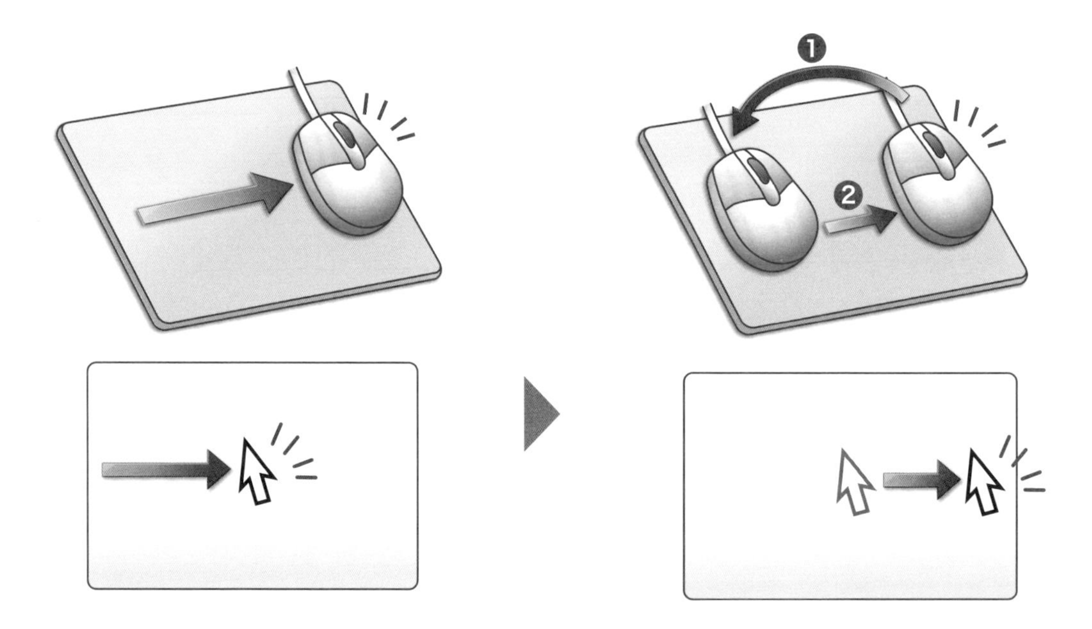

もっと右に動かしたいのに、
マウスが机の端に来てしまったと
きは…

マウスを机から**浮かせて**、左側に
持っていきます❶。そこからまた
右に移動します❷。

マウスをクリックしよう

マウスの左ボタンを1回押すことを**左クリック**といいます。
右ボタンを1回押すことを**右クリック**といいます。

❶ クリックする前

13ページの方法でマウスを
持ちます。

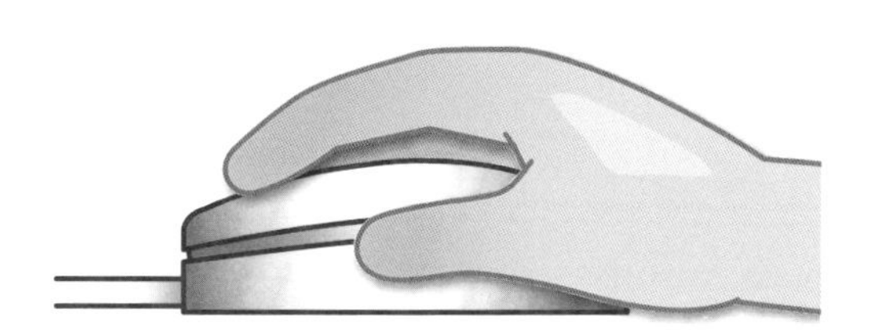

❷ クリックしたとき

人差し指で、左ボタンを軽く押します。カチッと音がします。

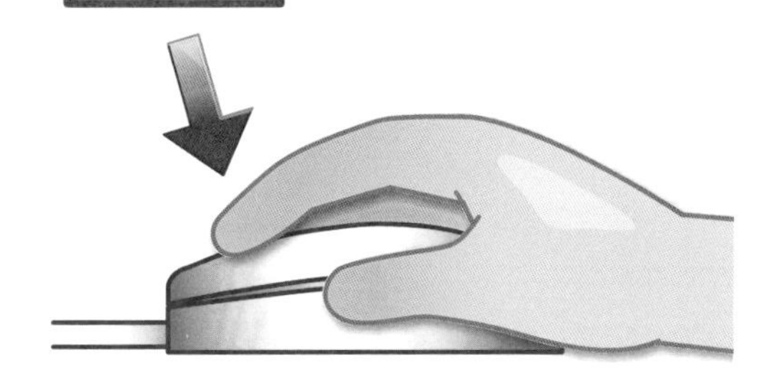

❸ クリックしたあと

すぐに指の力を抜きます。左ボタンが元の状態に戻ります。

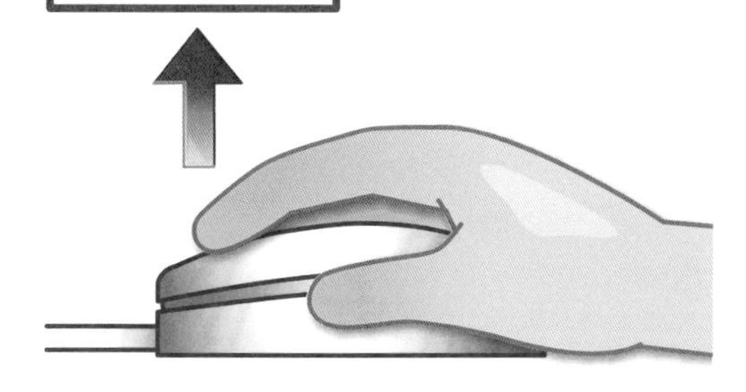

マウスを操作するときは、常にボタンの上に軽く指を乗せておきます。
ボタンをクリックするときも、ボタンから指を離さずに操作しましょう。

 マウスをダブルクリックしよう

左ボタンを2回続けて押すことを**ダブルクリック**といいます。
カチカチとテンポよく押します。

左クリック(1回目)

左クリック(2回目)

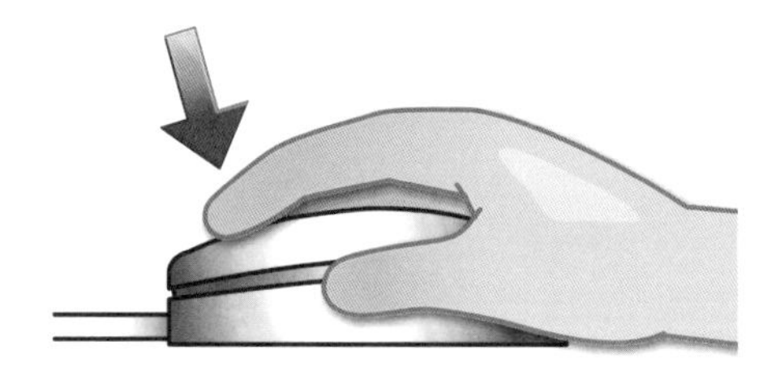

練習 デスクトップの**ごみ箱**のアイコンを使って、
ダブルクリックの練習をしましょう。

❶ 画面左上にあるごみ箱の上に
(カーソル)を移動します。

❷ 左ボタンをカチカチと2回押します(ダブルクリック)。

❸ ダブルクリックがうまくいくと
「ごみ箱」が開きます。

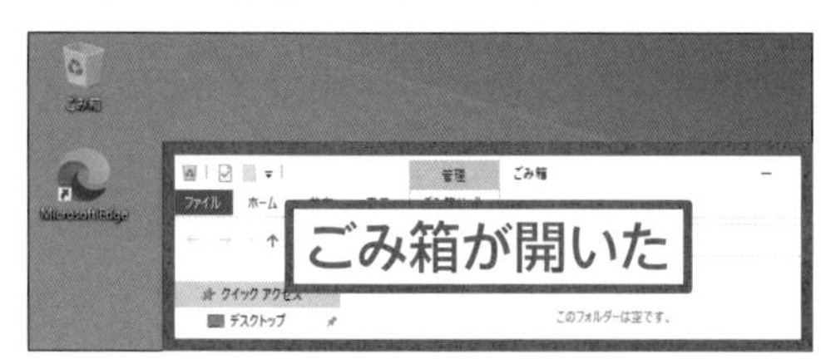

❹ ✕ (閉じる)に (カーソル)を移動して左クリックします。
ごみ箱が閉じます。

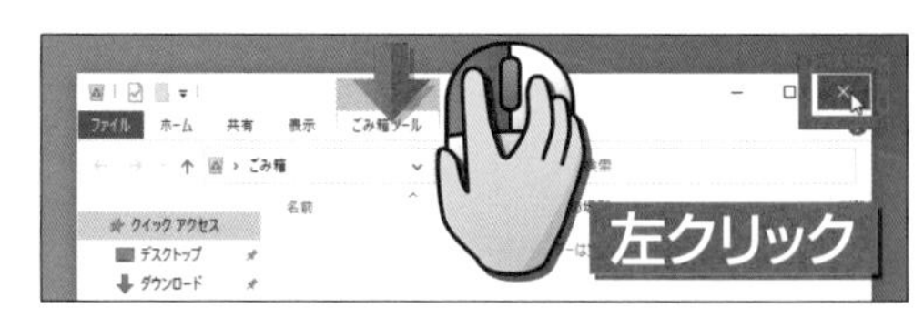

 マウスをドラッグしよう

マウスの左ボタンを押しながらマウスを動かすことを、
ドラッグといいます。

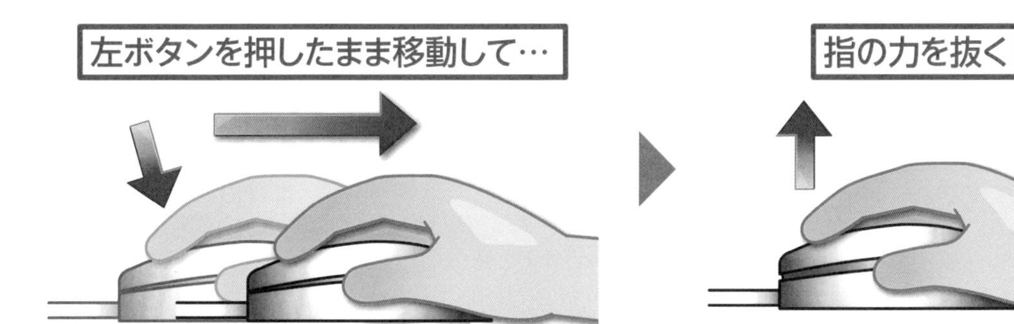

デスクトップの**ごみ箱**のアイコンを使って、
ドラッグの練習をしましょう。

❶ ごみ箱の上に (カーソル) を移動します。左ボタンを押したまま、マウスを右下方向に移動します。指の力を抜きます。

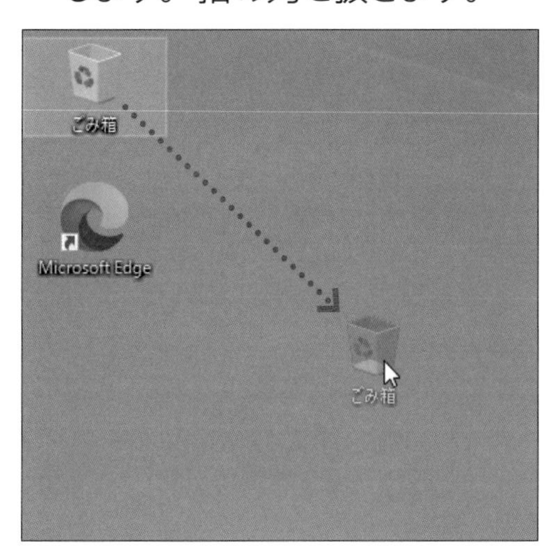

❷ ドラッグがうまくいくと、ごみ箱の場所が移動します。同様の方法で、ごみ箱を元の場所に戻しましょう。

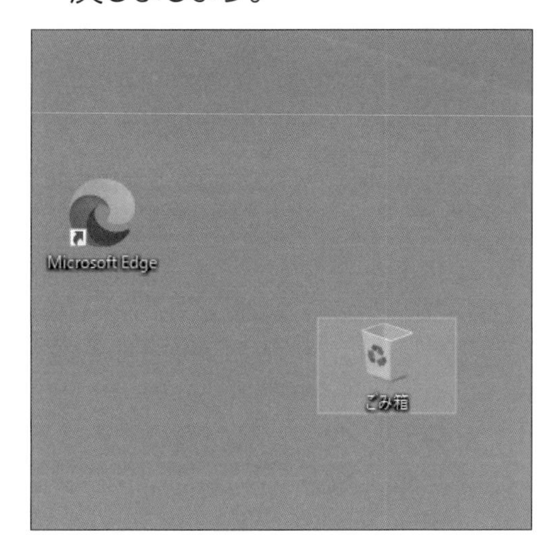

キーボードを知ろう

パソコンで文字を入力するには、キーボードを使います。
キーボードにどのようなキーがあるのかを確認しましょう。

キーの種類

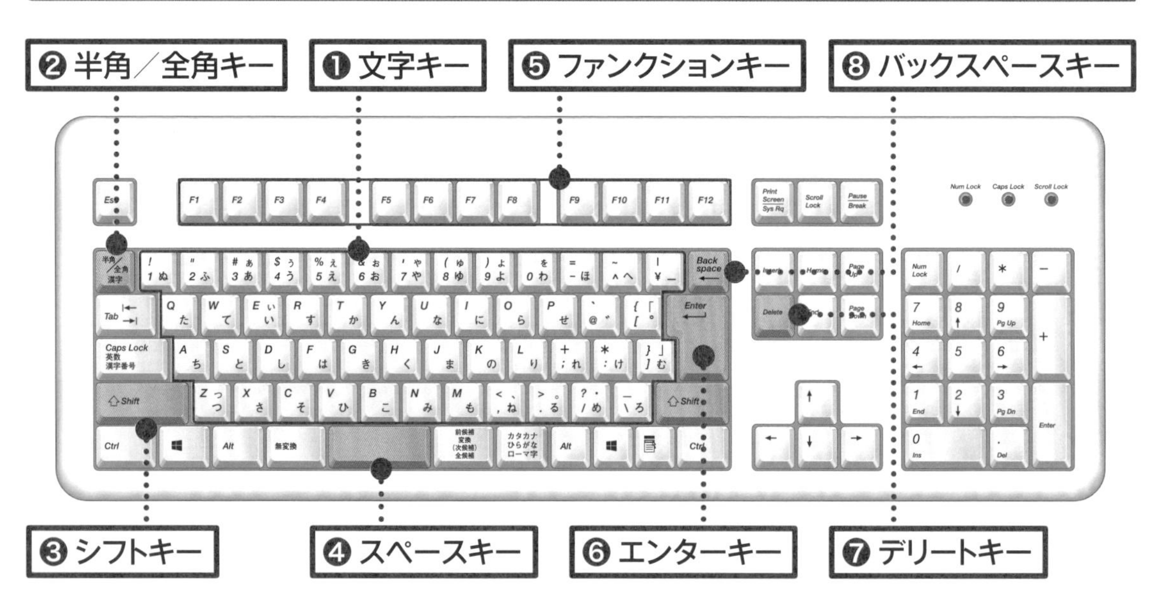

❶ 文字キー
文字を入力するキーです。入力できる文字が表面に書かれています。

❷ 半角／全角キー
日本語入力と英語入力を切り替えます。

❸ シフトキー
文字キーの左上の文字を入力するときに使います。

❹ スペースキー
ひらがなを漢字に変換したり、空白を入れたりするときに使います。

❺ ファンクションキー
それぞれのキーに、アプリ（ソフト）ごとによく使う機能が登録されています。

❻ エンターキー
変換した文字を決定したり、改行したりするときに使います。

❼ デリートキー
文字カーソルの右側の文字を消すときに使います。

❽ バックスペースキー
文字カーソルの左側の文字を消すときに使います。

第1章 ワードの基本操作を覚えよう

この章で学ぶこと

- ワードを起動できますか?
- ワードの画面の各部名称がわかりますか?
- 文書を保存できますか?
- ワードを正しく終了できますか?
- 保存した文書を開けますか?

ワードを起動しよう

ワードを起動して、新規文書を作る準備をしましょう。
スタート画面を表示して、ワードの項目を選びます。

操作
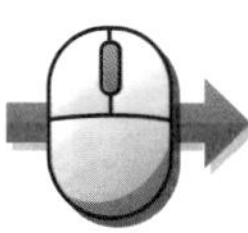
移動 ▶P.014
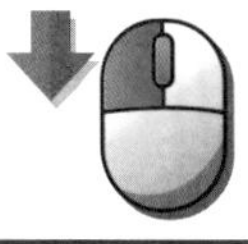
左クリック ▶P.015

回転 ▶P.012

1 スタート画面を表示します

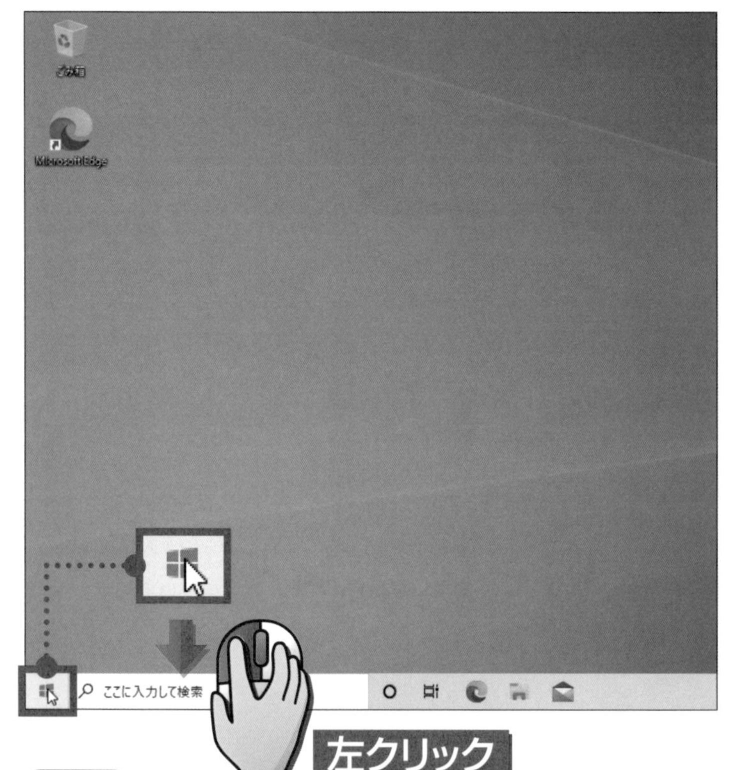

スタートボタン に

カーソル を移動して、

左クリックします。

248ページの方法を使うと、ワードをもっとかんたんに起動することができるよ！

2 アプリの一覧が表示されます

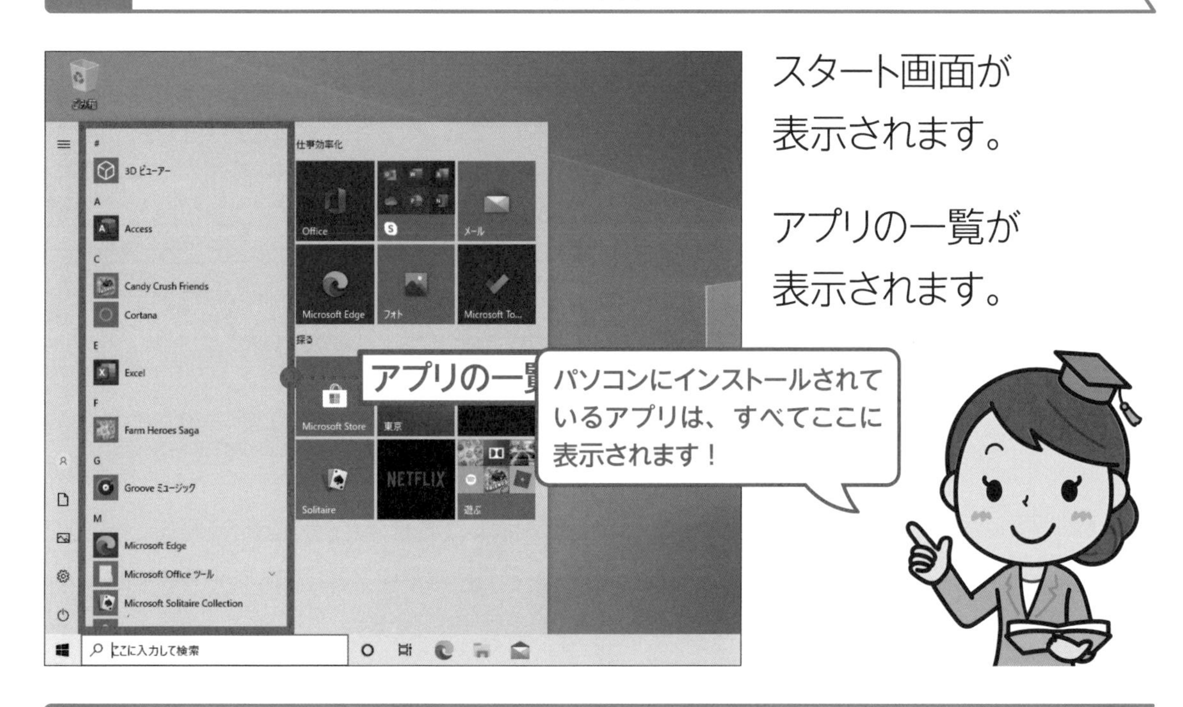

スタート画面が
表示されます。

アプリの一覧が
表示されます。

3 カーソルを移動します

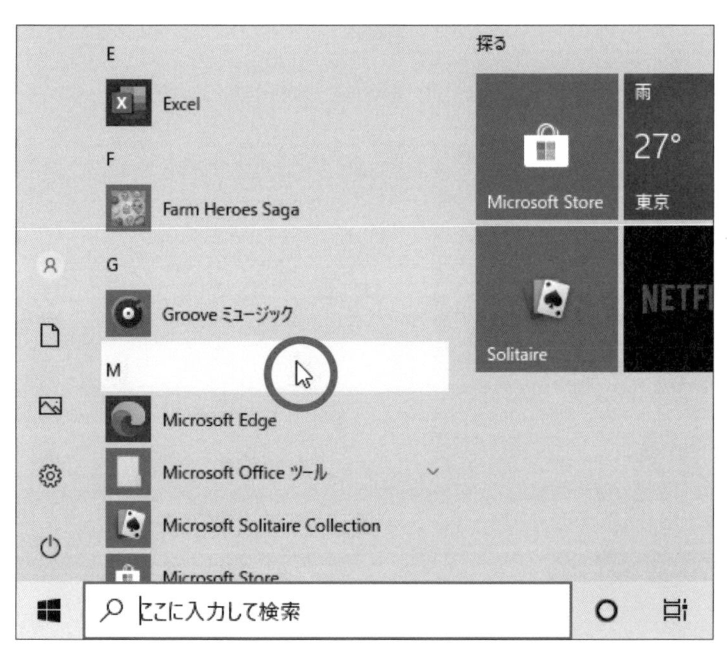

スタート画面の
アプリの一覧の上に
カーソル を移動します。

4 ワードを探します

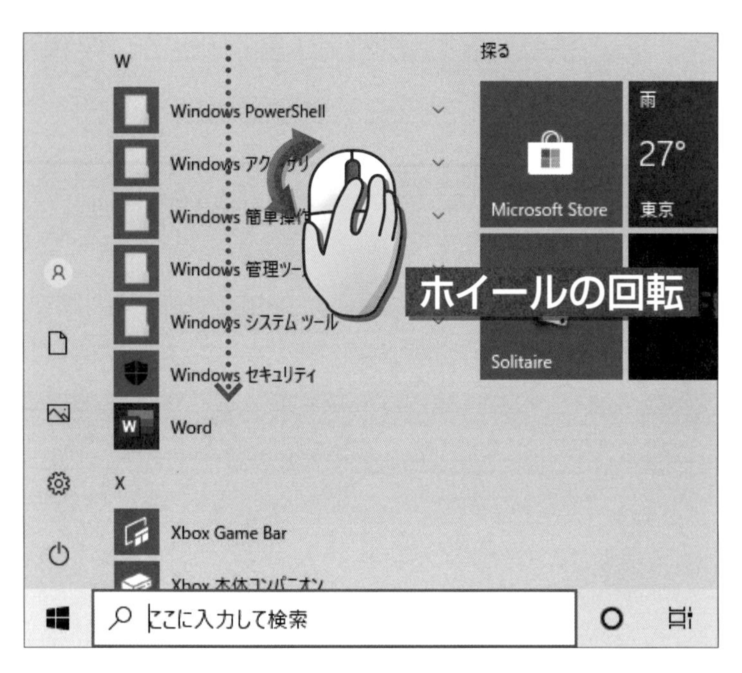

マウスのホイールを

回転して、

を

探します。

5 ワードを起動します

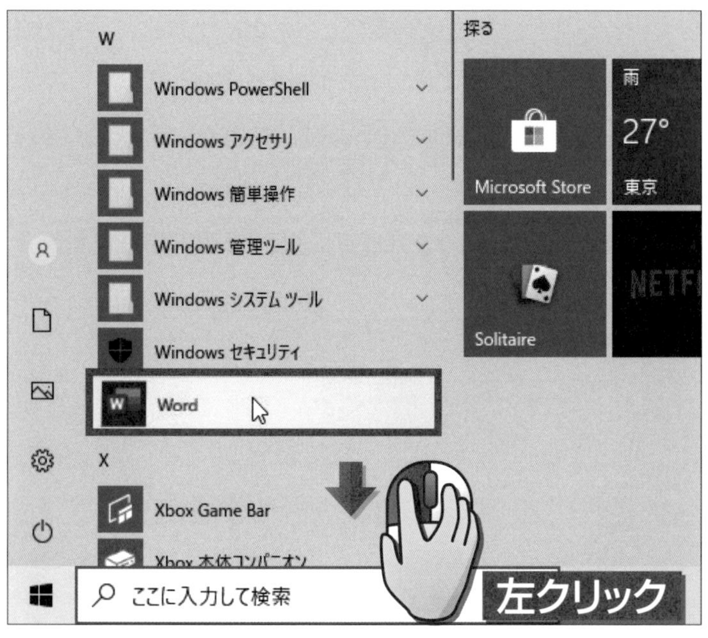

Word に

カーソル を移動して、

左クリックします。

6 「白紙の文書」を左クリックします

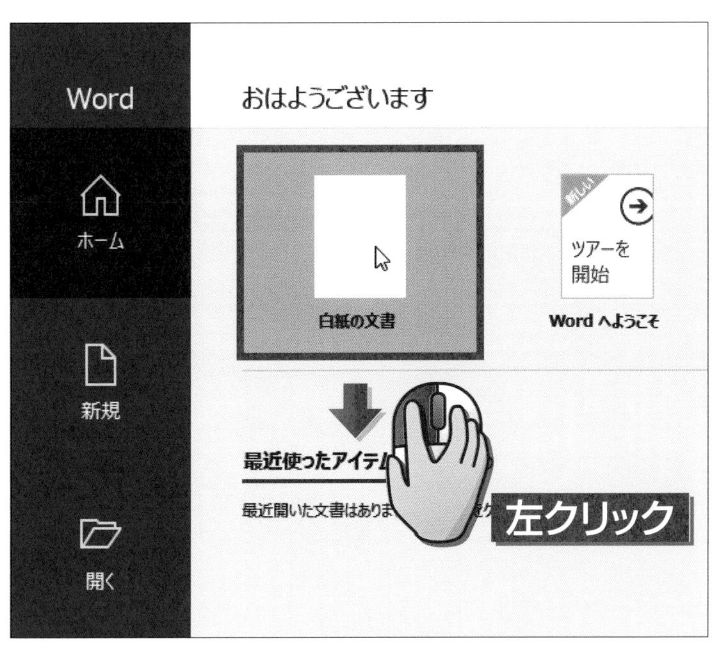

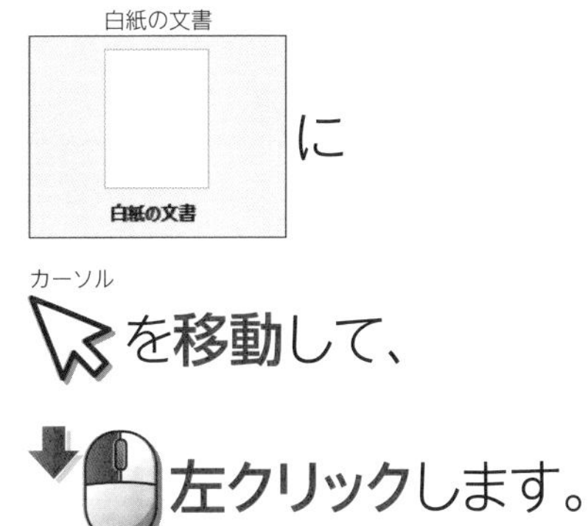

に

カーソル
を移動して、

左クリックします。

7 ワードが起動します

ワードが起動しました。

新しい文書を作成する準備ができました。

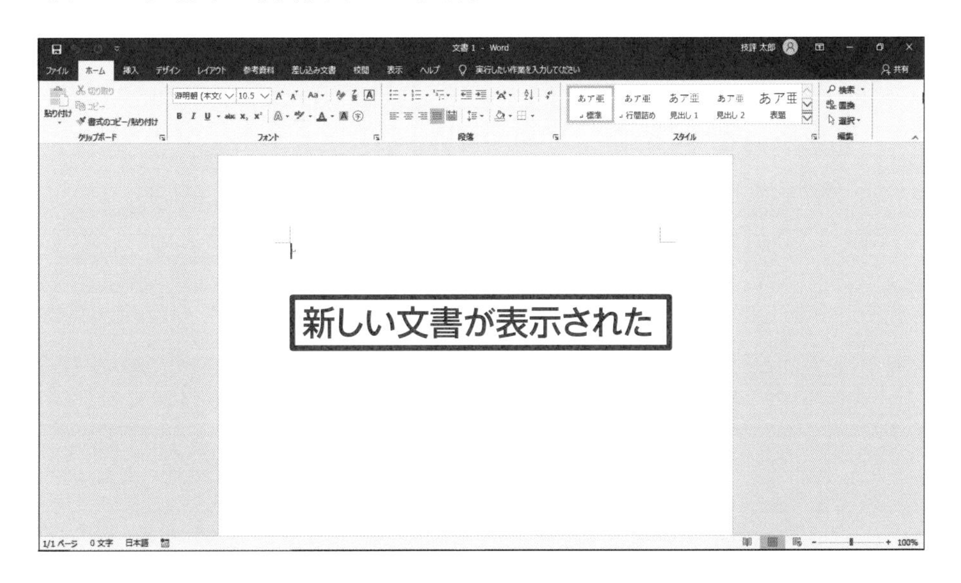

ワードの画面を確認しよう

ワードの画面各部の名前と役割を確認しておきます。
ここでの説明は、本文での解説にもでてくるので、よく覚えておきましょう。

ワードの画面

ワードの画面は、次のようになっています。

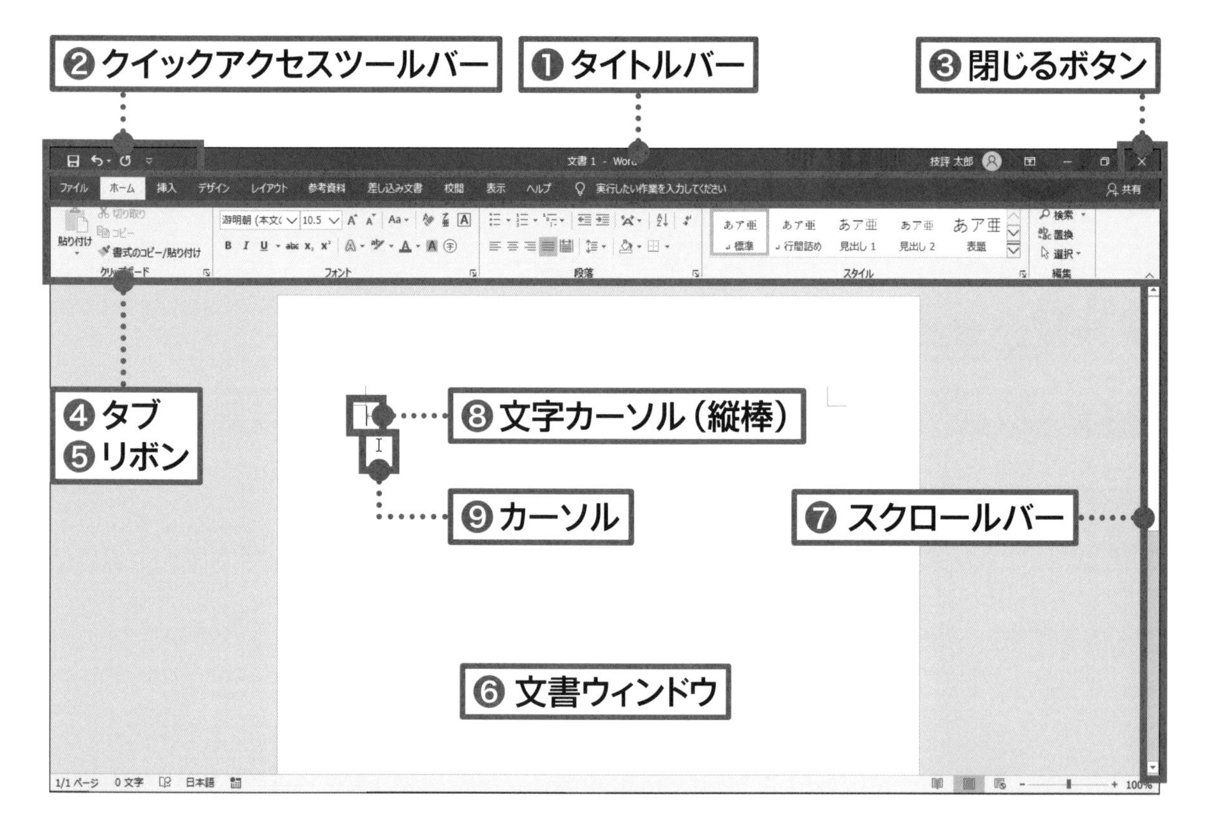

各部の役割

❶ タイトルバー
現在開いているファイルの名前（ここでは「文書1」）が表示されます。

文書 1 - Word

❷ クイックアクセスツールバー
よく使うボタンが並んでいます。

❸「閉じる」ボタン
このボタンを左クリックすると、
ワードが終了します。

❹ タブ
❺ リボン
よく使う機能が分類ごとにまとめられて並んでいます。タブを左クリックすると、リボンの内容が切り替わります。

❻ 文書ウィンドウ
文書の内容を入力する場所です。

❼ スクロールバー
ここをドラッグすると、文書の見えていない部分をずらして表示できます。

❽ 文字カーソル（縦棒）
文字が表示される位置を示しています。ペン先と考えると、わかりやすいでしょう。

❾ カーソル
マウスの位置を示しています。
カーソルの形は、マウスの位置によって変化します。

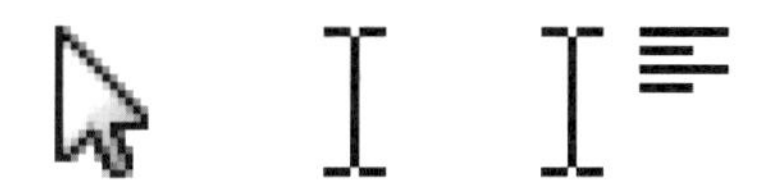

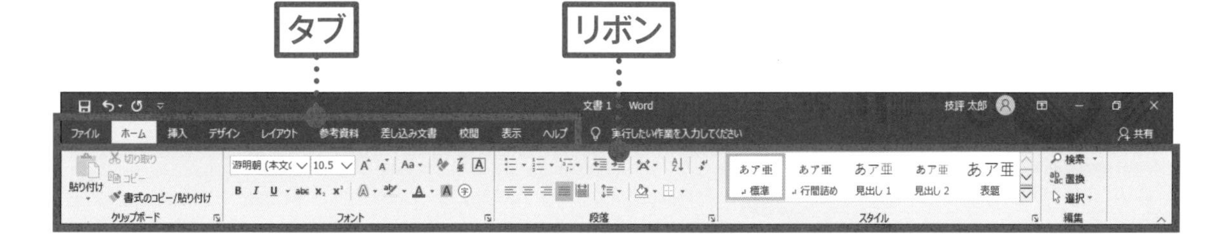

ワードのファイルを保存しよう

作成したファイルをあとから利用するには、ファイルを保存します。
ファイルを保存するときは、保存場所とファイル名を指定します。

操作   移動 ▶P.014 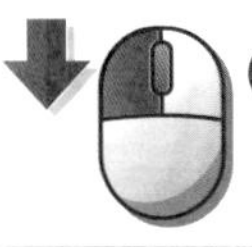 左クリック ▶P.015  入力 ▶P.018

1 ファイルを保存する準備をします

上書き保存  を  左クリックします。

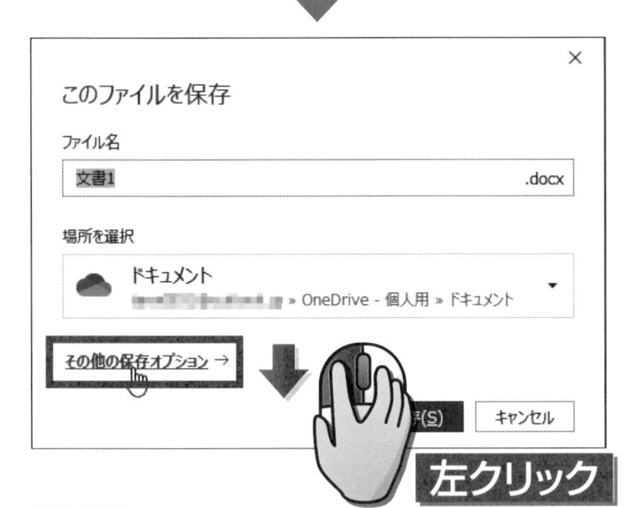

左の画面が
表示された場合は、
 を
左クリックします。

2 ファイルの保存先を選びます

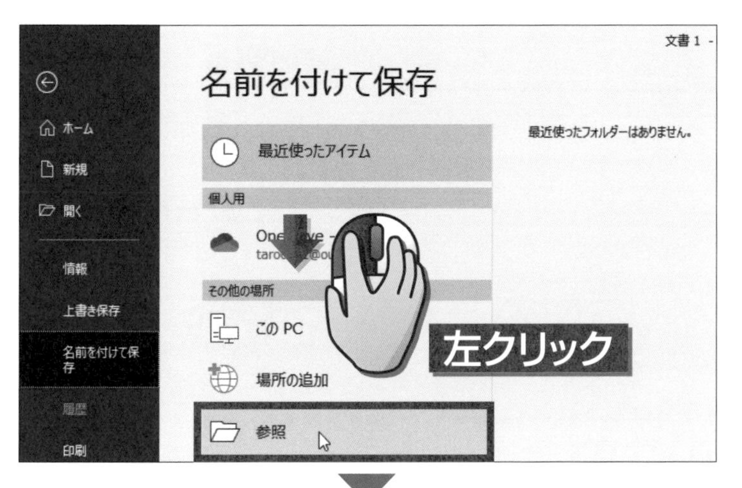

に

カーソルを移動して、

左クリックします。

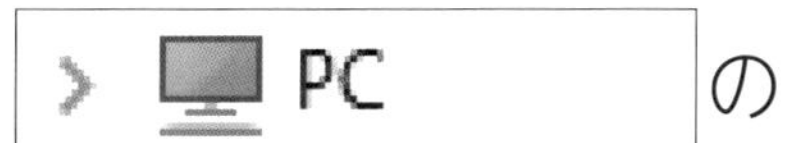
の

左側の > を

左クリックします。

> PC が見あたらない場合は、マウスのホイールを回転します。

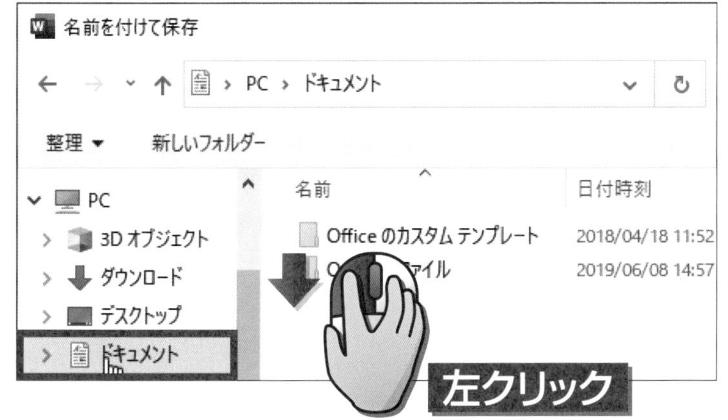

を

左クリックします。

3 ファイル名を入力します

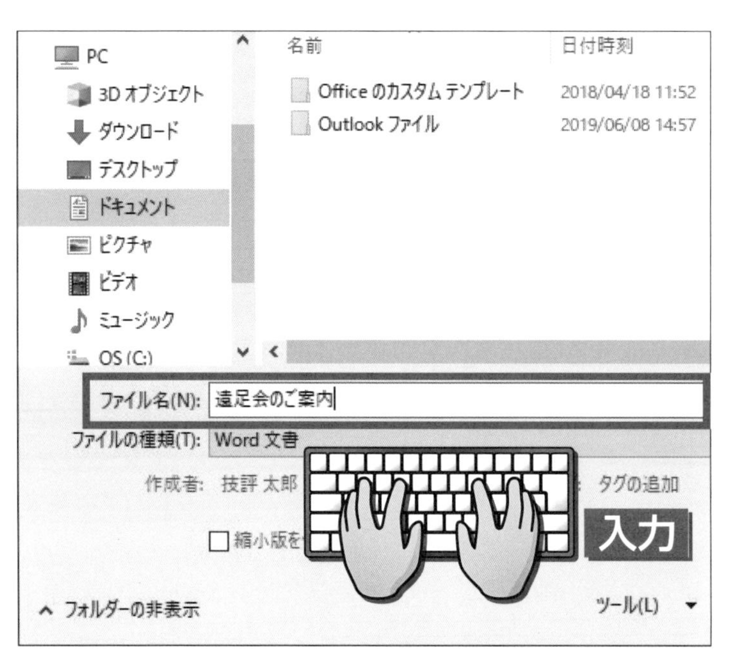

に

ファイルの名前を入力します。

ポイント!

ここでは、「遠足会のご案内」と入力しています。

4 ファイルを保存します

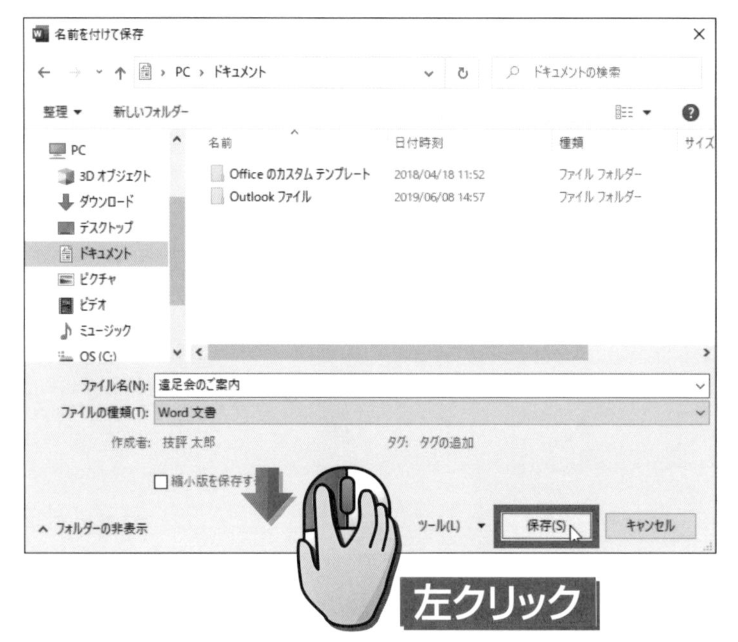

保存(S) を

左クリックします。

ポイント!

タイトルバーに以下のようにファイルの名前が表示されていれば、正しく保存できています。

コラム　保存画面が表示されないときもある

26ページの手順 **1** で 上書き保存 を**左クリック**しても、
手順 **2** の保存画面が毎回表示されるわけではありません。

ファイルを一度保存すると、上書き保存 を**左クリック**するだけで、
保存し直すことができます（**上書き保存**）。
上書き保存の操作について、詳しくは54ページで解説します。

●初めて保存する場合　新規保存

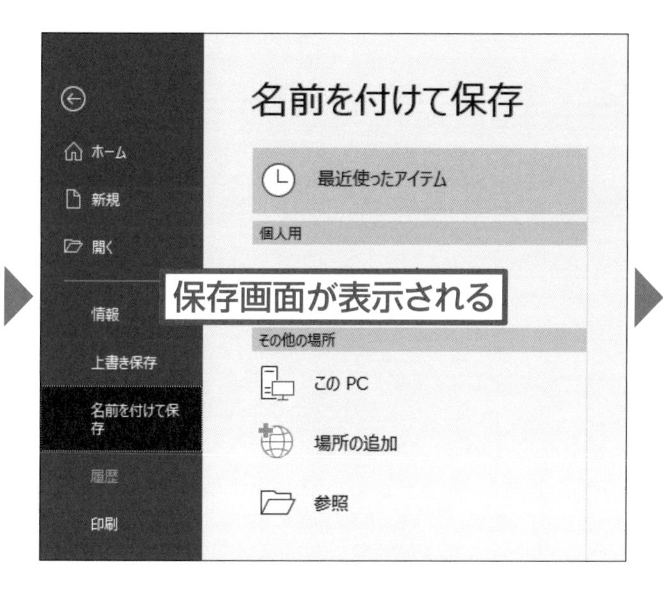

新しいファイルが保存される

●2回目以降に保存する場合　上書き保存

保存画面は表示されない

最新の内容に更新されて保存される

ワードを終了しよう

ファイルを保存してワードを使い終わったら、ワードを終了します。
正しい操作でワードを終了する習慣をつけましょう。

操作
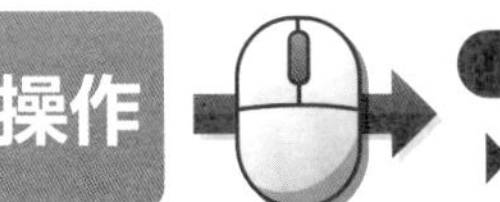
移動
▶P.014

左クリック
▶P.015

1 ワードを終了します

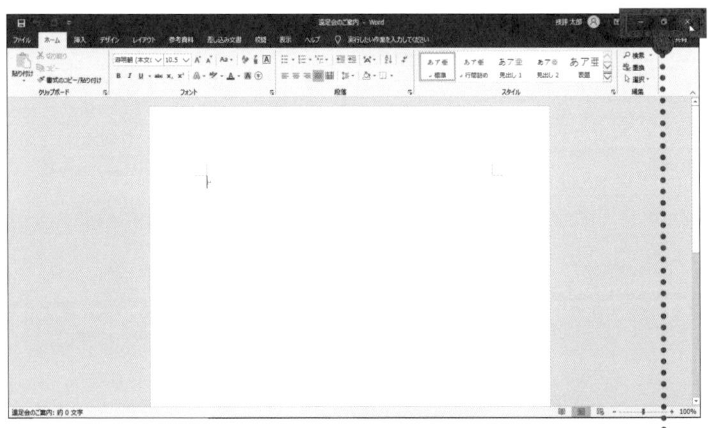

画面右上の

閉じる
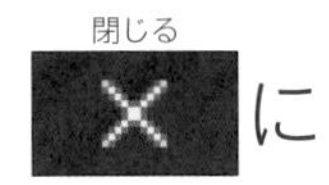に

カーソル
を**移動**して、

**左クリック**します。

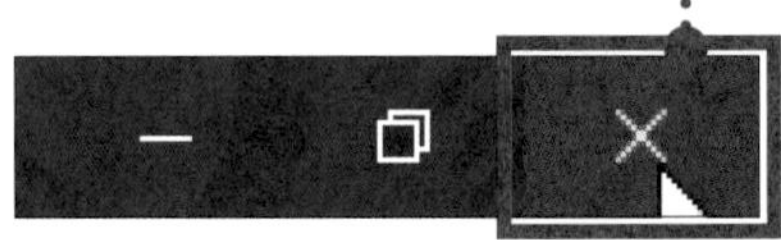

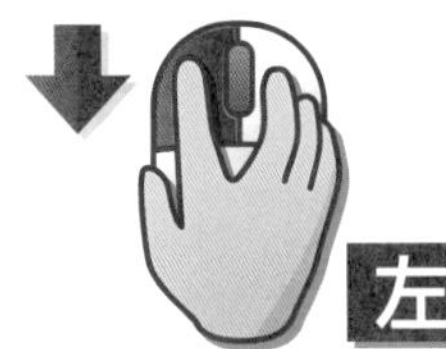

2 メッセージが表示されます

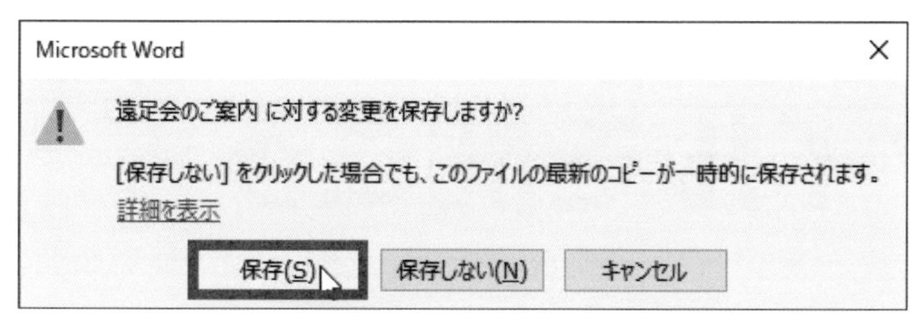

左の画面が
表示されたら、

を左クリックします。

ポイント!

左の画面が表示されないときは、そのまま次の手順に進みます。

3 ワードが終了しました

ワードの画面が閉じて、デスクトップが表示されます。

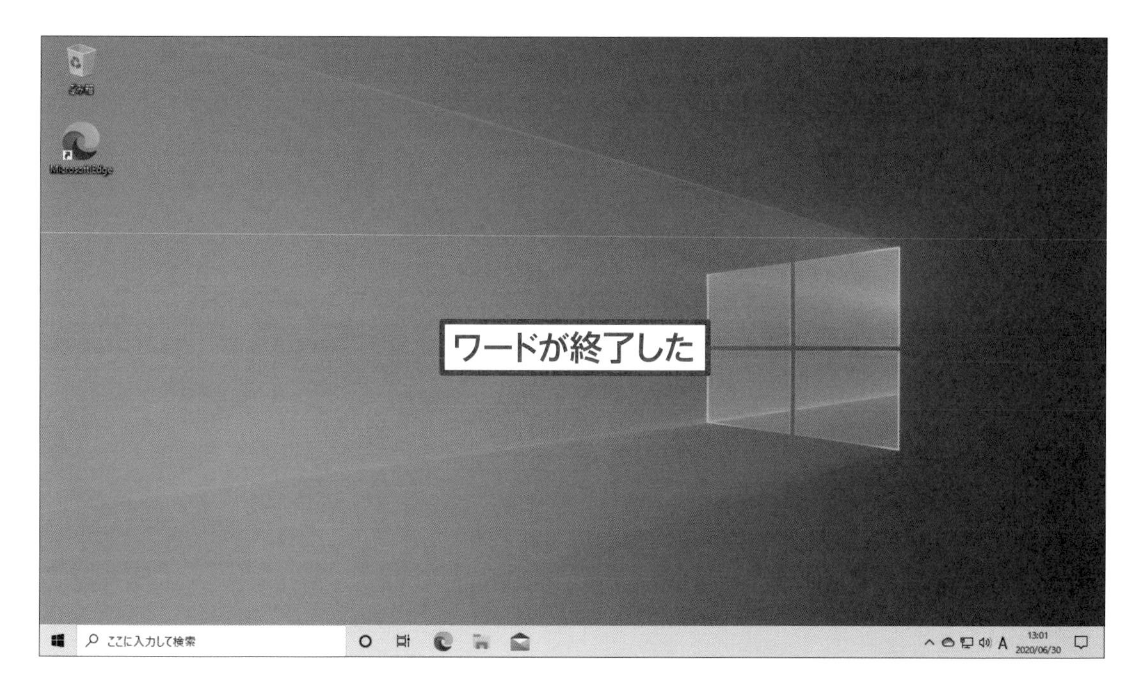

ワードでファイルを開こう

保存したファイルを再び使うときは、ファイルを開きます。
ここでは、26ページで保存した「遠足会のご案内」を開きます。

操作 移動 ▶P.014 左クリック ▶P.015

1 ファイルを開く準備をします

20ページの方法で、ワードを起動します。

ファイル を左クリックします。

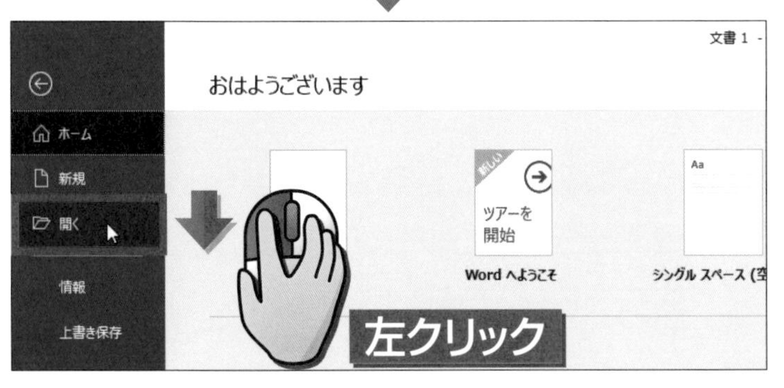

開く にカーソルを移動して、

左クリックします。

2 ファイルを開く画面を表示します

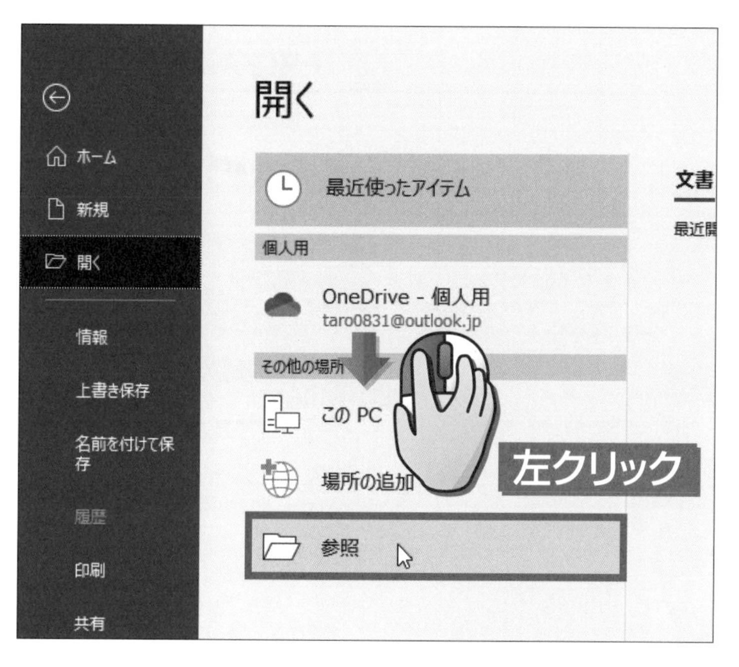

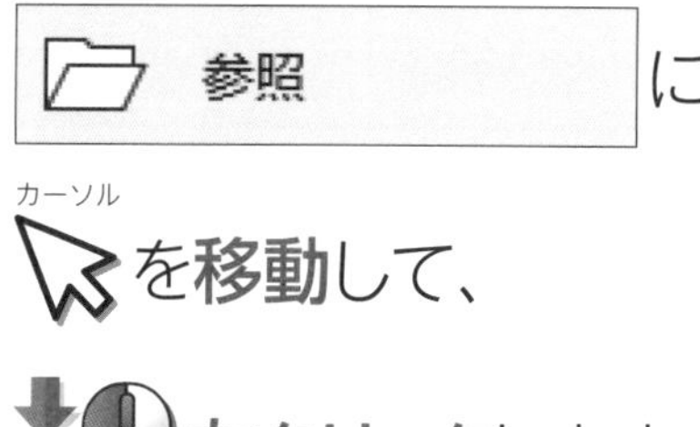

3 ファイルの保存場所を指定します その1

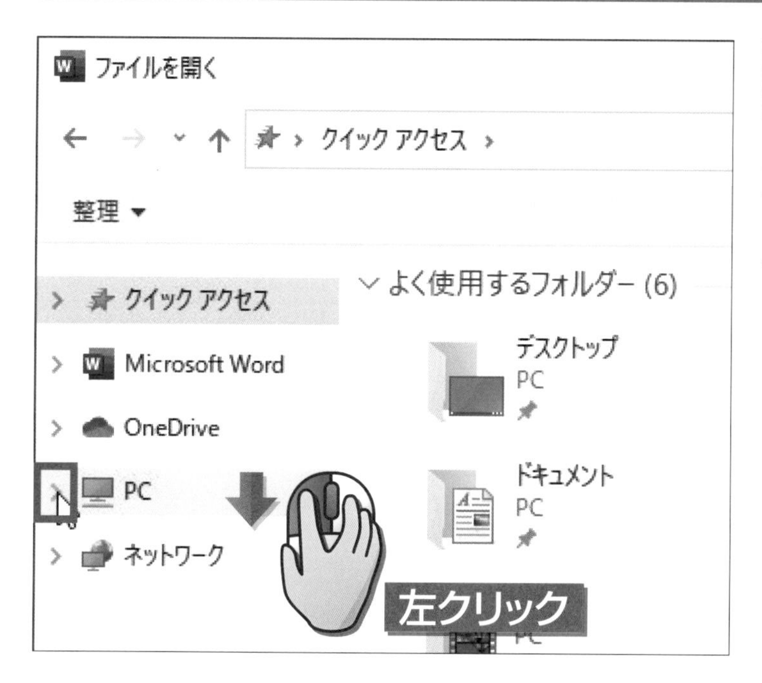

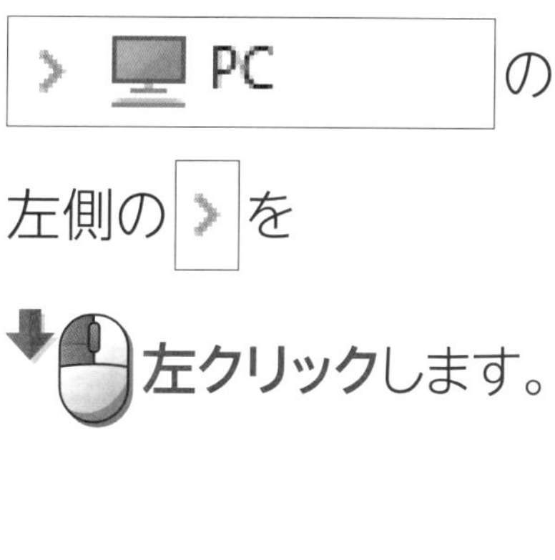

4 ファイルの保存場所を指定します その2

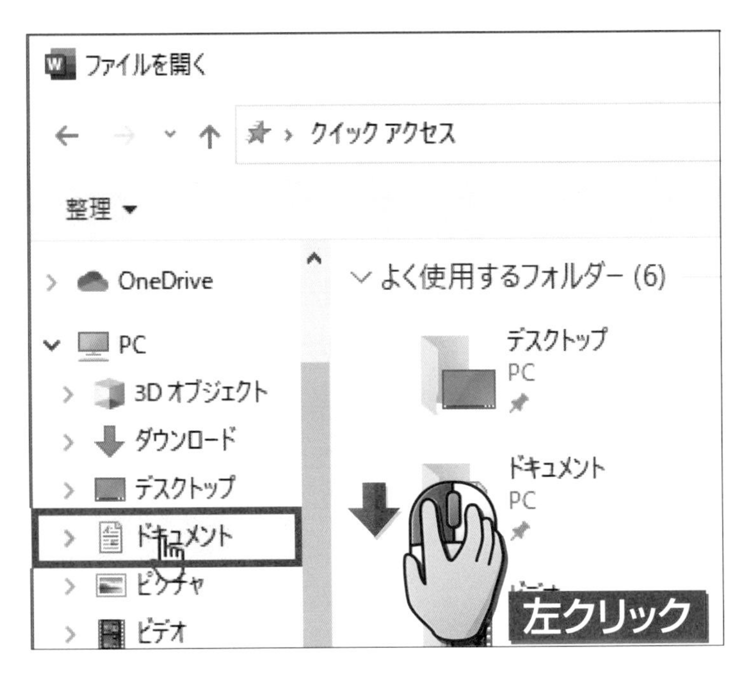

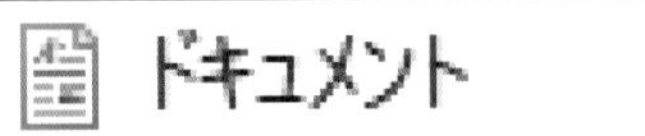

に

カーソルを移動して、

左クリックします。

ポイント!

ここでは、ドキュメントフォルダーに保存したファイルを開きます。

5 ファイルを選択します

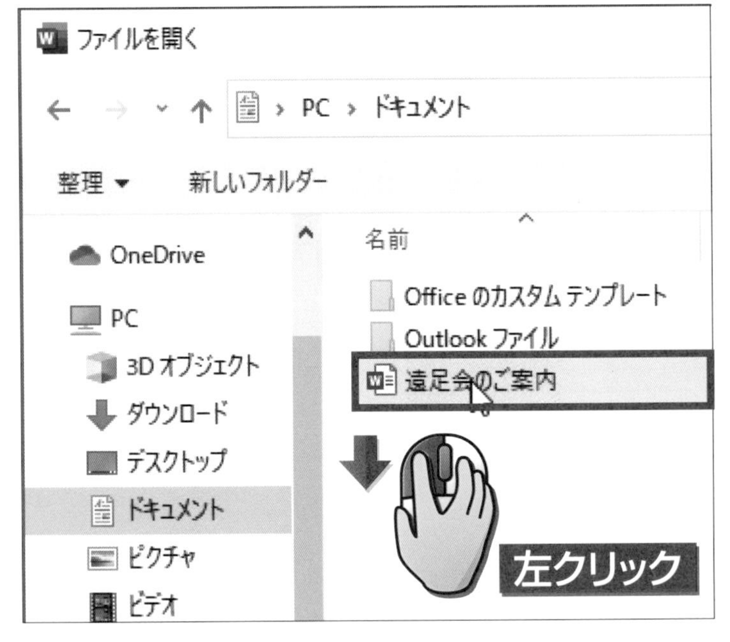

開くファイルの名前に

カーソルを移動して、

左クリックします。

ポイント!

ここでは、26ページで保存した「遠足会のご案内」を開きます。

6 ファイルを開きます

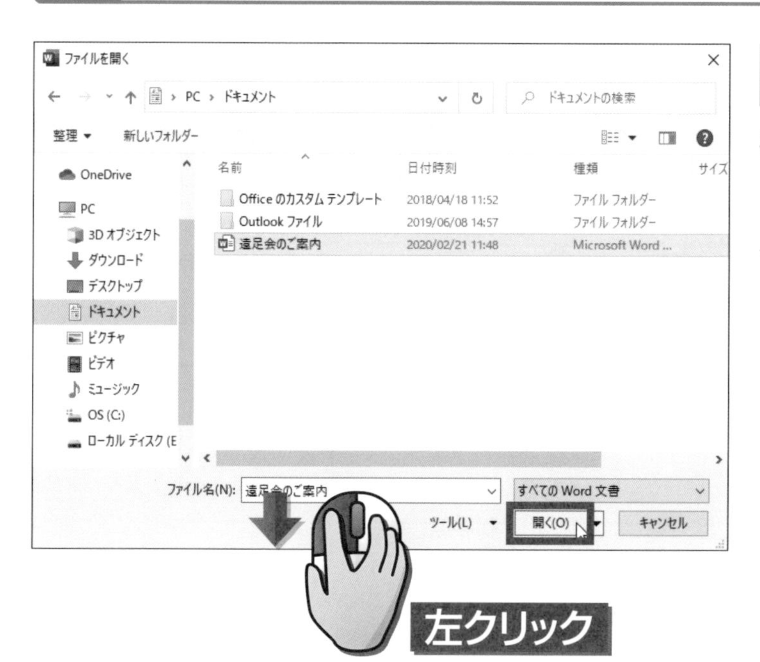

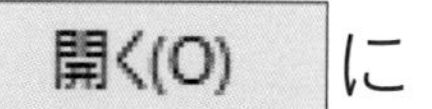

に

カーソルを移動して、

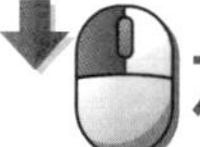
左クリックします。

7 ファイルが開きました

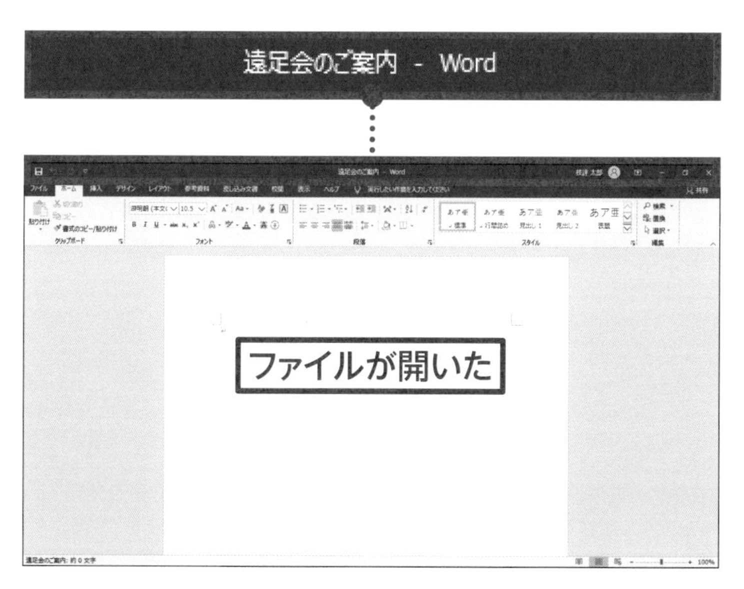

ファイルが開きました。

タイトルバーに、
開いたファイルの
名前が表示されます。

ポイント！

30ページの方法で、ワードを終了します。

第1章 練習問題

1 スタート画面を表示するときに、左クリックするボタンはどれですか?

❶ ❷  ❸ 

2 ワードで文書を保存するときに、左クリックするボタンはどれですか?

❶  ❷  ❸ 

3 ワードで文字が入力される位置を示す文字カーソル（縦棒）はどれですか?

❶ ❷ ❸

第2章

ワードでお知らせ文書を作ろう

この章で学ぶこと

- 日本語入力と英語入力を切り替えられますか?
- 拝啓・敬具を入力できますか?
- 次の行に改行できますか?
- ひらがなを漢字に変換できますか?
- 文字を修正できますか?
- 文書を上書き保存できますか?

この章でやること

この章では、案内文書を作成しながら、文字入力の基本を学びます。
間違えて入力した文字を削除して修正する方法も紹介します。

文字を入力する

ひらがなや**漢字**、**英字**などを入力します。
漢字を入力するには、**ひらがなを入力**して**漢字に変換**します。

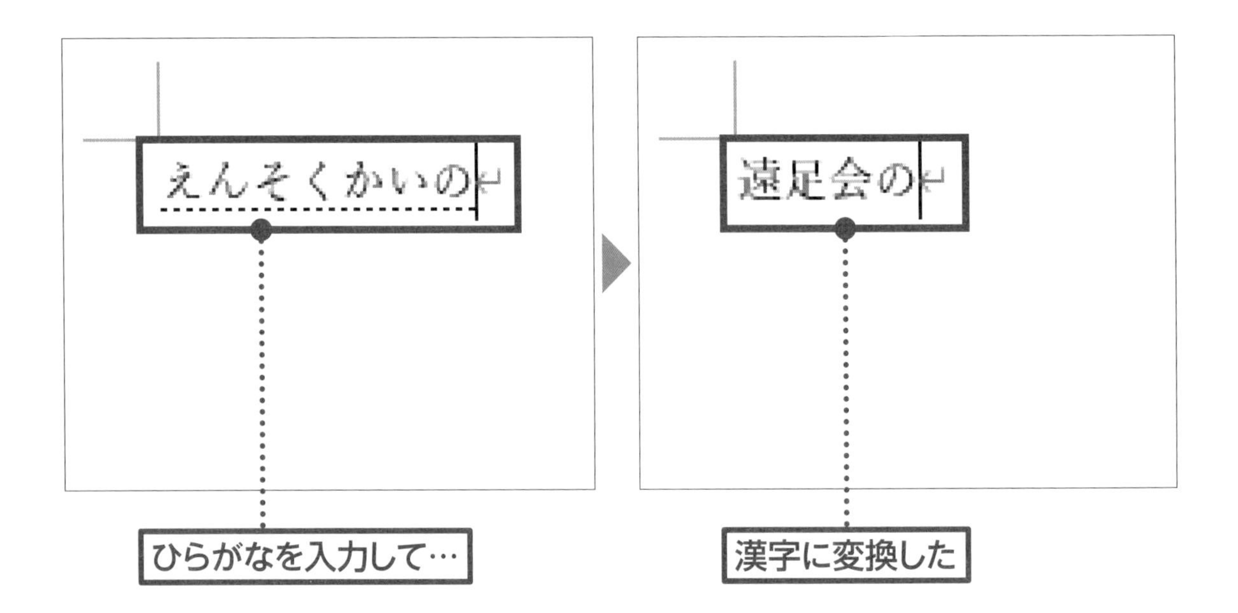

文字を修正する

間違った文字を**削除**して、文字を**修正**します。

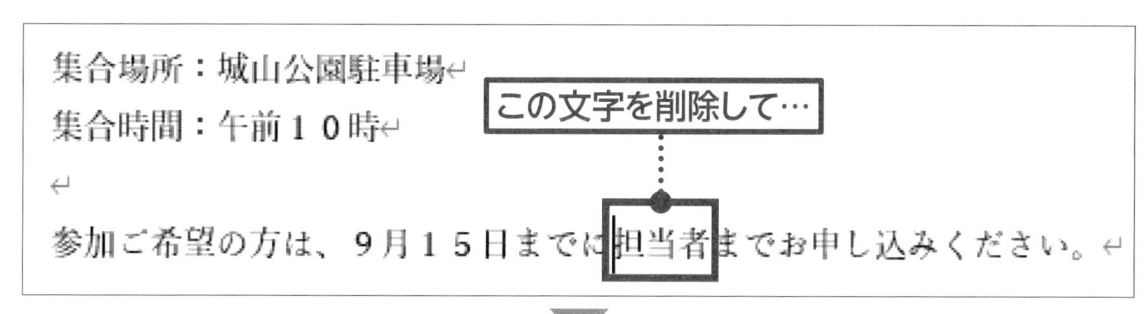

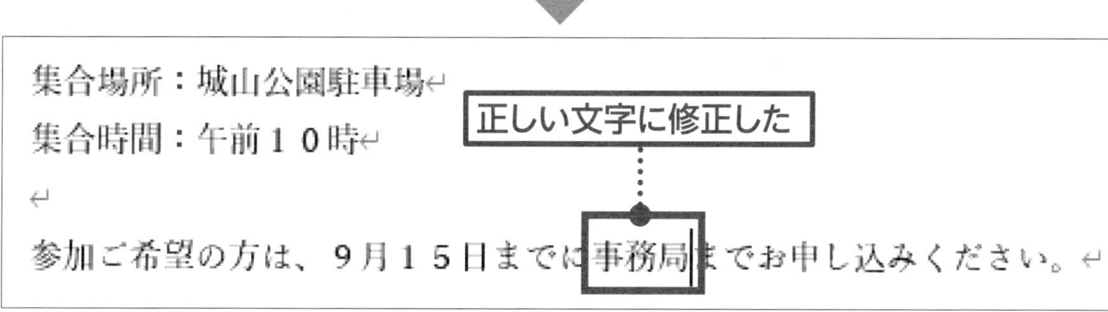

文書を上書き保存する

修正した文書を保存（**上書き保存**）します。

修正した文書は、 を**左クリック**するだけで保存できます。

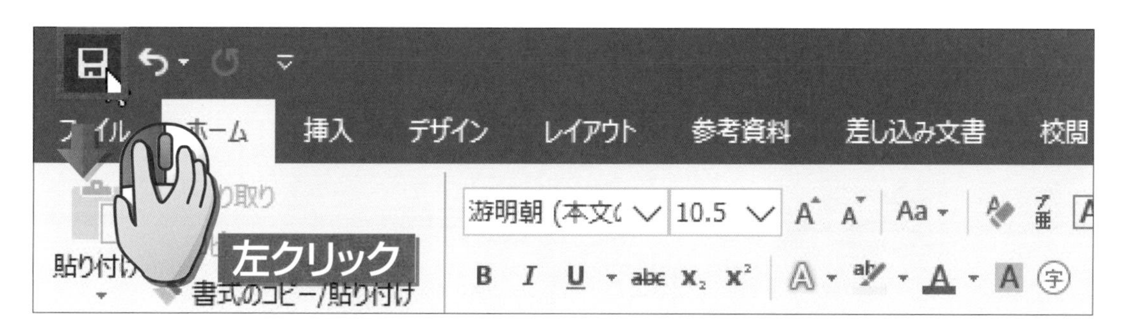

入力の切り替え方法を理解しよう

文字を入力する前に、入力モードアイコンを理解しておきましょう。
英語と日本語の入力を切り替えることができます。

入力モードを知ろう

入力モードアイコンが あ の場合、**日本語入力モード**の状態です。

入力モードアイコンが A の場合、**英語入力モード**の状態です。

●入力モードアイコンの切り替え

A のときにキーボードの 半角/全角 キーを押すと、 あ に切り替わります。

あ のときにキーボードの 半角/全角 キーを押すと、 A に切り替わります。

文字の入力方法を知ろう

日本語を入力する方法には、ローマ字で入力する**ローマ字入力**と、ひらがなで入力する**かな入力**の2つの方法があります。
本書は、**ローマ字入力を使った方法**を解説します。

●ローマ字入力

ローマ字入力は、アルファベットのローマ字読みで日本語を入力します。かなとローマ字を対応させた表を、**この本の裏表紙**に掲載しています。

●かな入力

かな入力は、キーボードに書かれているひらがなの通りに日本語を入力します。

タイトルを入力しよう

文書の先頭に、案内文書のタイトルを入力します。
ここでは、「遠足会のご案内」と入力します。

操作

入力

▸P.018

1 入力の準備をします

32ページの方法で、「遠足会のご案内」を開きます。

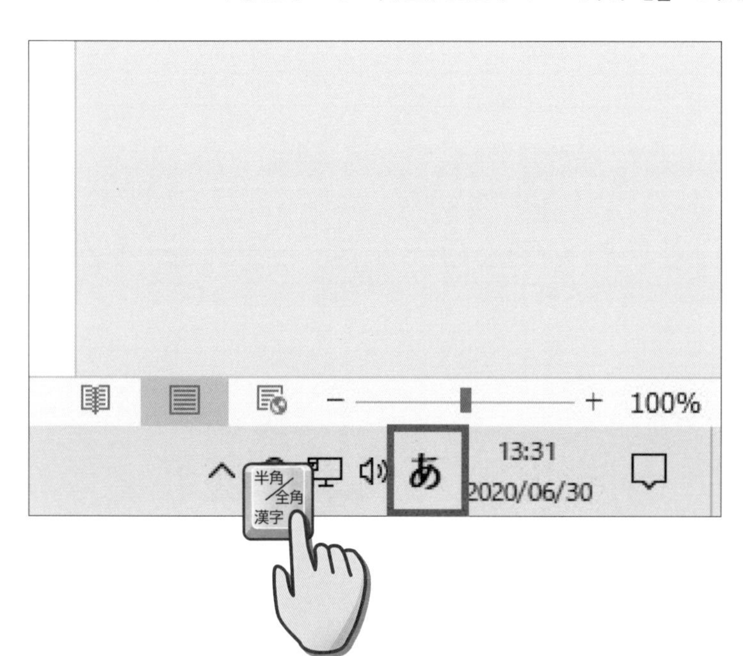

入力モードアイコンが

A になっている場合、

半角／全角 キーを押して、

あ に切り替えます。

ポイント！

ここでは、ローマ字入力の方法で文字を入力します。

2 タイトルを入力します

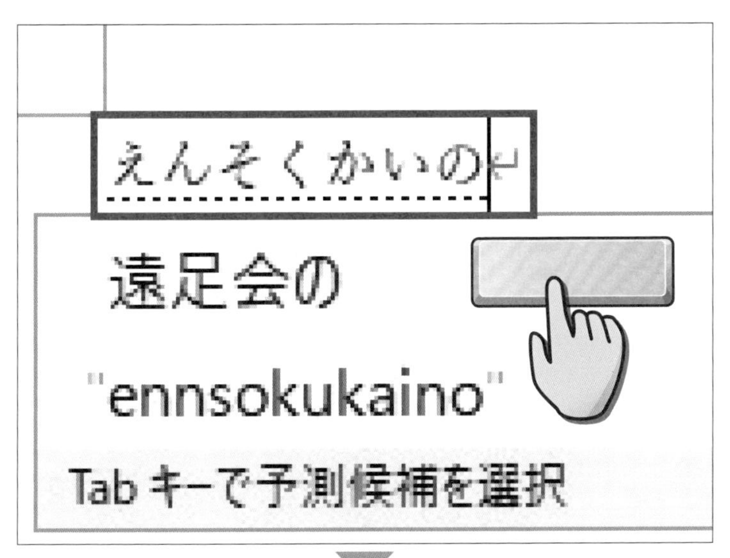

キーを押します。

キーを押します。

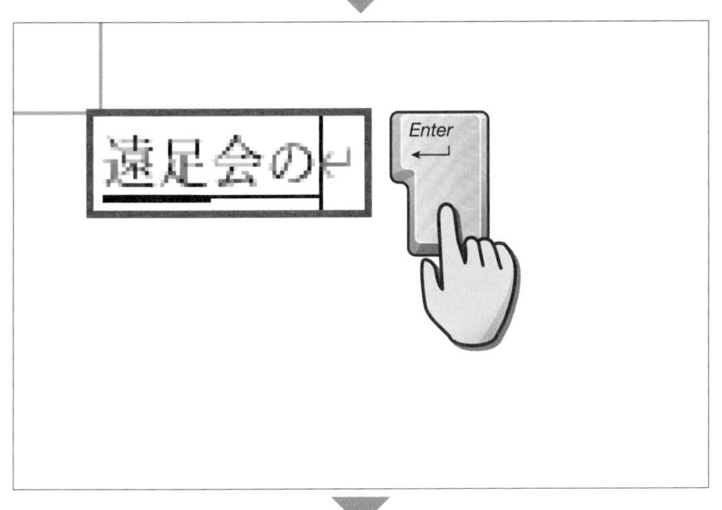

「遠足会の」に変換されたら、

キーを押します。

ポイント！

正しく変換されない場合は、48ページを参照してください。

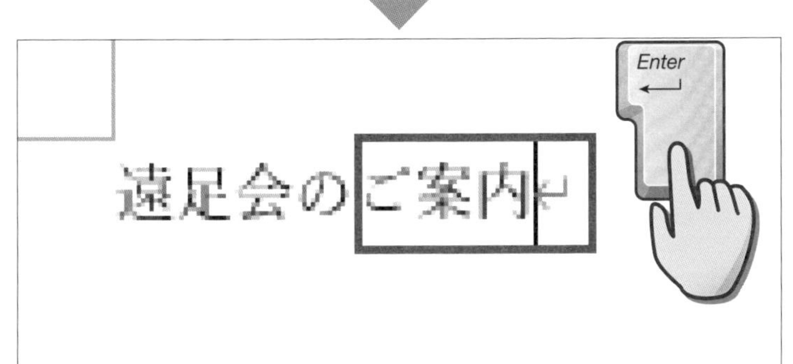

続きの文字を入力して、

キーを押します。

次の行へ改行しよう

文字の入力中に改行して、次の行の先頭に文字カーソルを移動します。
ここでは、タイトルの最後で改行します。

操作

▶P.018

1 改行します

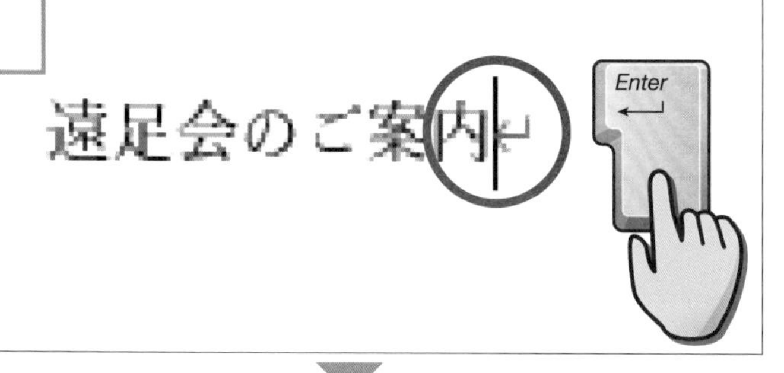

行の最後で
文字カーソル
｜が点滅している
ことを確認します。

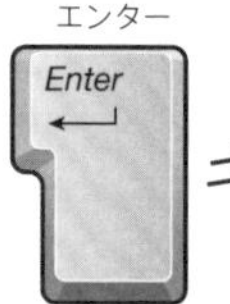

エンター
Enter キーを押します。

文字カーソル
｜が次の行の先頭に
移動します。

これで、改行できました。

2 空行を入れます

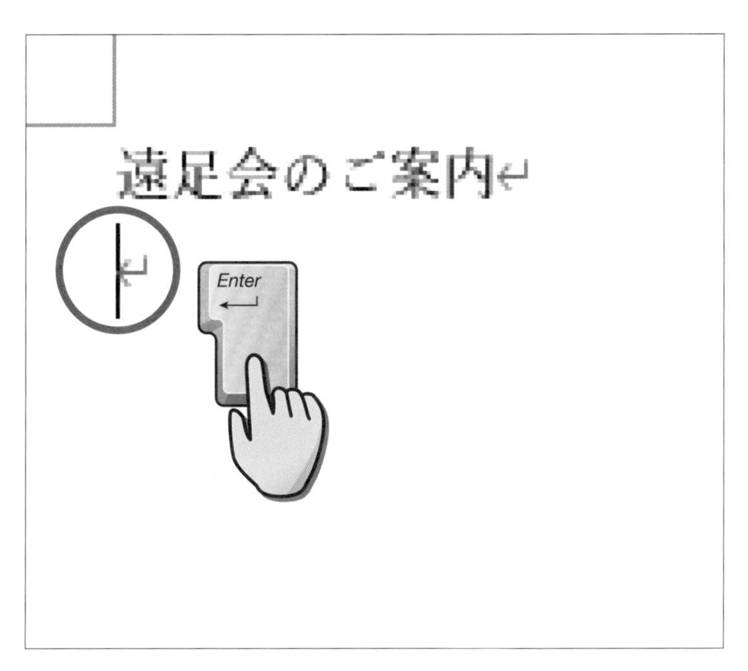

行の先頭に

文字カーソル
| があることを

確認します。

エンター
Enter キーを押します。

3 空行が入りました

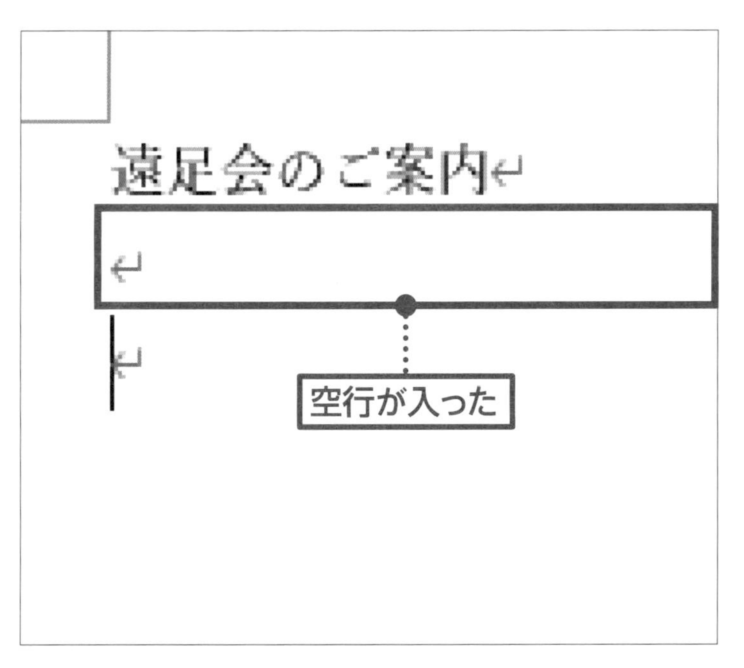

文字カーソル
| が次の行に

移動します。

1行分、間があいて、
空行が入りました。

ポイント！

↵は、行末を意味する記号です。印刷はされません。

拝啓・敬具を入力しよう

タイトルのあとに本文を入力します。最初は、書き出しの頭語や結語を入力します。ここでは、ワードの機能を利用して「拝啓」「敬具」と入力します。

操作

▶P.018

1 頭語を入力します

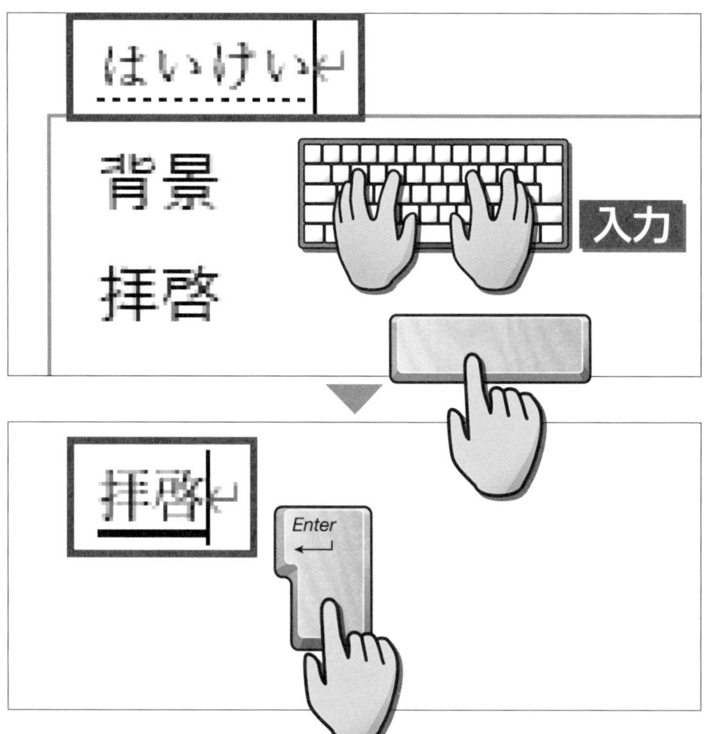

キーを押します。

スペースキーを押します。

「拝啓」と変換されたら、

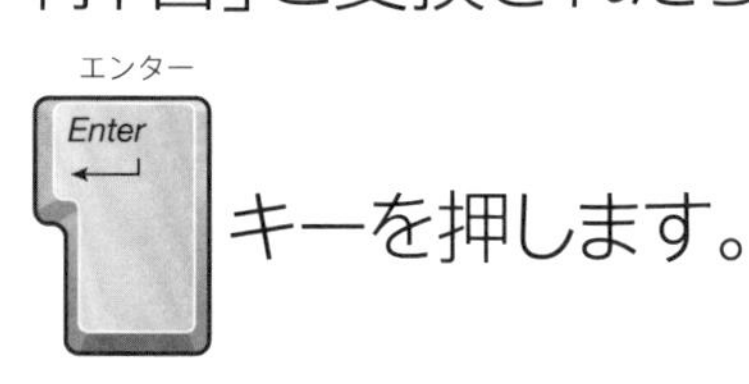

エンターキーを押します。

2 結語が入力されます

キーを押します。

「拝啓」のうしろに空白が入力され、右下に「敬具」の文字が入ります。

コラム 入力オートフォーマットのいろいろ

「拝啓」や「記」を入力すると、自動的に**結語**が入力されます。
この機能を**入力オートフォーマット**といいます。
入力される言葉の組み合わせには、以下のものがあります。

入力する内容	自動的に入力される内容
拝啓 + Enter (エンター) キー または 拝啓 + (スペース) キー	「敬具」が自動的に 入力される
記 + Enter (エンター) キー	「以上」が自動的に 入力される
1. 文字 + Enter (エンター) キー	次の行の行頭に「2.」が 入力される

別の漢字を選んで入力しよう

「拝啓」のうしろに、本文を入力します。
入力したい漢字に変換しながら、文書の内容を入力します。

1 間違った漢字に変換されました

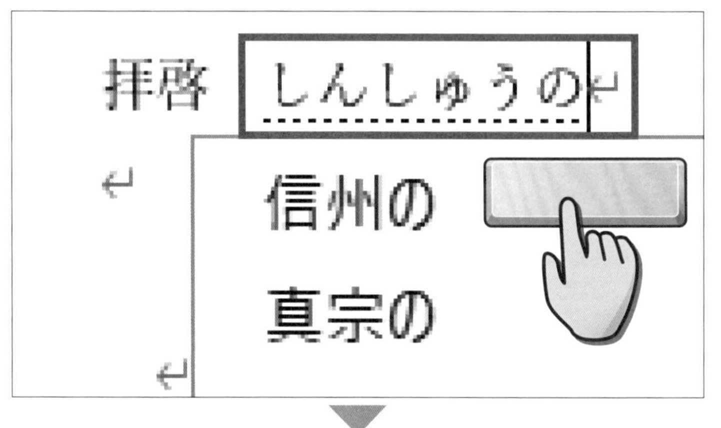

S I N N S Y U U N O キーを押します。

スペース キーを押します。

ここでは、「新秋の」と入力したいのですが、間違って「信州の」と変換されました。

2 別の変換候補から漢字を選びます

もう一度

スペース

キーを押します。

変換候補の一覧が表示されます。

1 信州の
2 真宗の
3 新秋の
4 新
5 新宗の

何度か

スペース

キーを押して、変換候補を

新秋の

に移動します。

エンター

キーを押します。

拝啓 新秋の

「新秋の」と入力できました。

3 本文を入力します

下の画面のように、続きの内容を入力します。

遠足会のご案内↵

↵

拝啓　新秋の爽やかな季節となりました。皆様いかがお過ごしでしょうか。↵
さて、海山クラブでは、毎年恒例の「遠足会」を今年も開催することになりました。秋の風を感じながら、緑山ハイキングコースを歩きましょう。コースは、2コースの中から選択できます。皆様お誘いあわせの上、ご参加くださいますようご案内申し上げます。↵

↵

敬具↵

↵

ポイント！

「「」は「のキーを、「」」は」(む)のキーを押して入力します。

4 文字カーソルを移動します

さて、海山クラブでは、毎年恒例の
を感じながら、緑山ハイキングコー
きます。皆様お誘いあわせの上、ご
↵

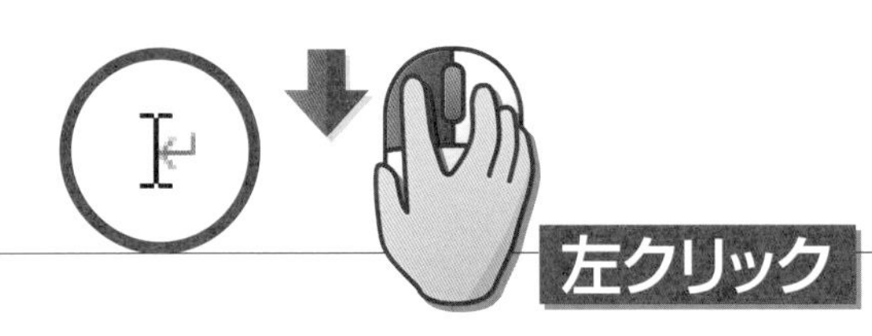

一番下の↵に
カーソル
を移動して、
左クリックします。

5 文字カーソルが移動しました

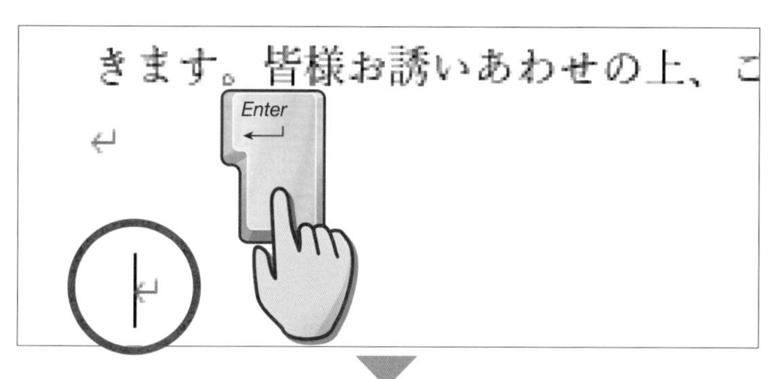

文字カーソル
｜が最後の行に移動します。

エンター
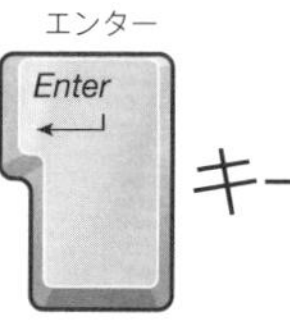

キーを押します。

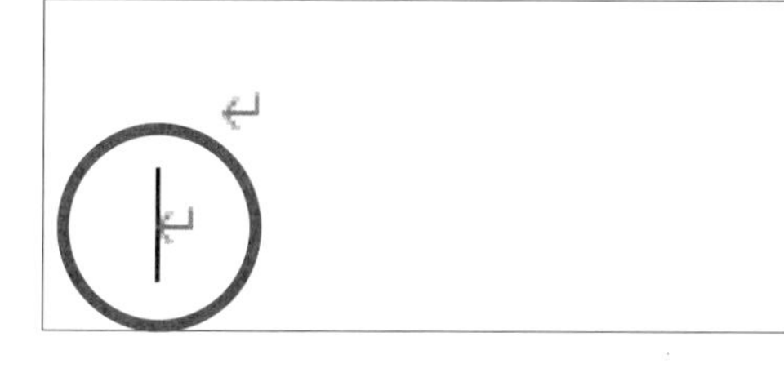

次の行の行頭に
文字カーソル
｜が移動します。

6 続きを入力します

下の画面のように、続きの内容を入力します。

きます。皆様お誘いあわせの上、ご参加くださいますようご案内申し上げます。

敬具

入力

集合場所：城山公園駐車場
集合時間：午前１０時

参加ご希望の方は、９月１５日までに担当者までお申し込みください。

ポイント！

「:」は[*:け]（け）のキーを押して入力します。

文字を削除して修正しよう

間違えて入力した文字を修正する方法を覚えましょう。
間違えた文字を削除してから、正しい文字を入力します。

1 文字カーソルを移動します

消したい文字の左側に カーソル を移動して、

左クリックします。

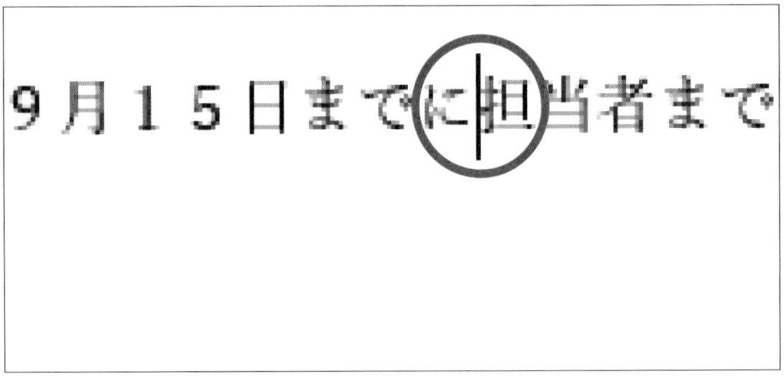

9月15日までに担当者まで

文字カーソル が点滅します。

ポイント!

ここでは、「担当者」を「事務局」に修正します。

2 文字を削除します

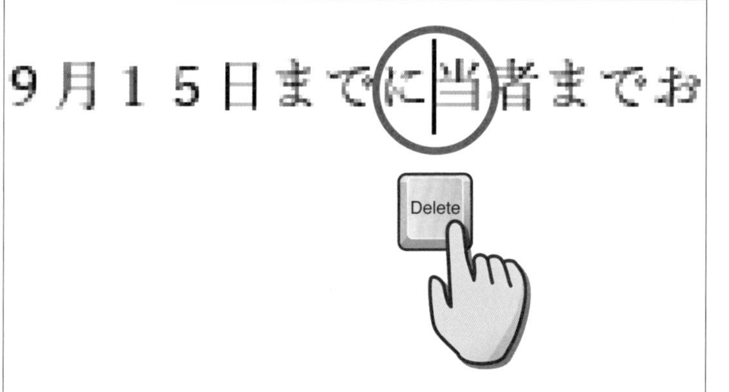

デリート
Delete キーを押します。

文字カーソル
| の右側の文字が1文字削除されます。

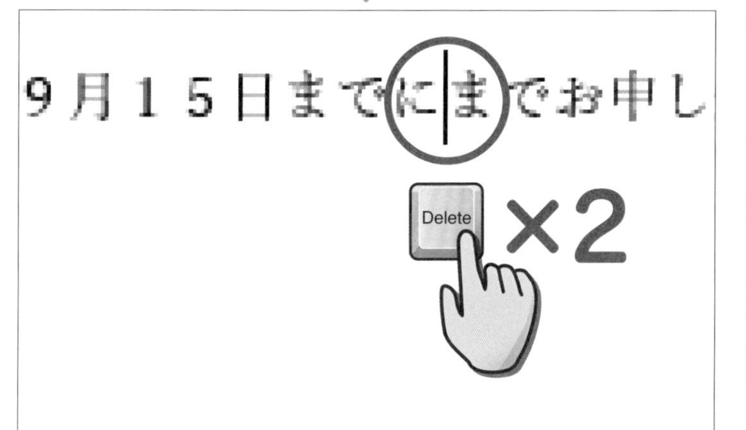

さらに2回

デリート
Delete キーを押して、2文字を削除します。

間違った文字が削除されました。

正しい文字「事務局」を**入力**します。

文字カーソル
| の左側に文字が入力されます。

ワード文書を上書き保存しよう

文書を修正したら、上書き保存をして、最新の状態を保存しておきます。上書き保存をしないと、修正内容が失われてしまいます。

1 ファイルを保存します

上書き保存に

カーソルを**移動**して、

左クリックします。

これで、

「遠足会のご案内」

ファイルが

上書き保存されました。

2 ワードを終了します

閉じる ✕ に

カーソル を移動して、

左クリックします。

3 ワードが終了しました

ワードの画面が閉じて、デスクトップが表示されます。

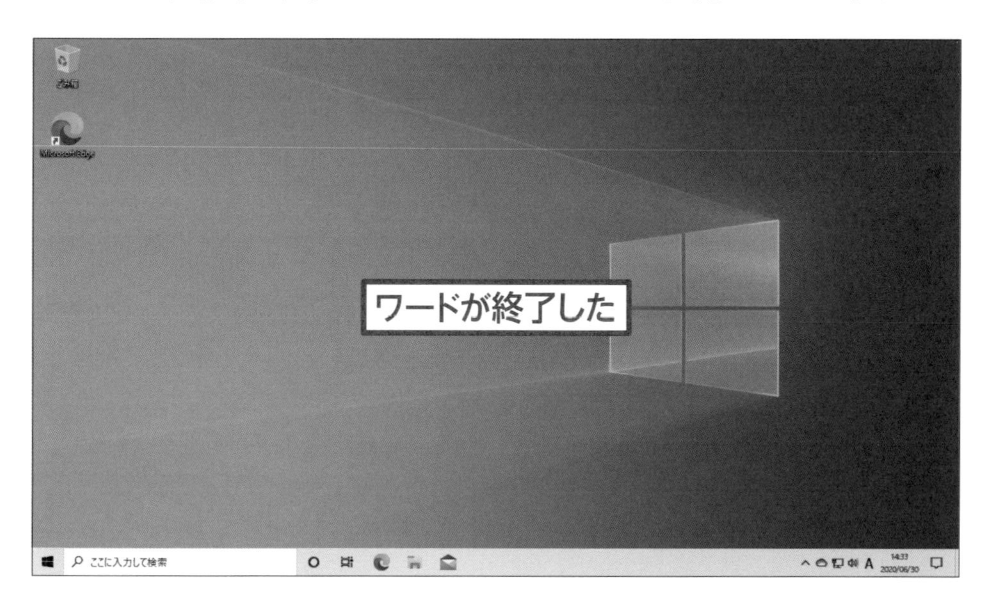

第2章 練習問題

1 日本語入力モード あ と英語入力モード A を切り替えるキーはどれですか?

2 ひらがなを漢字に変換するときに、使うキーはどれですか?

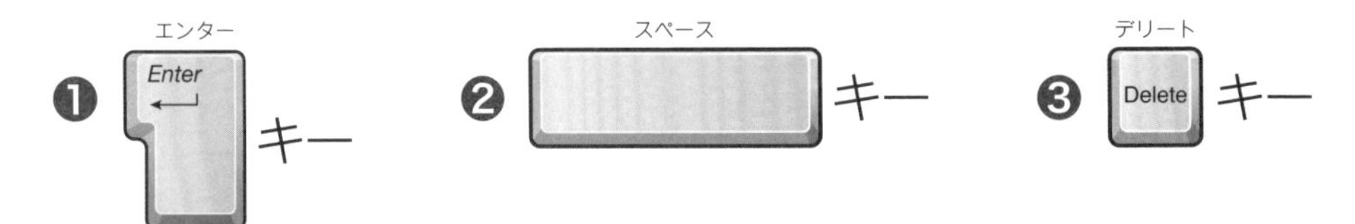

3 ファイルを上書き保存するときに、左クリックするボタンはどれですか?

❶ ❷ － ❸ ×

第3章 ワードで文字の配置を整えよう

この章で学ぶこと

- 文字を選択できますか?
- 文字の形や大きさ、色を変更できますか?
- 文字に太字や下線の飾りを
つけられますか?
- 文字を行の中央に配置できますか?
- 箇条書きが作れますか?

この章でやること

この章では、前の章で入力した案内文書を、もっと見やすく整えます。
文字や段落を選択して、飾りや配置を指定しましょう。

文書を見やすく整えよう

タイトルの文字が**目立つ**ように、
文字の形や**大きさ**、**色**などを変更します。
また、項目を**箇条書き**にしたり、文字を**中心に揃え**たりして、
全体の**バランスを整え**ます。

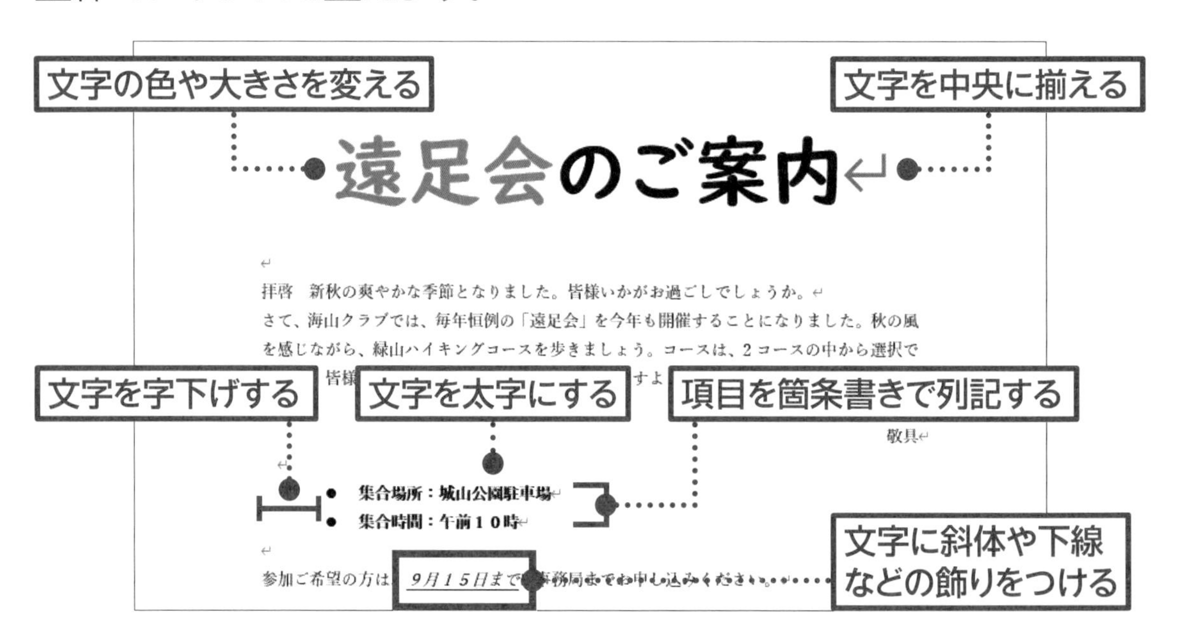

文字に飾りをつける手順を知ろう

文字の飾りや配置を指定するときは、最初に**文字を選択**します。

❶ 文字を選択する

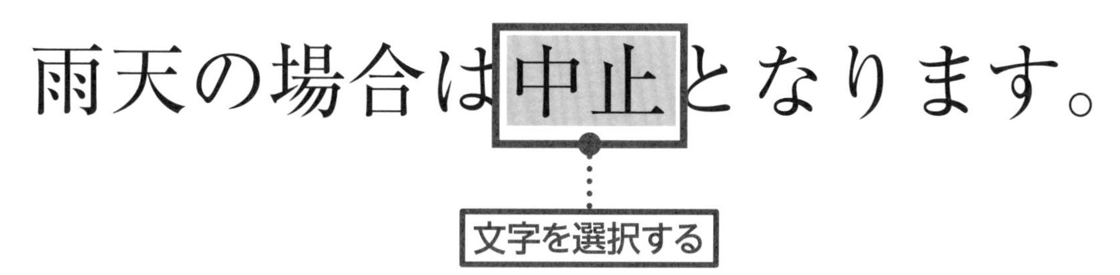

雨天の場合は中止となります。
文字を選択する

❷ 飾りを選択する

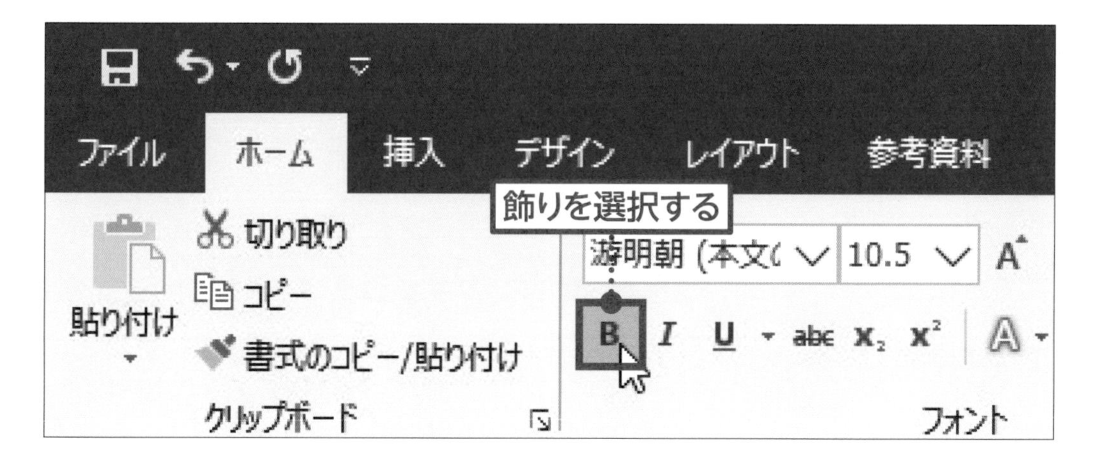

❸ 文字に飾りがつく

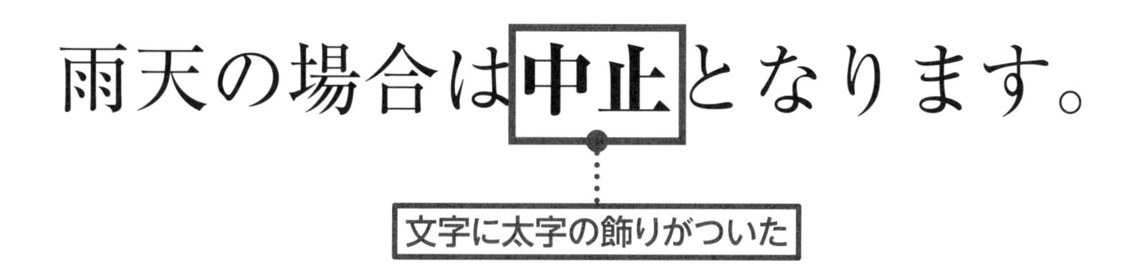

文字を選択しよう

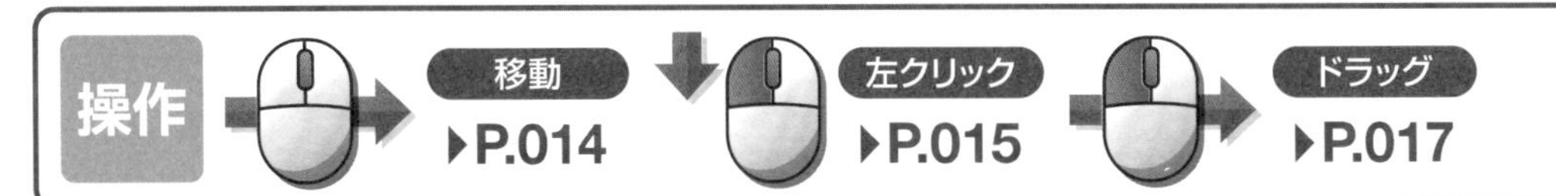

文字に飾りをつけるときは、最初に文字を選択します。
ここでは、文字を選択したり、選択を解除したりする方法を知りましょう。

操作 移動 ▸P.014 左クリック ▸P.015 ドラッグ ▸P.017

1 文字を選択します

32ページの方法で、「遠足会のご案内」を開きます。

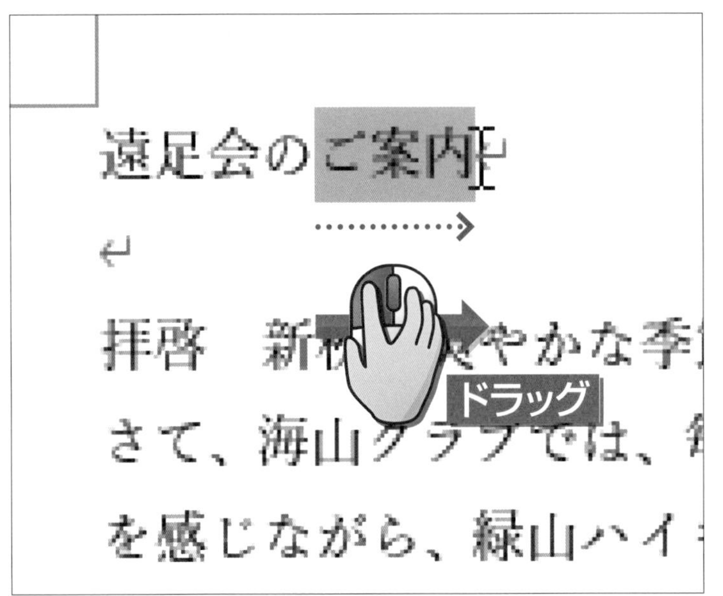

選択したい文字の上をなぞるように

ドラッグします。

グレーの網が敷かれ文字が選択できました。

ポイント！

ここでは、「ご案内」の文字を選択しています。

2 文字の選択を解除します

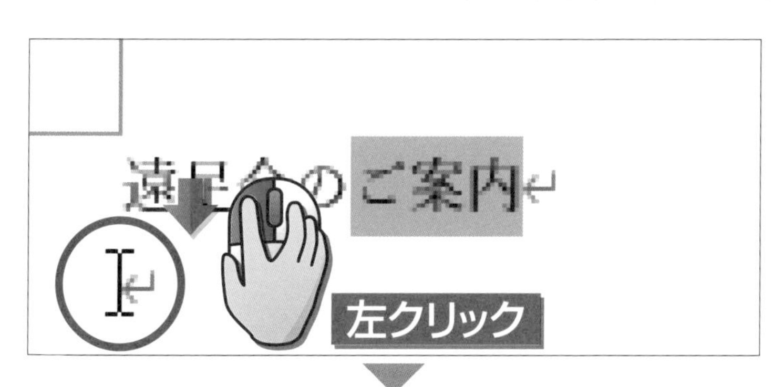

選択した
文字以外の場所を
左クリックします。

文字の選択が
解除されました。

コラム 複数の行を選択するには

複数の行を選択するには、選択する行の行頭に<ruby>↖<rt>カーソル</rt></ruby>を**移動**して、

下方向に**ドラッグ**します。

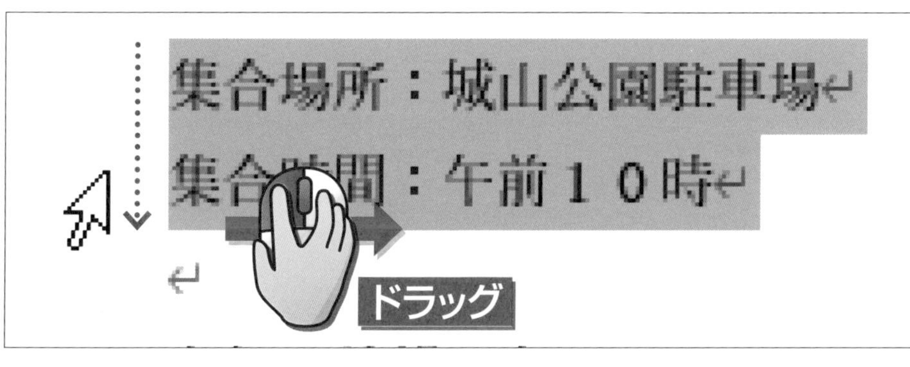

文字の大きさを変更しよう

案内文書のタイトルが目立つように、文字の大きさを大きくします。
最初にタイトルの文字を選択して、文字の大きさを選びます。

操作  左クリック ▶P.015  ドラッグ ▶P.017

1 文字を選択します

遠足会のご案内

拝啓　新秋の　かな季

ドラッグ

大きさを変えたい
文字の上を
ドラッグして、
選択します。

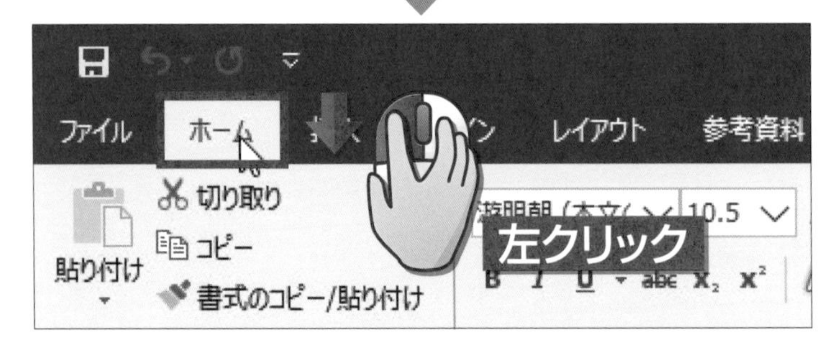

ホーム を

左クリックします。

2 文字の大きさを選択します

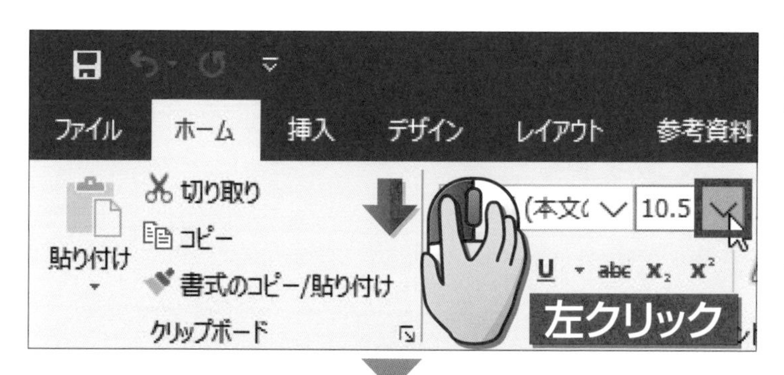

フォントサイズ

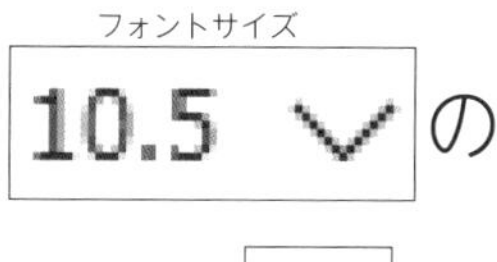

の

右側の ∨ を

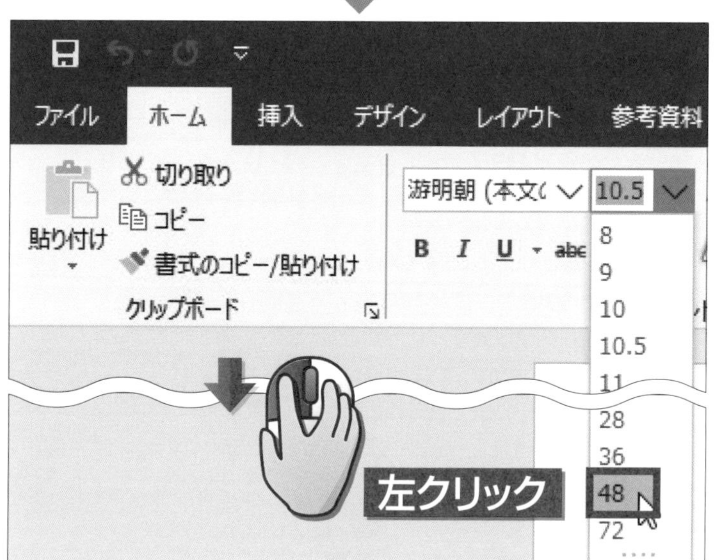

変更したい大きさを

左クリックします。

ポイント！

ここでは、「48」を左クリックしています。

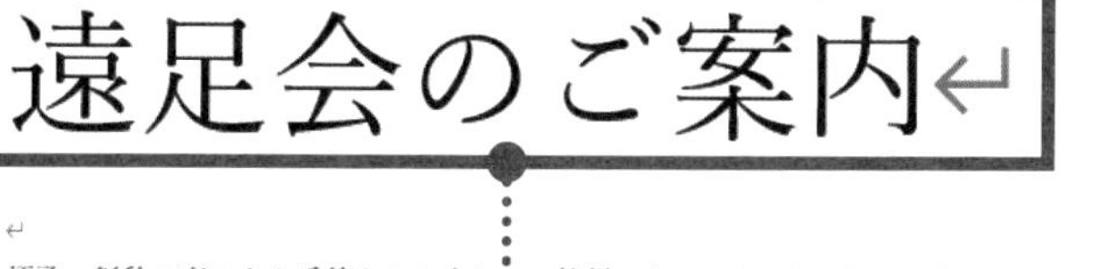

文字の大きさが
変わりました。

選択した
文字以外の場所を

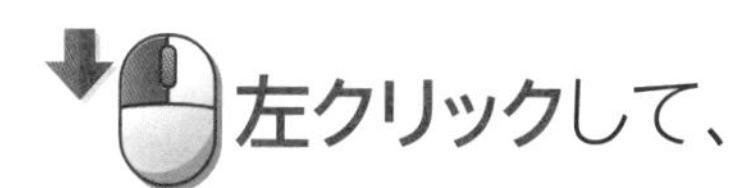

選択を解除します。

文字の形を変更しよう

文字の形を変えると、文字の印象が変わります。
ここでは、タイトルの文字の形を変えて目立たせます。

操作

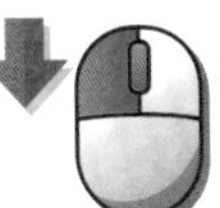
左クリック
▶P.015

ドラッグ
▶P.017

回転
▶P.012

1 文字を選択します

遠足会のご案内

拝啓　新秋の爽やかな季節となりました。皆様いかがお過ごしでしょうか。
さて、海山クラブでは、恒例の「遠足会」を今年も開催することになりました。秋の風を感じながら、緑山のコースを歩きましょう。コースは、2コースの中から選択できます。皆様お誘い合わせの上、ご参加くださいますようご案内申し上げます。

敬具

集合場所：城山公園駐車場
集合時間：午前10時

参加ご希望の方は、9月15日までに事務局までお申し込みください。

ドラッグ

形を変えたい
文字の上を
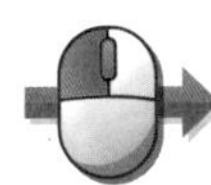ドラッグして、
選択します。

ポイント！

ここでは、「遠足会のご案内」の文字を選択しています。

2 文字の形を選択します

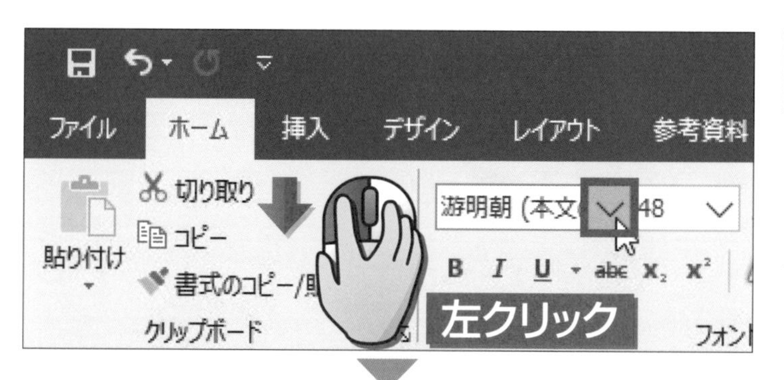

游明朝 (本文(∨（フォント）の

右側の ∨ を

左クリックします。

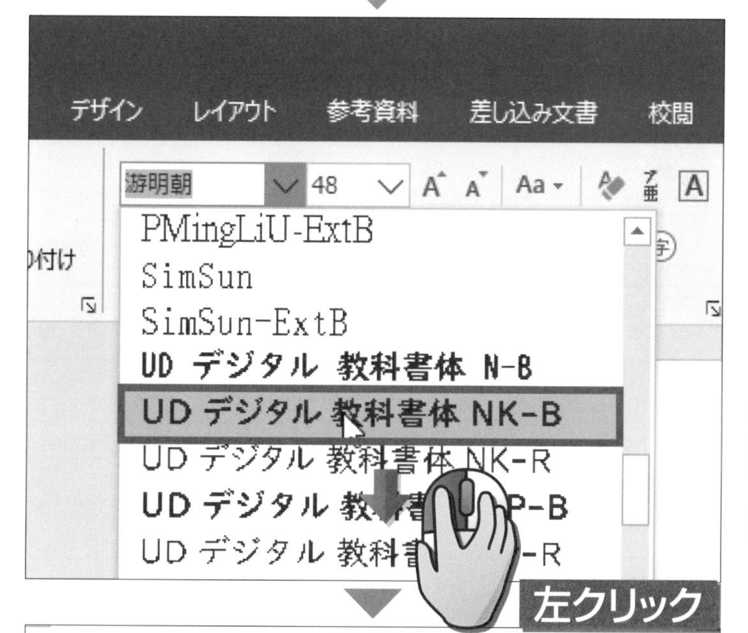

マウスのホイールを

回転して、

変更したい文字の形を

左クリックします。

ポイント！

ここでは、UD デジタル 教科書体 NK-B を選択しています。

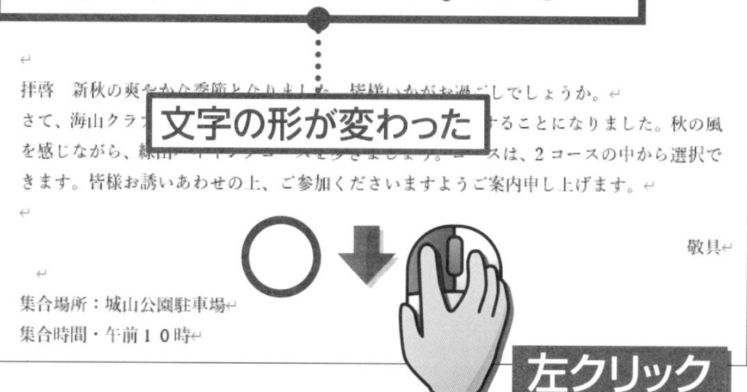

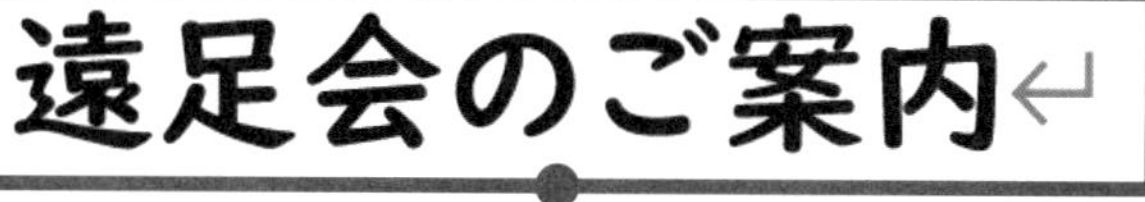

文字の形が
変わりました。

選択した
文字以外の場所を

左クリックして、

選択を解除します。

文字の色を変更しよう

文字の色は、通常の黒から別の色に変えることができます。
ここでは、タイトルの「遠足会」の文字が目立つように色をつけます。

操作  左クリック ▸P.015 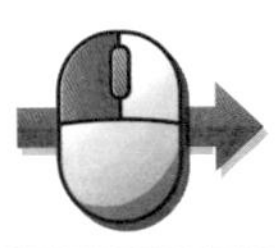 ドラッグ ▸P.017

1 文字を選択します

遠足会のご案内

拝啓　新秋の爽やかな季節となりました。皆様いかがお過ごしでしょうか。
さて、海山クラブでは…例の「遠足会」を今年も開催することになりました。秋の風を感じながら、緑山…ースを歩きましょう。コースは、2コースの中から選択できます。皆様お…くださいますようご案内申し上げます。

敬具

集合場所：城山公園駐車場
集合時間：午前１０時

参加ご希望の方は、9月15日までに事務局までお申し込みください。

ドラッグ

色を変えたい
文字の上を
 ドラッグして、
選択します。

ポイント！

ここでは、「遠足会」の文字を選択しています。

2 文字の色を選択します

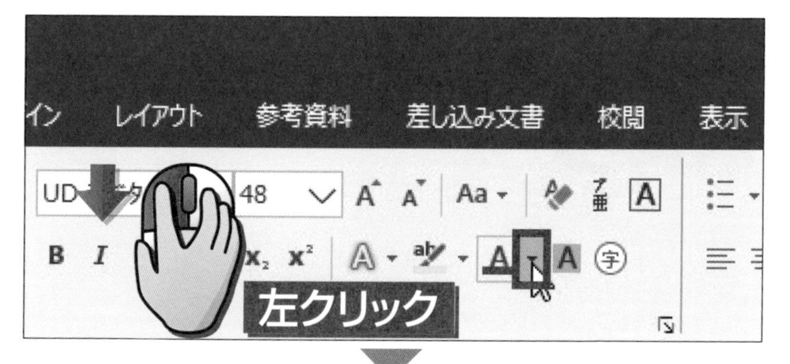

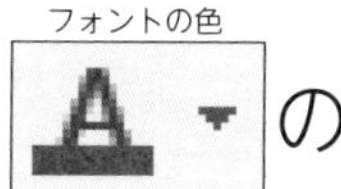

の

右側の ▼ を

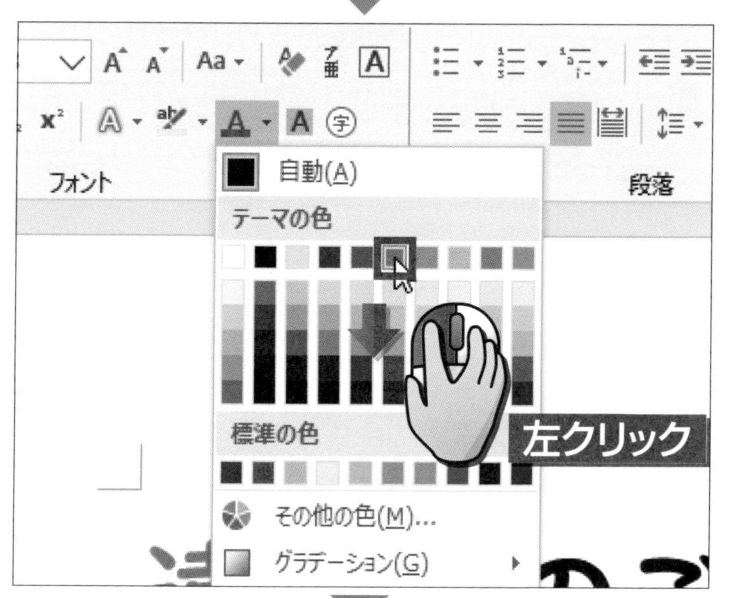

色の一覧が
表示されます。
つけたい色を
左クリックします。

ポイント!

ここでは、「オレンジ、アクセント2」を選択しています。

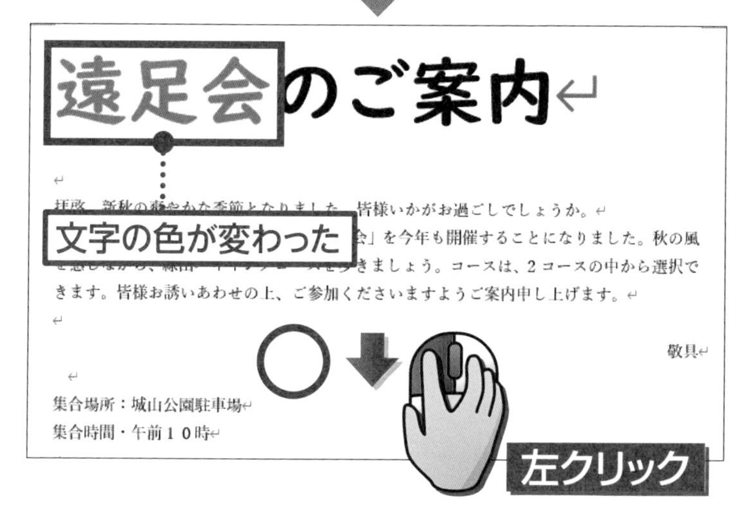

文字の色が
変わりました。

選択した
文字以外の場所を

選択を解除します。

文字に飾りをつけよう

文字には、太字や斜体、下線などの飾りをつけることができます。
ここでは、注目してほしい箇所に飾りをつけて目立たせます。

操作
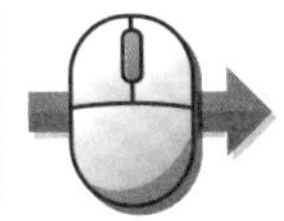
移動
▶P.014
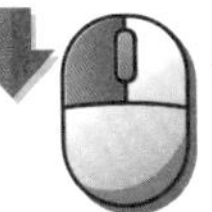
左クリック
▶P.015

ドラッグ
▶P.017

1 文字を選択します

集合場所：城山公園駐車場↵
集合時間：午前１０時↵
↵
参加ご希望の方は、９月１５

飾りをつけたい
先頭の行（ここでは
「集合場所」の行）の
左端に

を**移動**します。

集合場所：城山公園駐車場↵
集合時間：午前１０時↵
ご希望の方は、９月１５
ドラッグ

そのまま下方向に

ドラッグして、

２行分を選択します。

2 文字を太字にします

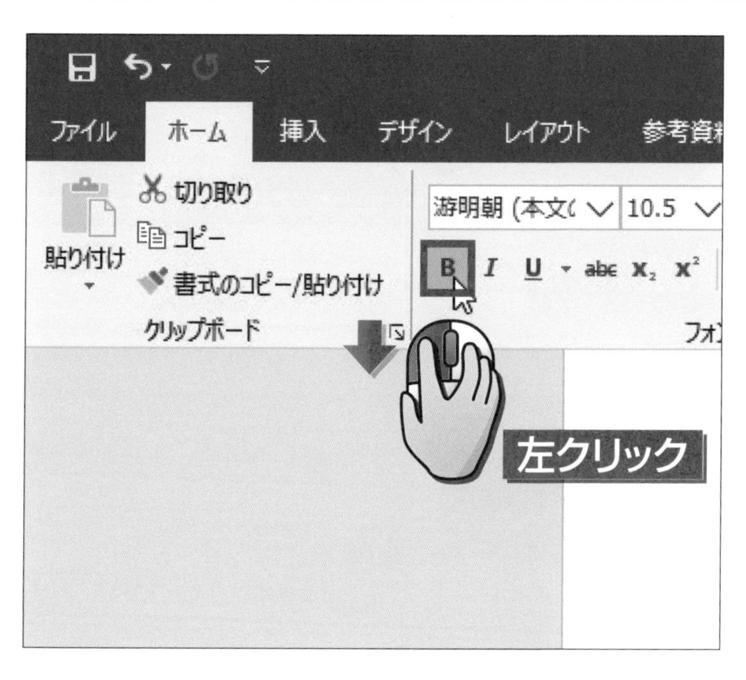

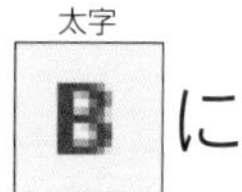

に

カーソル を移動して、

左クリックします。

3 文字が太字になりました

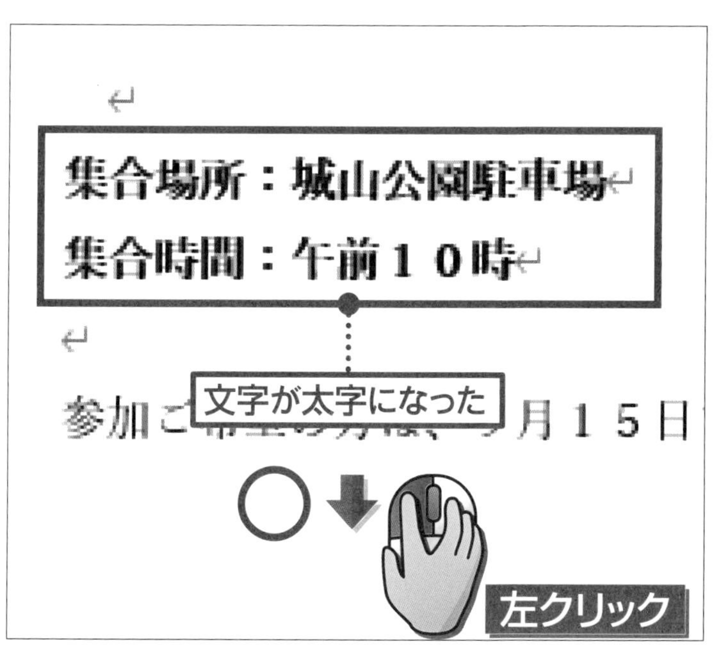

選択した文字が
太字になりました。

選択した
文字以外の場所を

左クリックして、

選択を解除します。

4 文字を斜体や下線の飾りをつけます

集合場所：城山公園駐車場
集合時間：午前１０時

参加ご希望の方は、９月１５日までに事務

飾りをつけたい文字を選択します。

ポイント！
ここでは「9月15日まで」の文字を選択しています。

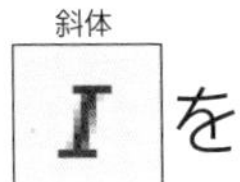

を

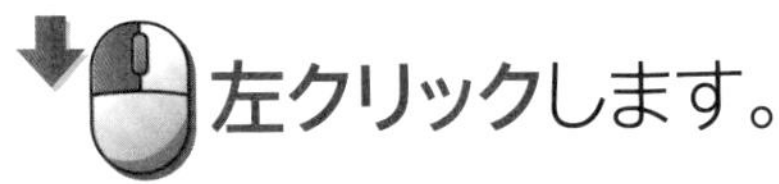
左クリックします。

続いて

を

左クリックします。

集合場所：城山公園駐車場
集合時間：午前１
斜体と下線がついた

参加ご希望の方は、*９月１５日まで*に事務

文字に斜体と下線がつきました。

ポイント！
選択した文字以外の場所を左クリックして、選択を解除します。

コラム 文字の飾りを解除する

文字に設定した**飾りを解除**する方法を覚えましょう。
さまざまな飾りを、まとめて解除することができます。

飾りを解除したい文字を

ドラッグして、

選択します。

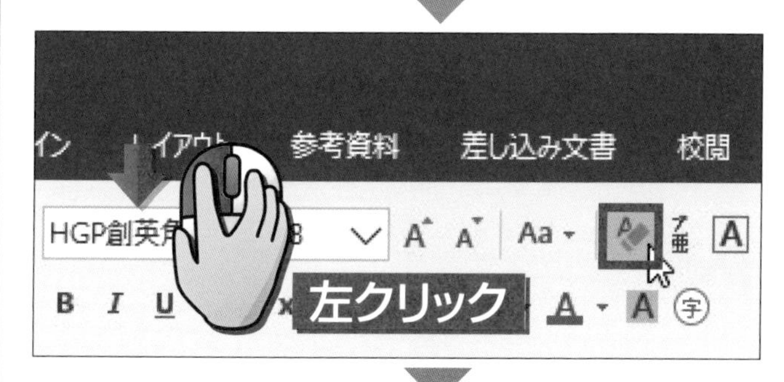

すべての書式をクリア

を

左クリックします。

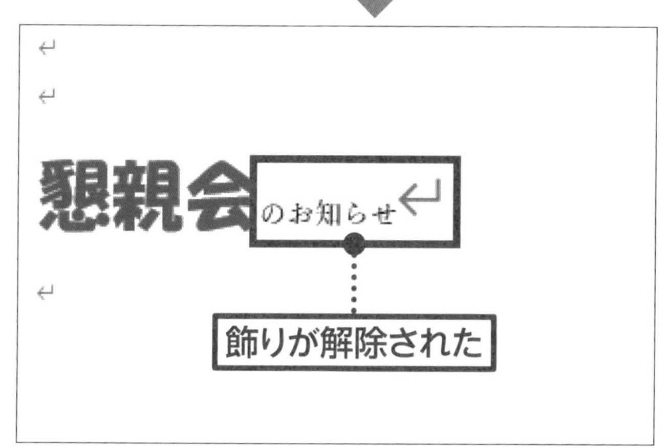

文字の飾りが
解除され、
元の文字の状態に
戻ります。

タイトルを中央に揃えよう

タイトルの文字の配置を整えましょう。
ここでは、タイトルが用紙の中央に配置されるようにします。

操作

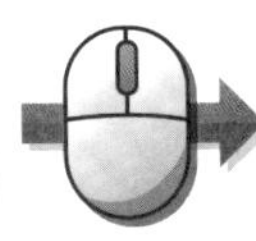

移動
▶P.014

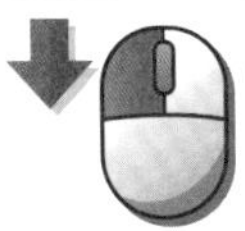

左クリック
▶P.015

1 タイトルの行を選択します

遠足会のご案内

拝啓　新秋の　やか　りました。皆様いかがお過ごしでしょうか。
さて、海山ク　プで　例の「遠足会」を今年も開催することになりました。秋の風を感じながら、緑山　ースを歩きましょう。コースは、2コースの中から選択できます。皆様お誘い　ご参加くださいますようご案内申し上げます。

左クリック

敬具

集合場所：城山公園駐車場
集合時間：午前１０時

参加ご希望の方は、*9月15日まで*に事務局までお申し込みください。

配置を変えたい行に
カーソル
I を移動して、

ポイント！

文字の配置は、↵から↵までの段落ごとに指定できます。ここではタイトル「遠足会のご案内」の段落を中央に揃えます。

2 タイトルを中央に揃えます

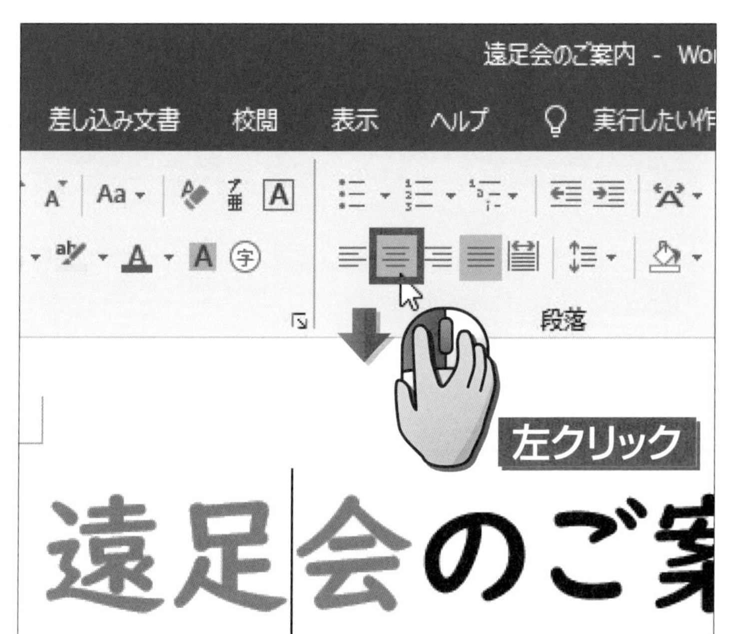

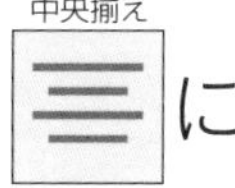

に

を移動して、

左クリックします。

ポイント！

文字を用紙の右側に揃える場合は、(右揃え)を左クリックします。

3 タイトルが中央に揃いました

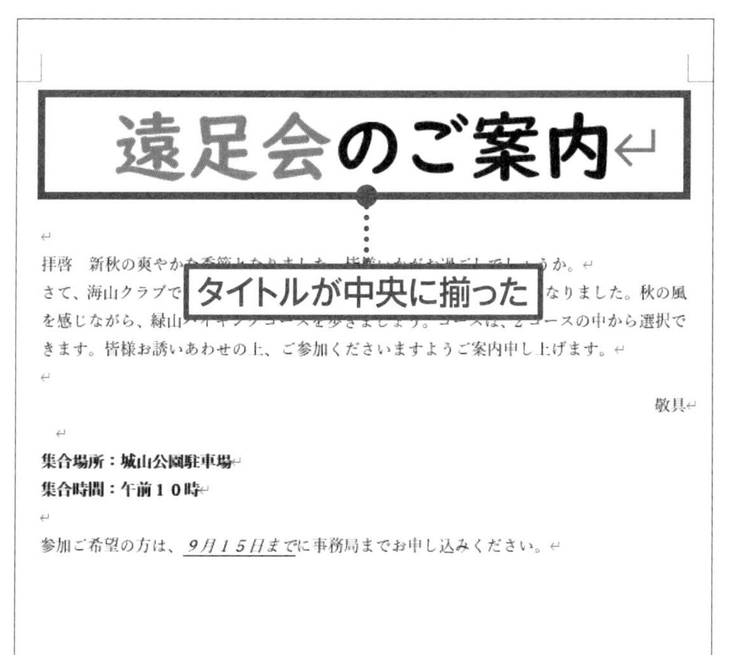

タイトルが
用紙の中央に
揃いました。

ポイント！

文字の配置を元に戻すには、配置を変えたい段落に文字カーソルを移動して、(両端揃え)を左クリックします。

箇条書きを作ろう

集合時間や集合場所の項目に、箇条書きの書式を設定します。
行頭に記号がついて、項目の区別がはっきりします。

操作 移動 ▸P.014 左クリック ▸P.015 ドラッグ ▸P.017

1 行を選択します

集合場所：城山公園駐車場
集合時間：午前１０時

箇条書きにしたい先頭の行（ここでは「集合場所」の行）の左端にカーソルを移動します。

集合場所：城山公園駐車場
集合時間：午前１０時

そのまま下方向に

2行分を選択します。

2 箇条書きにします

箇条書き

を

- 集合場所：城山公園駐車場
- 集合時間：午前１０時

行頭に記号がつき、箇条書きになりました。

コラム 箇条書きに番号をつけるには

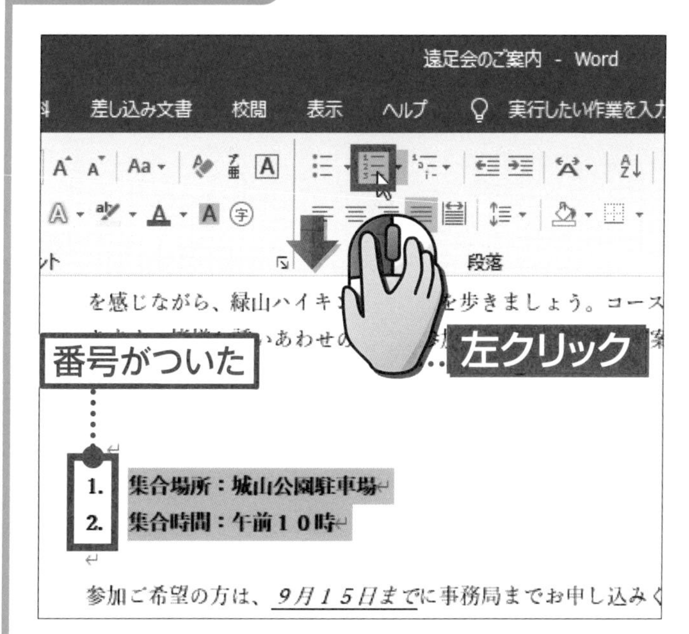

箇条書きの行頭に記号ではなく番号をつけたい場合には、

段落番号

を

左クリックします。

行頭をずらして見やすくしよう

集合時間や集合場所の行頭を右にずらします。
行頭の位置をずらすことを、インデントといいます。

操作 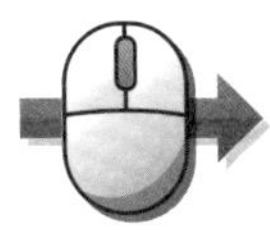 移動 ▶P.014 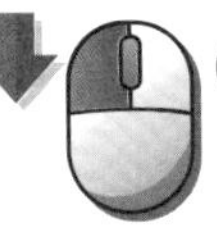 左クリック ▶P.015  ドラッグ ▶P.017

1 行を選択します

● 集合場所：城山公園駐車
● 集合時間：午前１０時

行頭の位置を変えたい行（ここでは「集合場所」の行）の左端にカーソルを移動します。

● 集合場所：城山公園駐車
● 集合時間：午前１０時

ご希望の方は、９月１５

そのまま下方向にドラッグして、2行分を選択します。

2 行頭をずらします

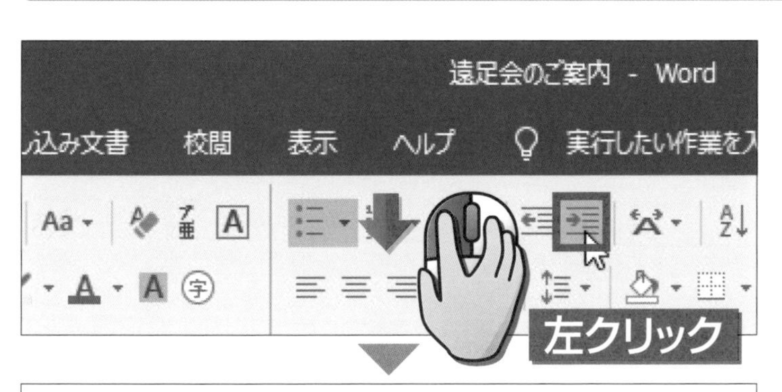

インデントを増やす

を

左クリックします。

↵

行頭が右にずれた

↵

● 集合場所：城山公園駐車場↵

● 集合時間：午前１０時↵

↵

参加ご希望の方は、*９月１５日まで*に事務

選択した行の行頭が、右にずれました。

ポイント！

行頭を1文字分左に戻すには、（インデントを減らす）を左クリックします。

きます。皆様お誘いあわせの上、ご参加く

↵

行頭がさらに右にずれた

↵

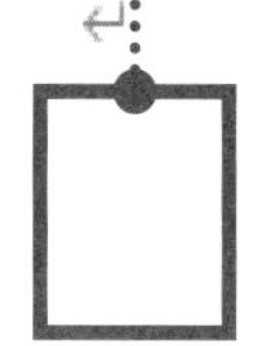

● 集合場所：城山公園駐車場↵

● 集合時間：午前１０時↵

↵

参加ご希望の方は、*９月１５日まで*に事務

インデントを増やす

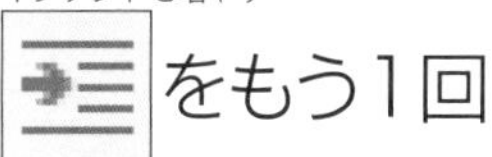をもう1回

左クリックします。

選択した行がさらに右にずれました。

ポイント！

54ページの方法で上書き保存を行い、ワードを終了します。

第3章 練習問題

1 文字に飾りをつけるときに、最初にすることは次のうちどれですか?

❶ 飾りをつける文字を選択する
❷ 飾りの種類を選択する
❸「ファイル」タブを左クリックする

2 文字を太字にするときに、左クリックするボタンはどれですか?

❶ B　❷ U　❸ I

3 行頭の位置を右にずらすときに、左クリックするボタンはどれですか?

❶　❷　❸

第4章

ワード文書に図形を作成しよう

この章で学ぶこと

- 図形を描けますか?
- 図形に文字を入力できますか?
- 図形の色を変更できますか?
- 図形の形を変更できますか?
- 図形の位置を変更できますか?

この章でやること

この章では、文書に図形を入れる方法を紹介します。
図形を使えば、文書の中で強調したい内容を目立たせることができます。

図形を描こう

ワードには、たくさんの図形が用意されています。
図形は**マウス操作**でかんたんに作成できます。

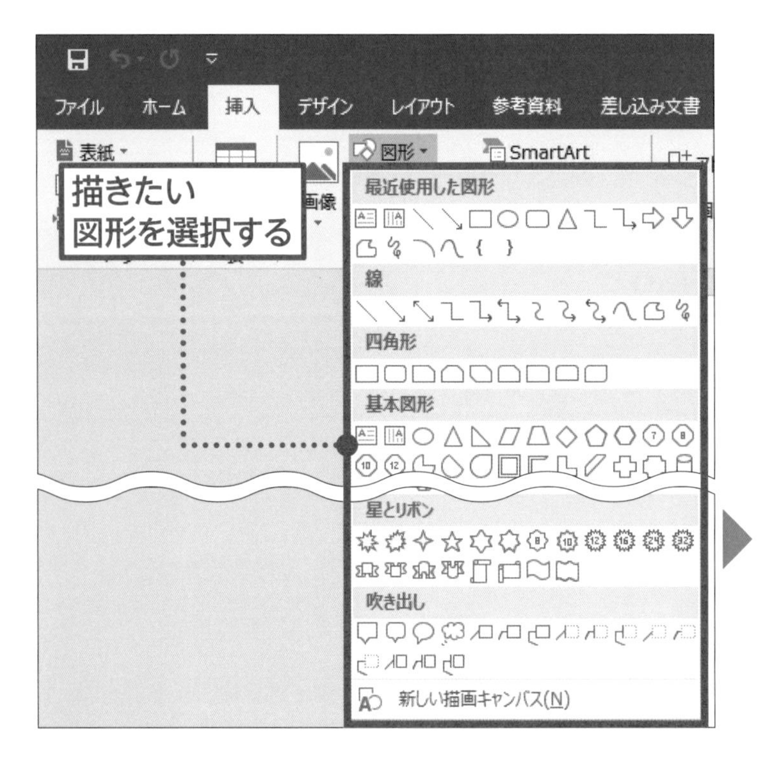

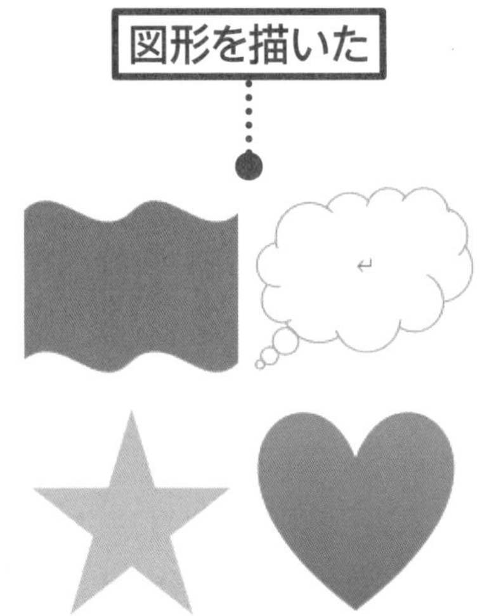

図形に文字を表示しよう

ほとんどの図形では、図形の中に**文字を入力**することができます。

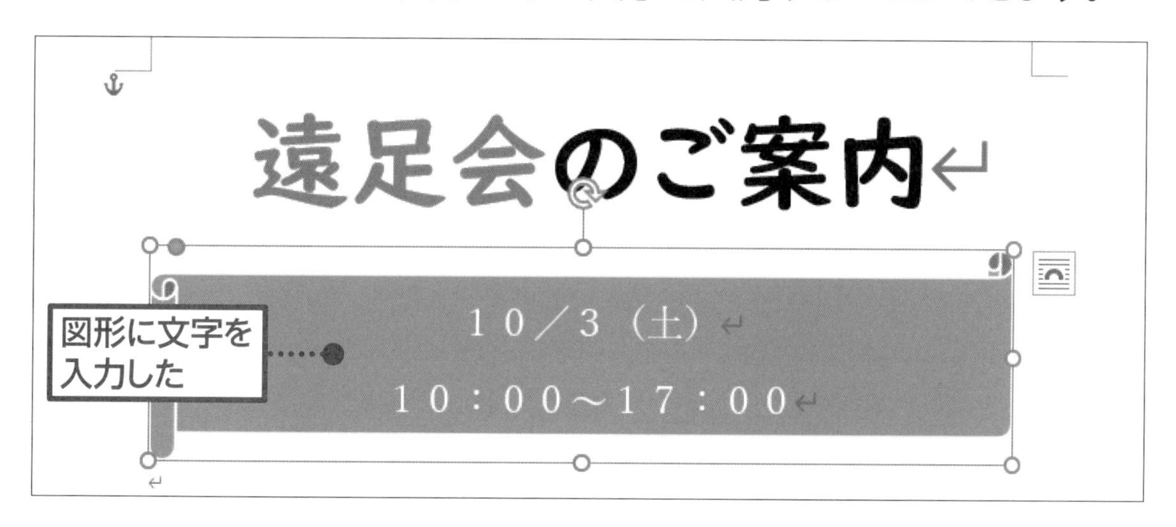

図形と文字の配置を変更しよう

図形の周囲の文字の配置に気を配りましょう。

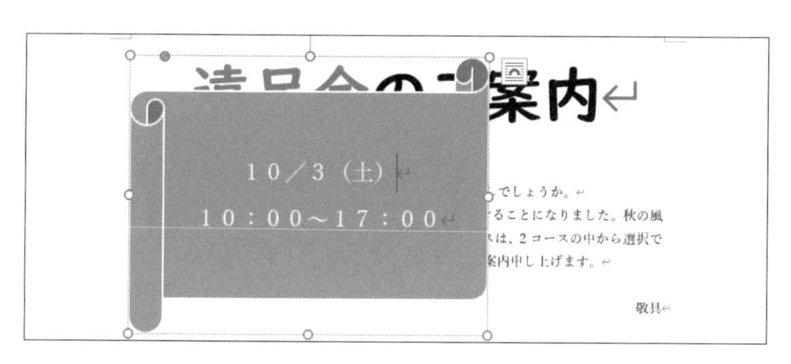

文字の上に
図形を描くと、文字が
隠れてしまいます。

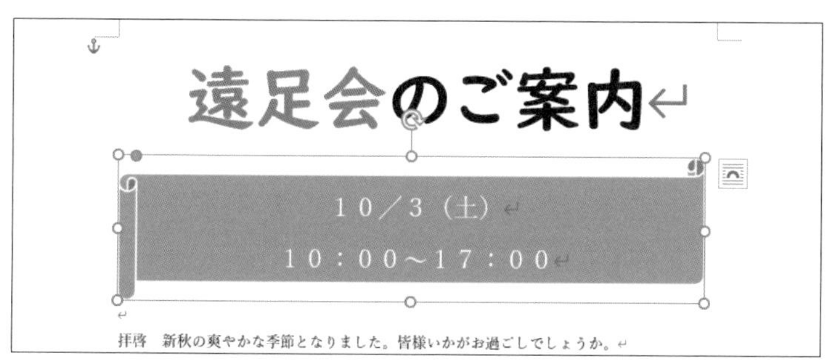

図形と文字の**配置**を
調整して、文字が
見えるようにします。

図形を描こう

図形を追加して、日時の情報を表示しましょう。
図形を描いたあとに、文字を入力します。

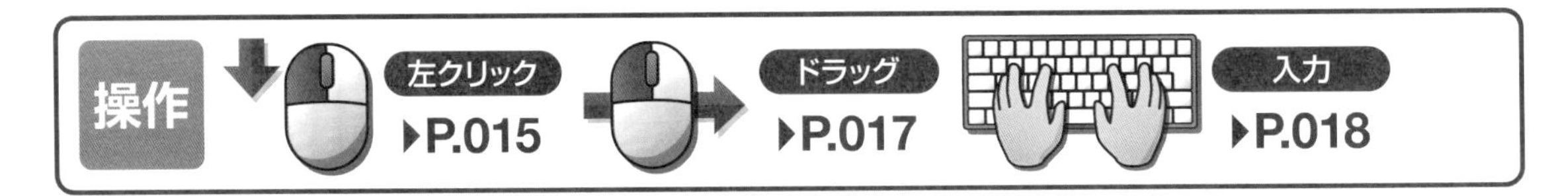

1 タブを切り替えます

32ページの方法で、「遠足会のご案内」を開きます。

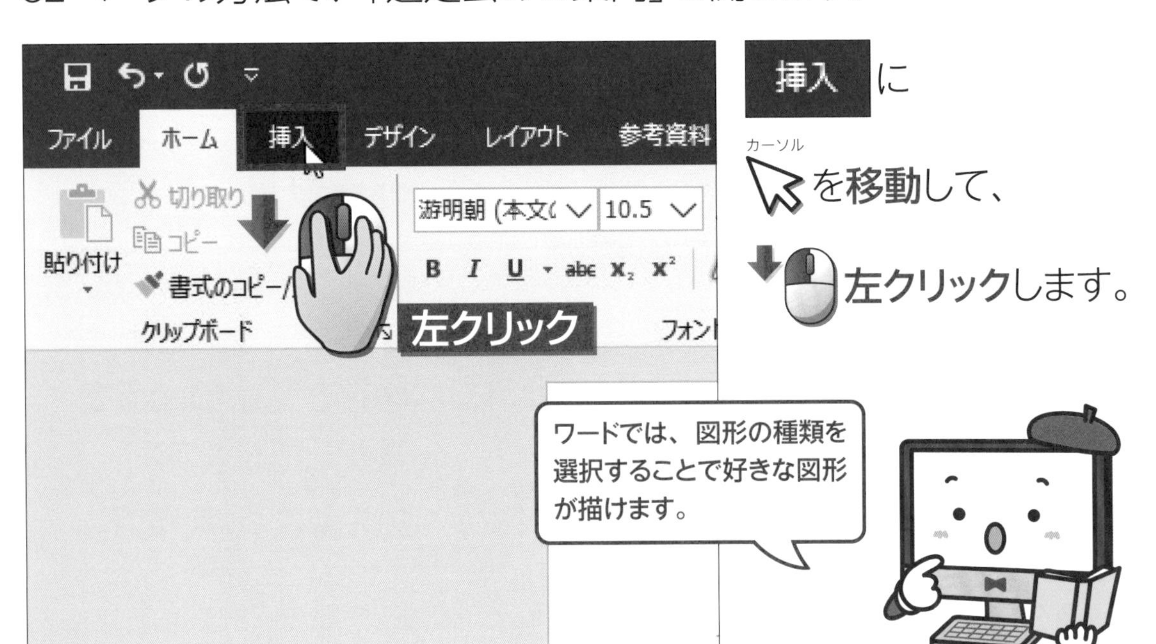

挿入 に

カーソル を移動して、

左クリックします。

2 図形の種類を選びます　その1

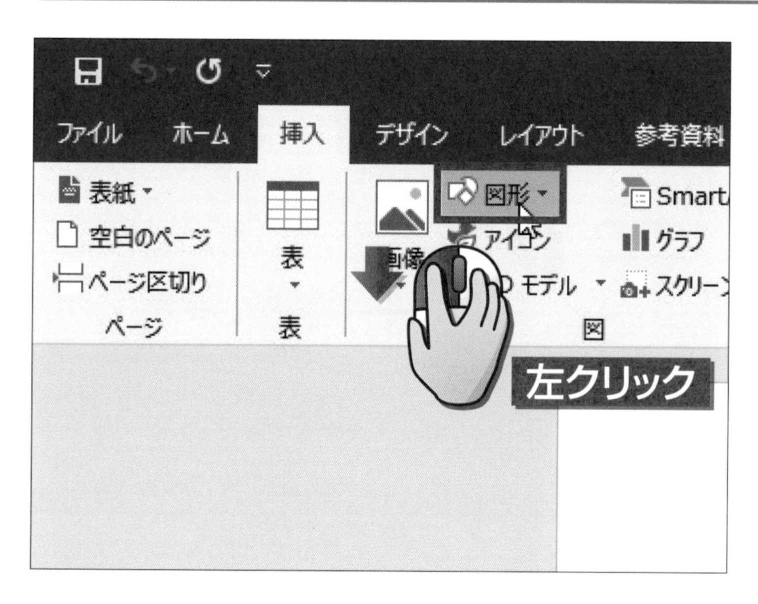

に

カーソル
を移動して、

左クリックします。

3 図形の種類を選びます　その2

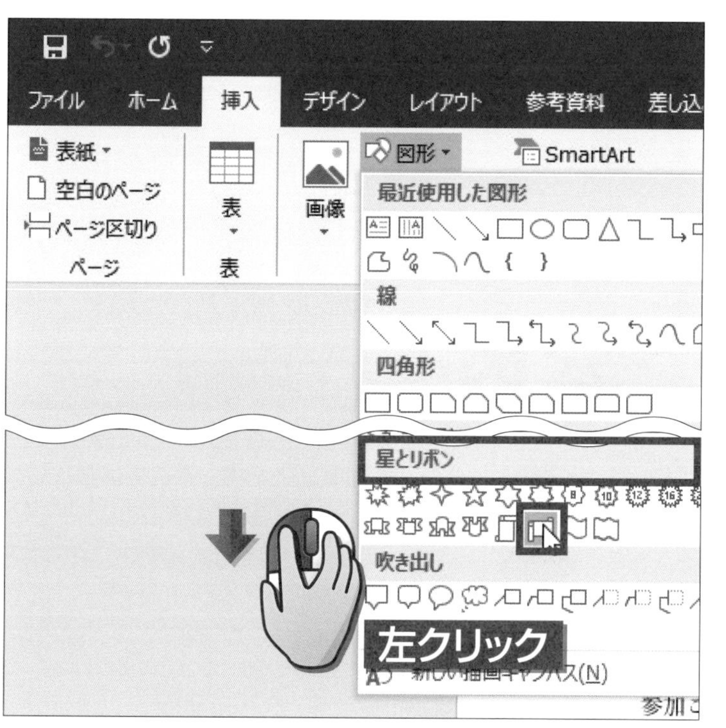

図形の一覧が
表示されます。

星とリボン にある

スクロール：横
に

カーソル
を移動して、

左クリックします。

4 図形を描きます

カーソルの形が＋に変わります。

タイトルの左上に＋を移動します。

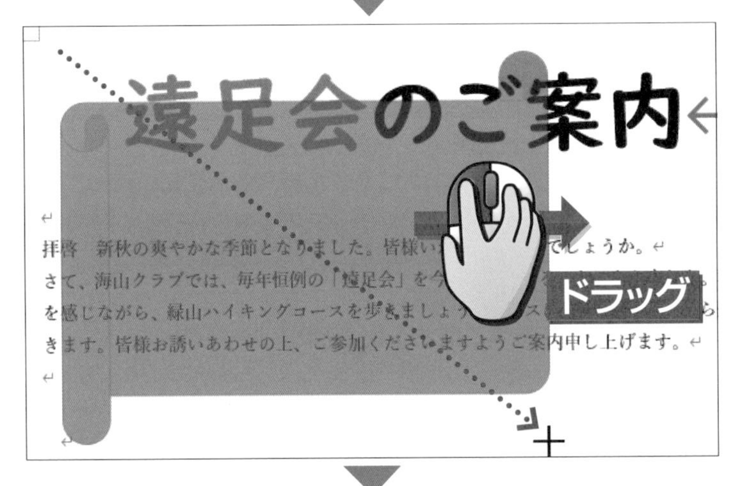

右下の方向へ

ドラッグします。

図形が描けました。

ポイント！

図形の形は90ページの方法で調整するので、ここでは気にしなくても問題ありません。

5 図形を選択します

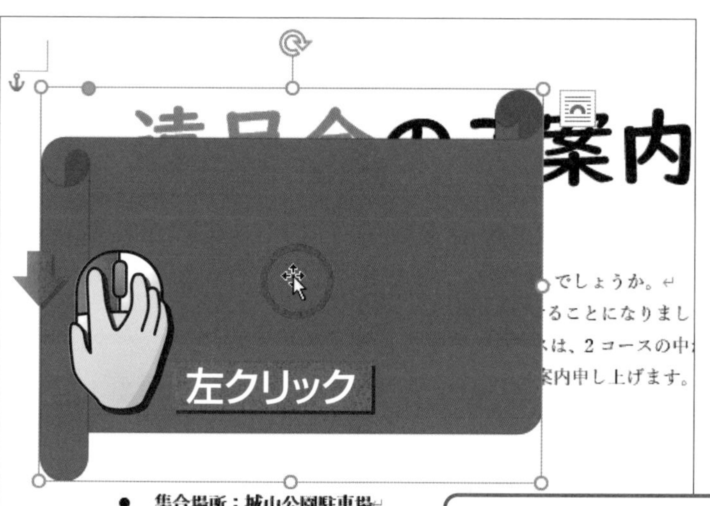

図形の内側に

カーソル（ルビ）を移動して、

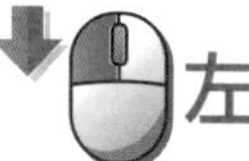

左クリックします。

図形の周りに○が表示されているときは、キーボードから文字を入力すると、図形に文字が入ります。

6 文字を入力します

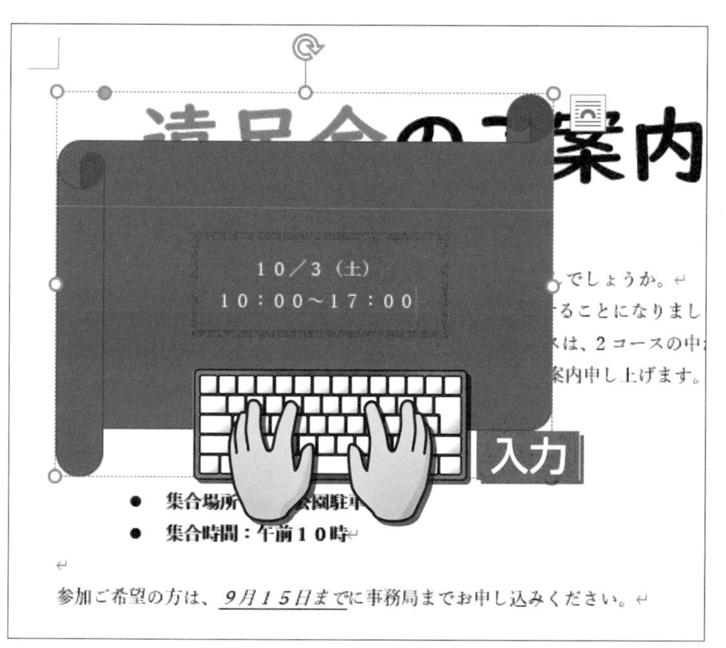

左のように文字を

入力します。

ポイント！

「/」は「すらっしゅ」、「（）」は「かっこ」、「～」は「から」とそれぞれ入力して48ページの方法で変換します。

図形の文字の大きさを変更しよう

図形の文字は、大きさを変えたり飾りをつけたりできます。
ここでは、文字の大きさを大きくします。

操作  左クリック ▶P.015 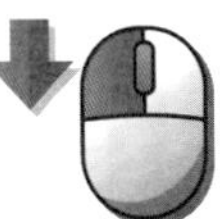 ドラッグ ▶P.017 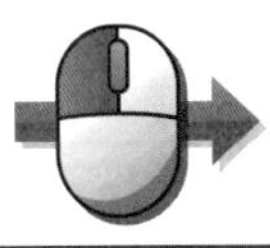

1 図形内の文字を選択します

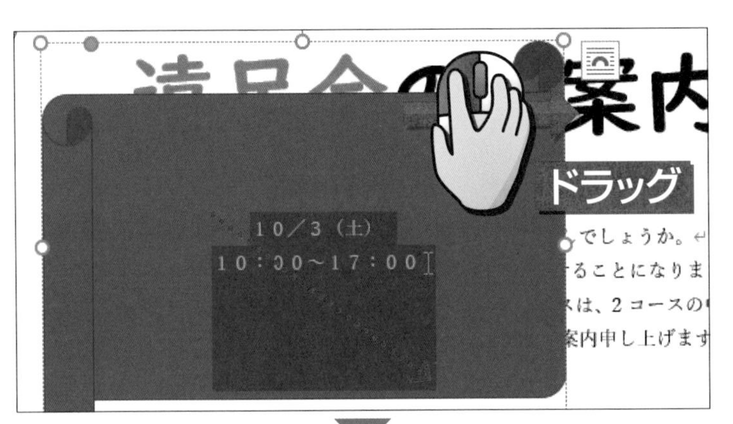

大きさを変更したい図形内の文字を 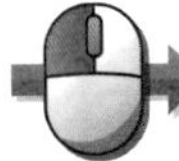 ドラッグして、選択します。

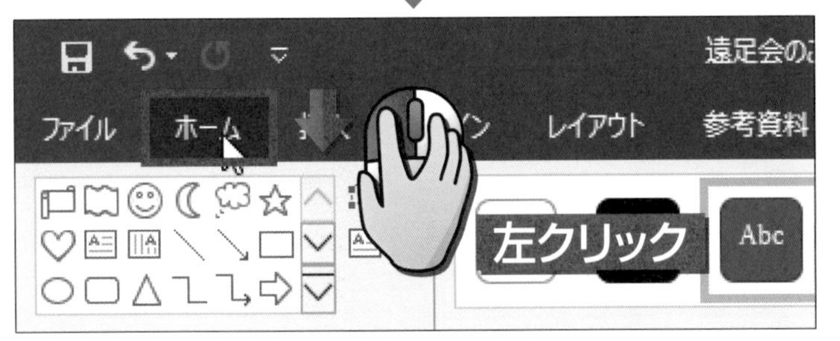

 を 左クリックします。

2 文字の大きさを変更します

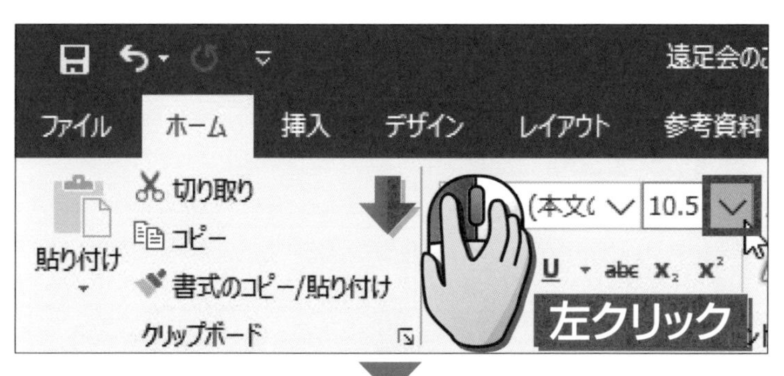

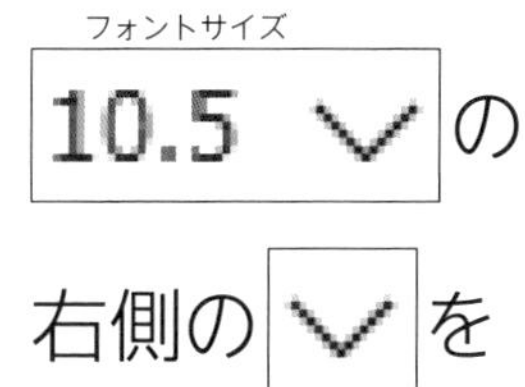

の

右側のを

左クリックします。

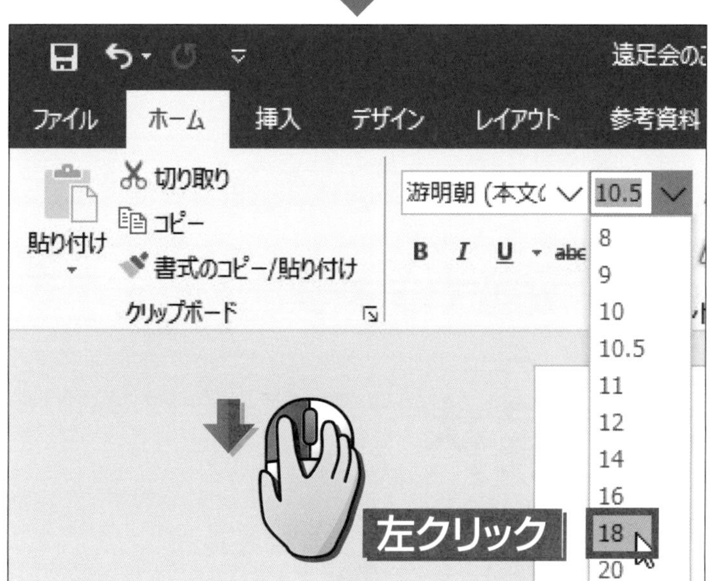

変更したい大きさを

左クリックします。

ここでは、「18」を左クリックしています。

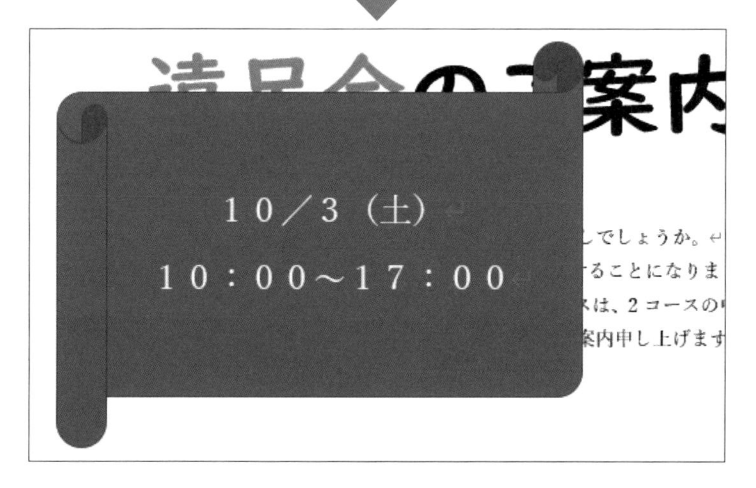

文字の大きさが
変わりました。

図形の色を変更しよう

作成した図形の色を変えてみましょう。
スタイルを選ぶだけで、図形の色を変更できます。

1 色を変える図形を選択します

色を変更したい図形の上にカーソル を移動して、左クリックします。

描画ツール の 書式 または 図形の書式 を左クリックします。

2 図形のスタイルを変更します

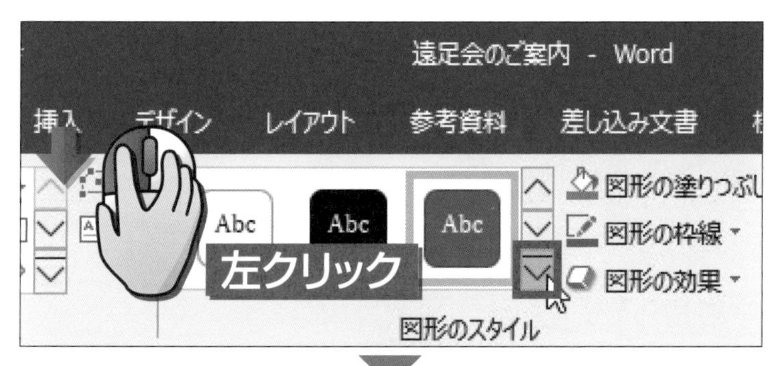

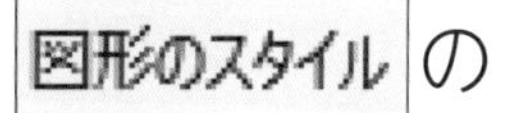 の

その他

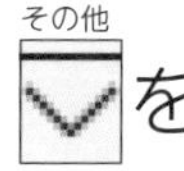 を

スタイルの一覧が表示されます。

スタイルを選び、

左クリックします。

ここでは、「枠線-淡色1、塗りつぶし-緑、アクセント6」を選択しています。

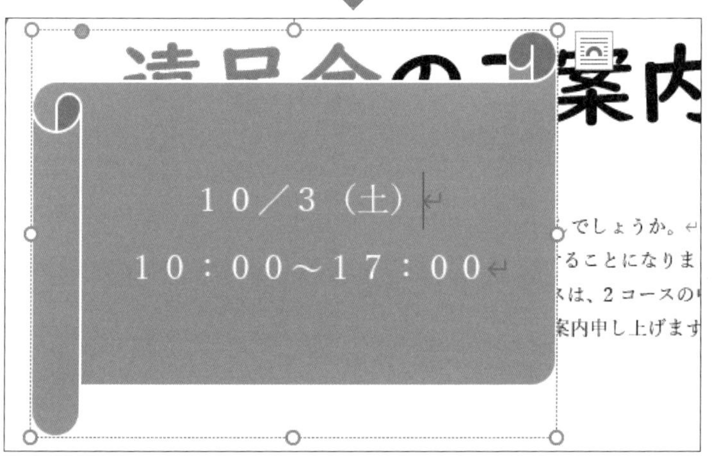

図形の色が変わりました。

図形の形を変更しよう

文字の分量に合わせて図形の形を調整します。
ここでは、図形を横長の形に変更します。

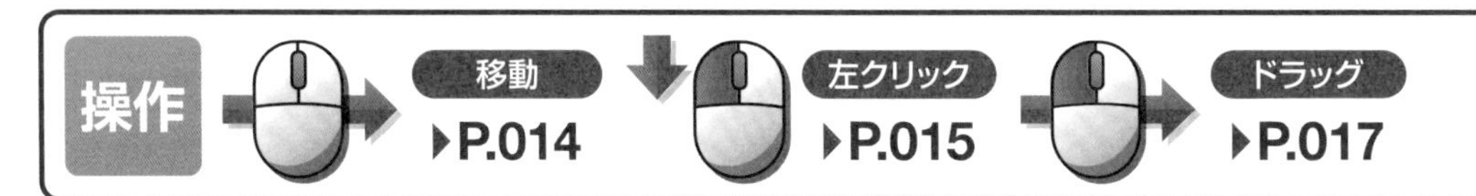

1 形を変える図形を選択します

形を変更したい
図形の上で

左クリックします。

図形が○で囲まれて、
選択されます。

2 図形の形を変更します

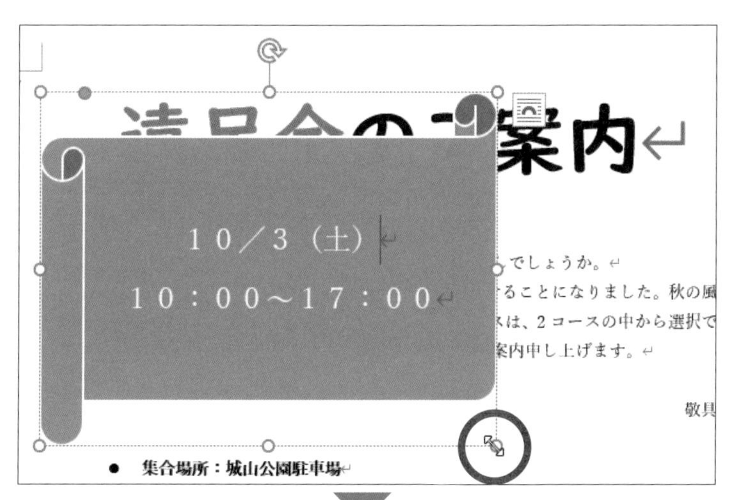

図形の右下の○に

カーソルを移動します。

カーソルの形が⤡になります。

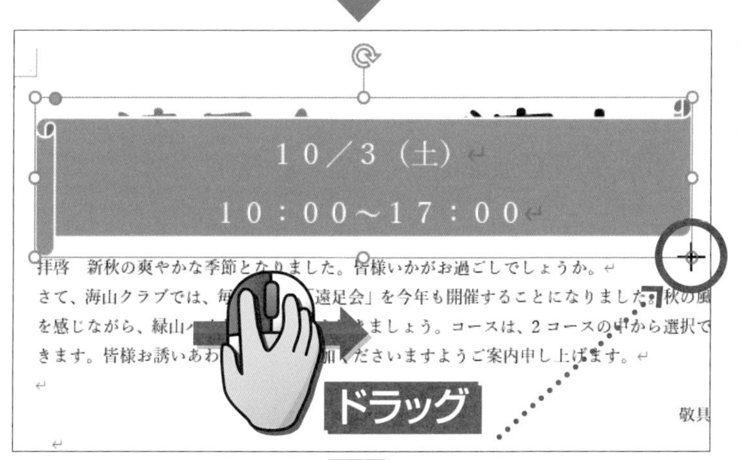

右上の方向へ

ドラッグします。

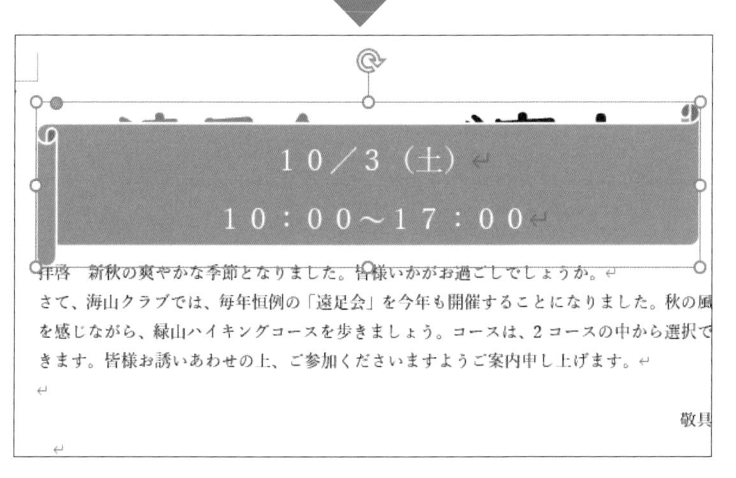

図形の形が変わりました。

図形と文字の配置を変更しよう

図形と文字の配置を変更しましょう。
ここでは、タイトルの下に図形を移動します。

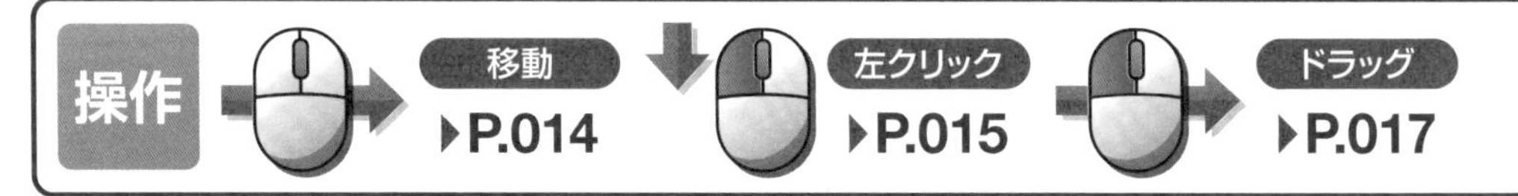

1 図形を選択します

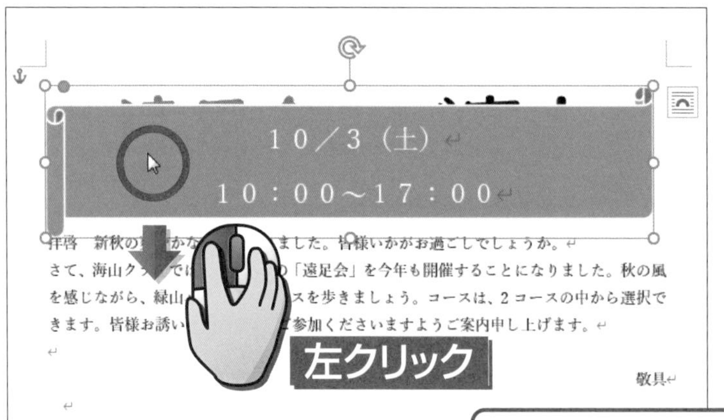

図形の上に カーソル を移動して、

画面では文章の上に図が乗ってしまって見えなくなっているので、これから調整してバランスを整えます！

2 図形が選択されます

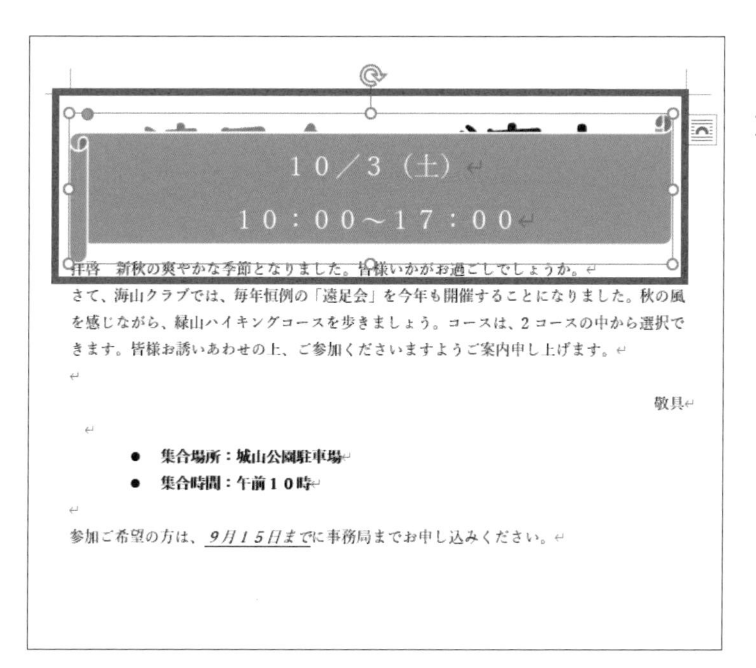
10／3（土）
10：00～17：00
拝啓　新秋の爽やかな季節となりました。皆様いかがお過ごしでしょうか。
さて、海山クラブでは、毎年恒例の「遠足会」を今年も開催することになりました。秋の風を感じながら、緑山ハイキングコースを歩きましょう。コースは、2コースの中から選択できます。皆様お誘いあわせの上、ご参加くださいますようご案内申し上げます。

敬具

- 集合場所：城山公園駐車場
- 集合時間：午前１０時

参加ご希望の方は、*9月15日まで*に事務局までお申し込みください。

図形が○で囲まれて、選択されます。

3 図形の配置を変更する準備をします

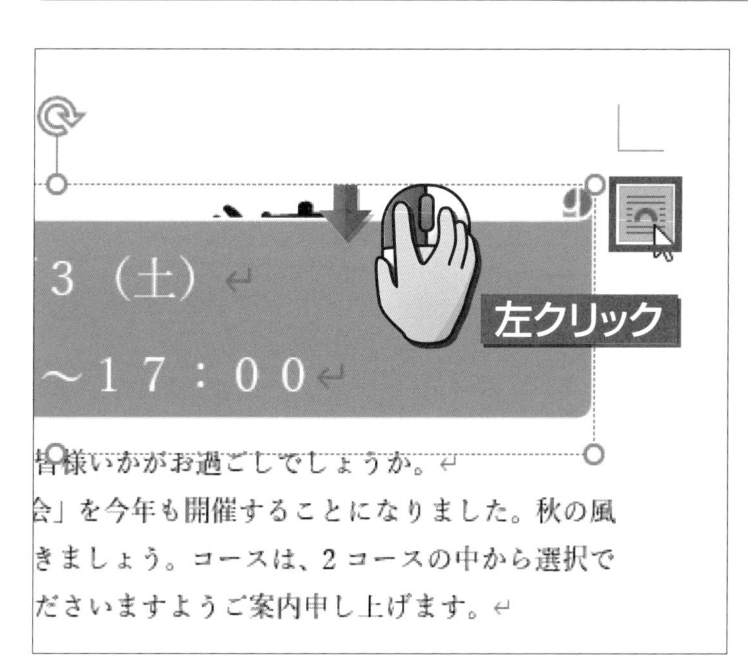

レイアウトオプション
に

カーソル
を移動して、

左クリックします。

4 文字の折り返し位置を変更します

表示されるメニューの

上下
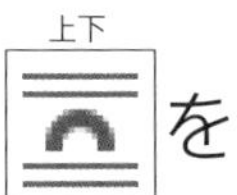を

左クリックします。

これで、図形の周囲に文字が配置されます。

5 図形の外枠にカーソルを移動します

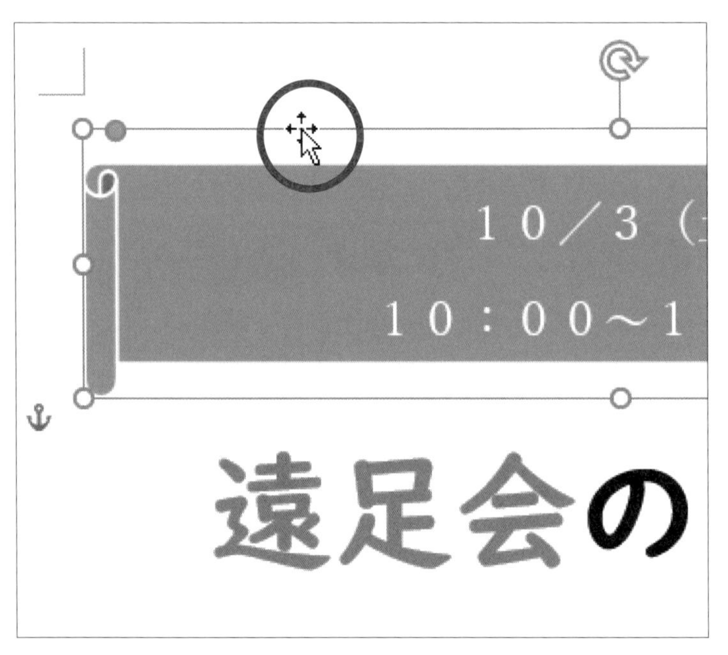

図形の外枠部分に

カーソルを**移動**します。

カーソルの形がに変わります。

6 図形を移動します

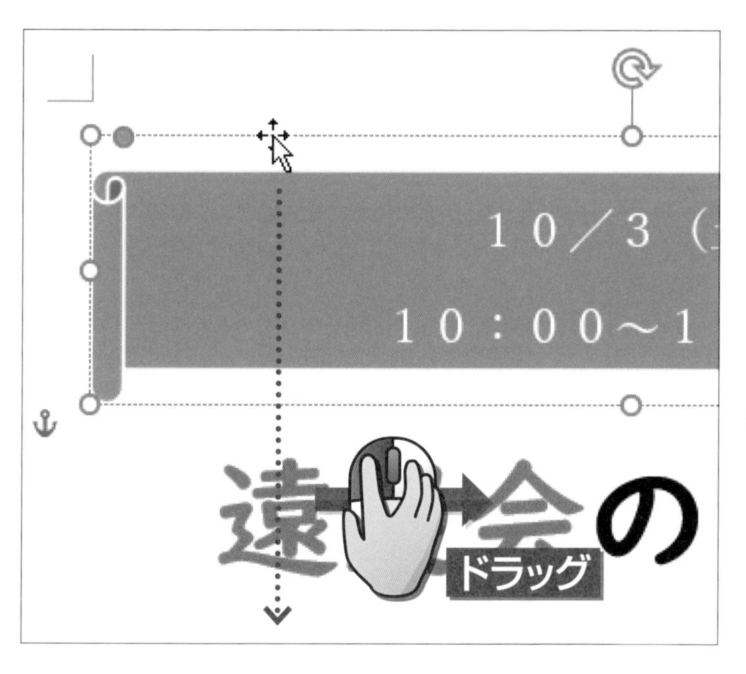

図形を
移動したい場所まで
ドラッグします。

ポイント！

ここでは、図形をタイトルの下に移動しています。

7 図形が移動しました

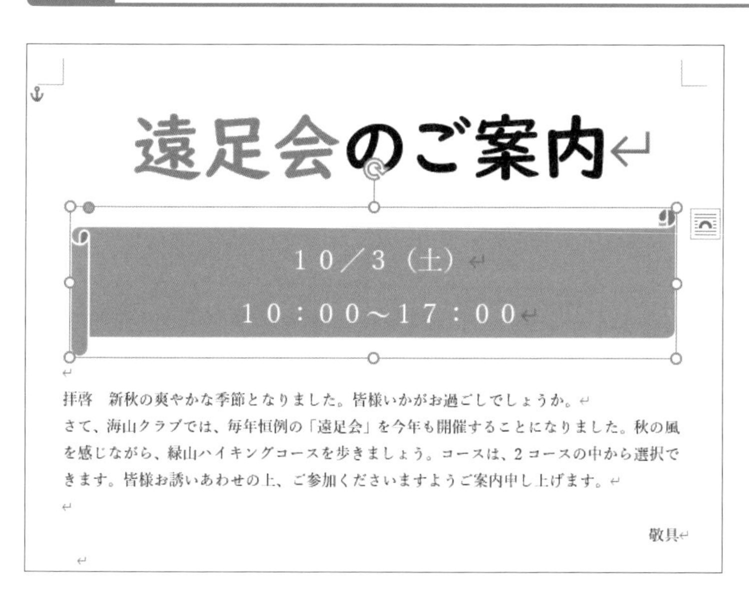
遠足会のご案内

10／3（土）
10：00～17：00

拝啓　新秋の爽やかな季節となりました。皆様いかがお過ごしでしょうか。
さて、海山クラブでは、毎年恒例の「遠足会」を今年も開催することになりました。秋の風を感じながら、緑山ハイキングコースを歩きましょう。コースは、2コースの中から選択できます。皆様お誘いあわせの上、ご参加くださいますようご案内申し上げます。

敬具

図形が移動します。
それに伴い、
文章の配置も
変わりました。

ポイント！

54ページの方法で上書き保存を行い、ワードを終了します。

第4章 練習問題

1 図形を描くときに、左クリックするボタンはどれですか?

❶ 

❷ 

❸ 

2 図形の形を変更するときに、ドラッグする場所はどこですか?

❶ 

❷ 

❸ 

3 図形と文字の配置を変更するときに、左クリックする場所はどこですか?

❶ 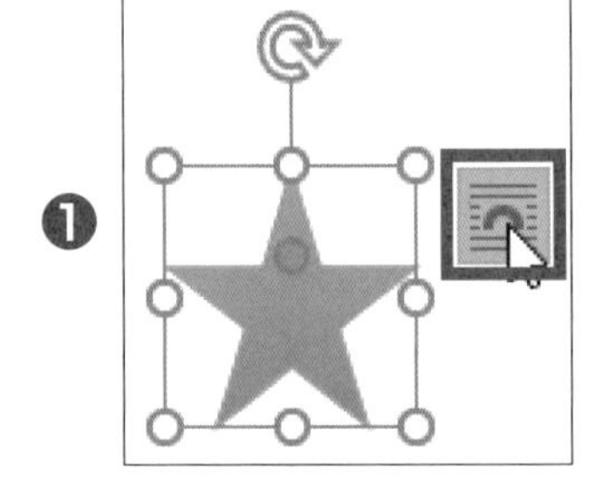

❷ 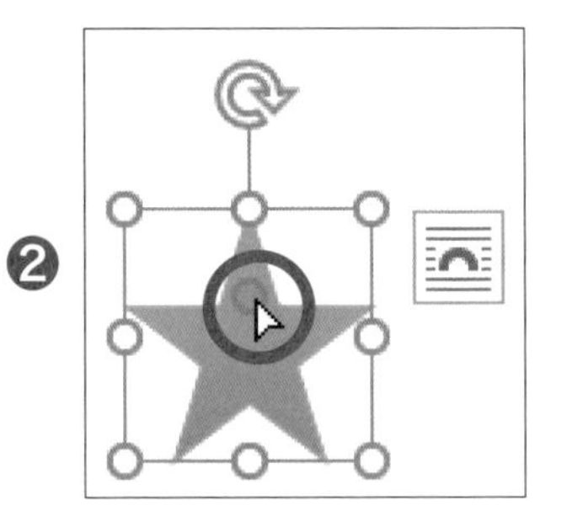

❸ 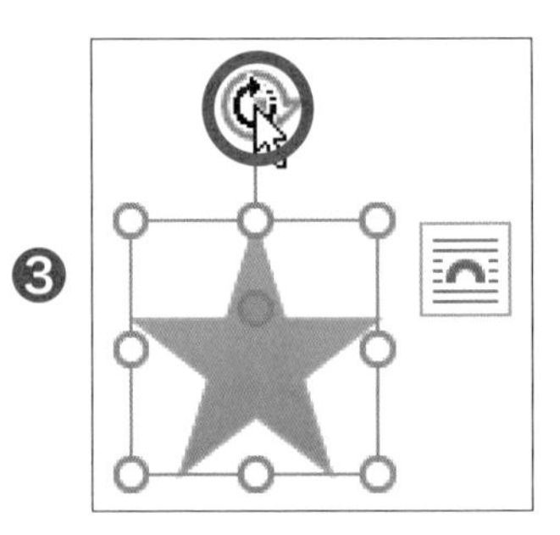

第5章

ワード文書に写真やアイコンを入れよう

この章で学ぶこと

- 文書に写真を入れられますか?
- 写真の大きさを変更できますか?
- 文書にアイコンを入れられますか?
- アイコンの色を変更できますか?
- 文書を印刷できますか?

この章でやること

この章では、文書に写真やアイコンを入れて、華やかに飾ります。
写真の外枠に飾りをつけたり、大きさや位置を整えたりします。

 写真やアイコンを入れよう

デジタルカメラなどで撮影した**写真**を文書に追加します。
パソコンの写真が保存されている場所を確認しておきましょう。

敬具

- **集合場所：城山公園駐車場**
- **集合時間：午前１０時**

参加ご希望の方は、*９月１５日まで*に事務局までお申し込みください。

写真を追加する

写真に飾りをつけよう

写真の周囲に**枠**をつけたり、周囲を**ぼかし**たりします。
一覧から選択するだけで、かんたんに**飾り**をつけられます。

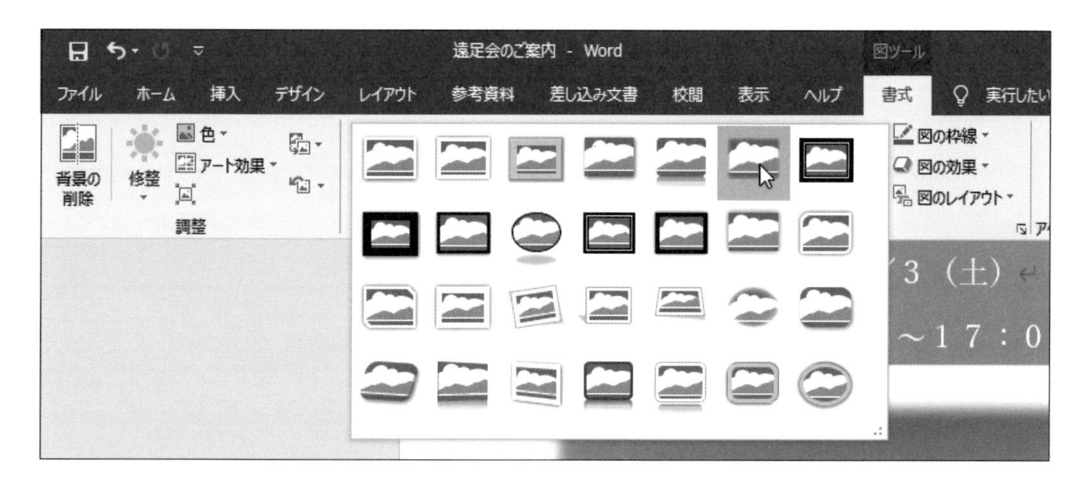

アイコンを追加しよう

文書の内容にあった**アイコン**を探して追加します。

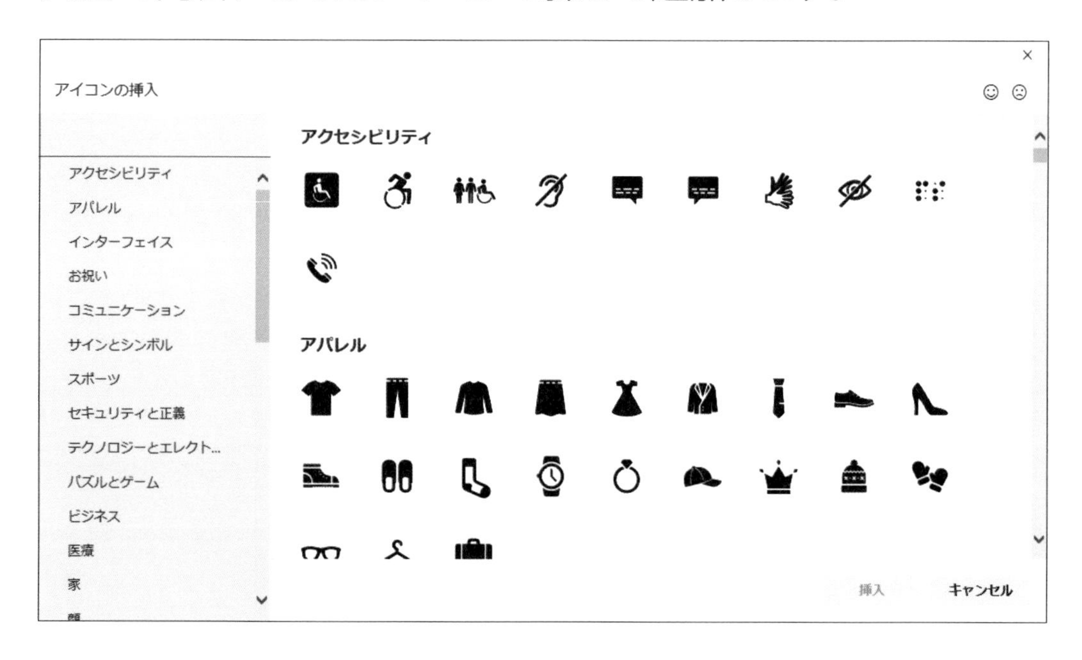

写真を追加しよう

案内文書に写真を追加します。
あらかじめ、写真のデータをパソコンに保存しておきましょう。

操作 移動 ▶P.014  左クリック ▶P.015

1 写真を入れる準備をします

32ページの方法で、「遠足会のご案内」を開きます。

遠足会のご案
10／3（土）
10：00～17：0
左クリック
拝啓　新秋　　　　　。皆様いかがお過ごして
さて、海山クラブでは、毎年恒例の「遠足会」を今年も開催する
を感じながら、緑山ハイキングコースを歩きましょう。コースは
きます。皆様お誘いあわせの上、ご参加くださいますようご案内

写真を入れる場所に カーソル を**移動**して、

左クリックします。

ポイント！
ここでは「拝啓」の上を左クリックしています。

2 写真を選ぶ画面を表示します

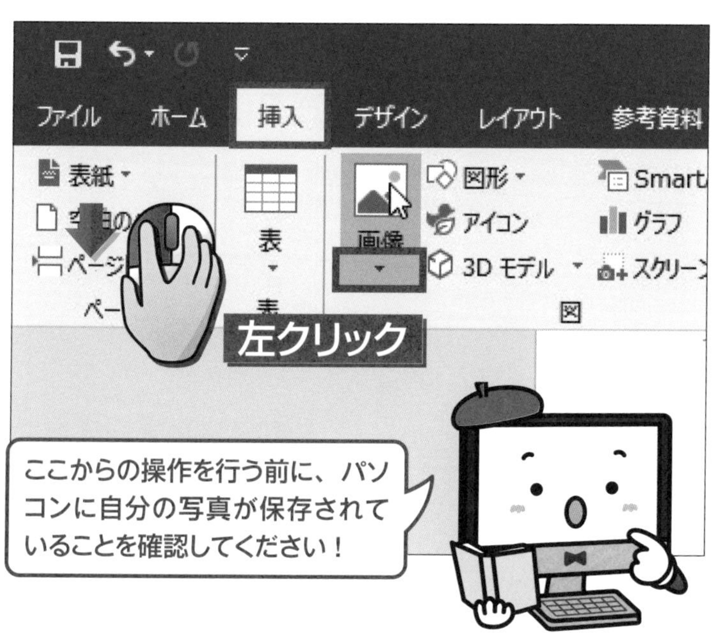

挿入 を

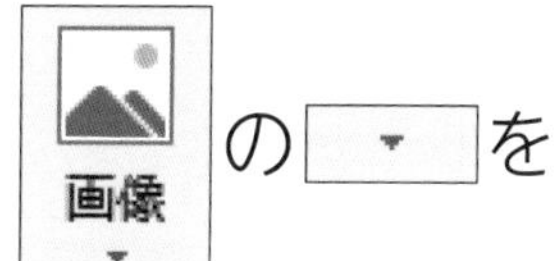

3 画像がある場所を選びます

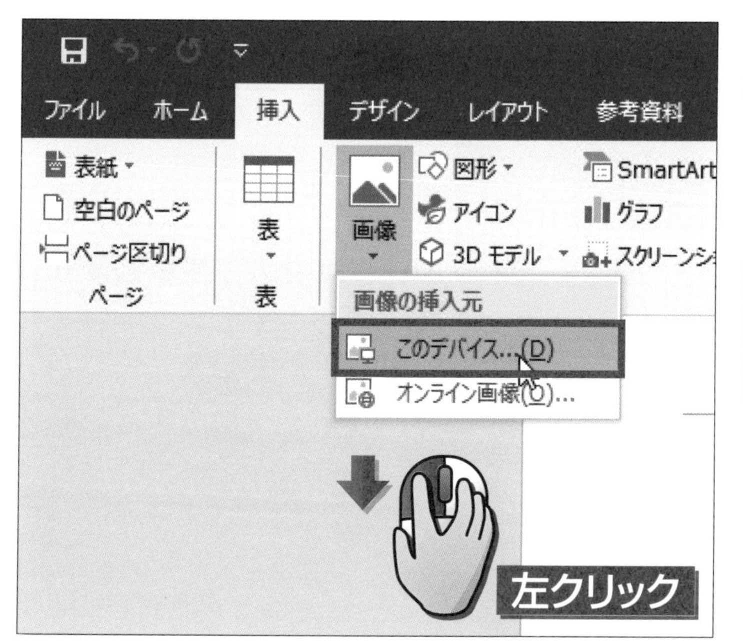

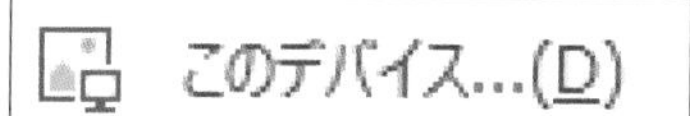

を

ポイント！

左の画面が表示されない場合は、次ページの手順に進みます。

4 写真を選ぶ画面が表示されます

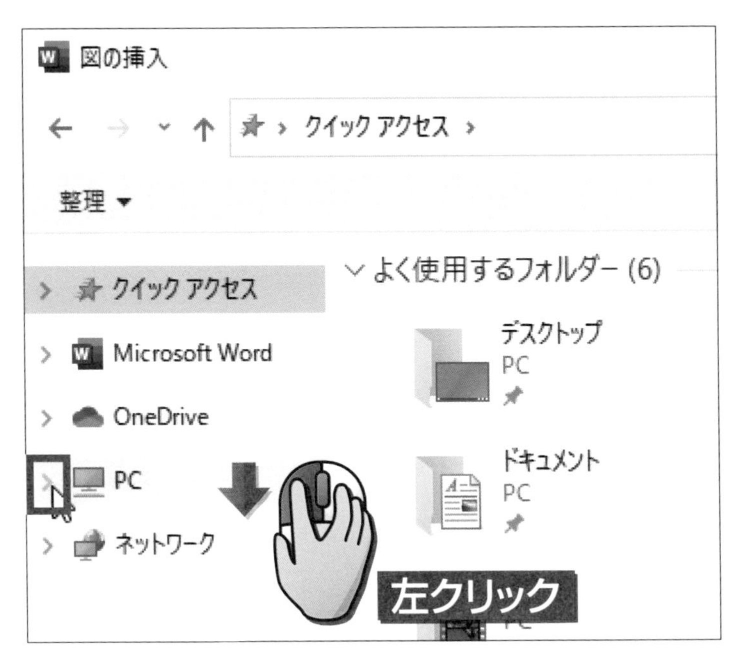

写真を選ぶ画面が表示されました。

の左側の > を左クリックします。

5 写真の保存場所を選びます

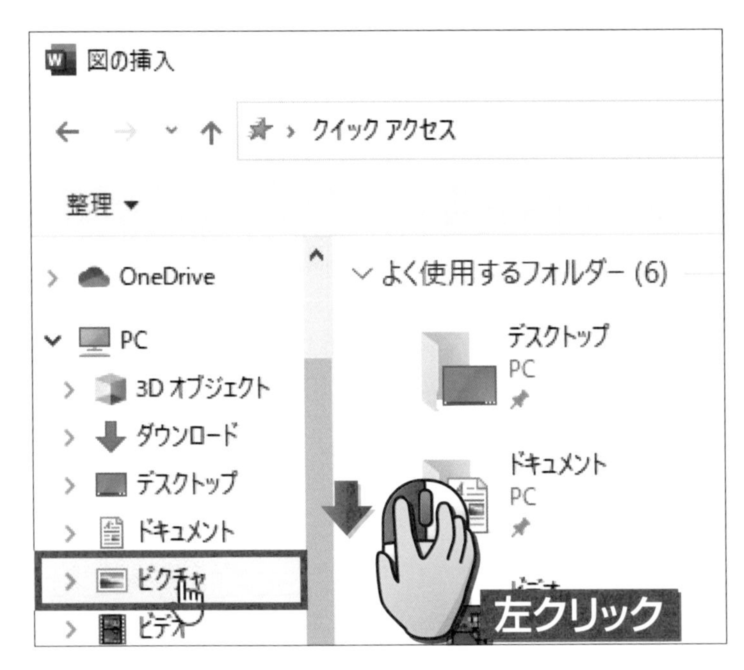

ピクチャ に カーソル を移動して、左クリックします。

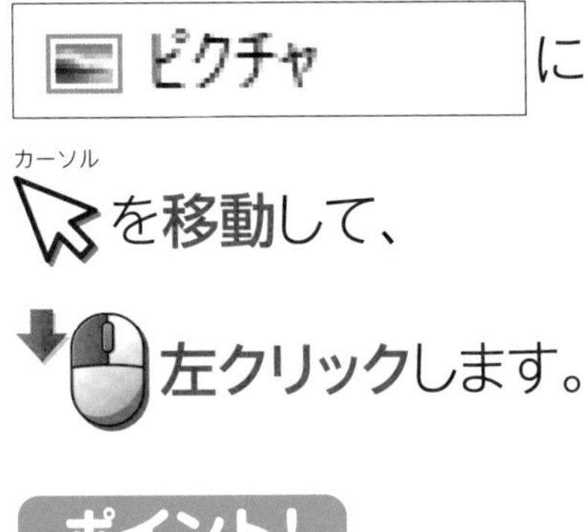

ポイント!

ここでは、ピクチャ フォルダーに保存したファイルを開きます。

6 写真を追加します

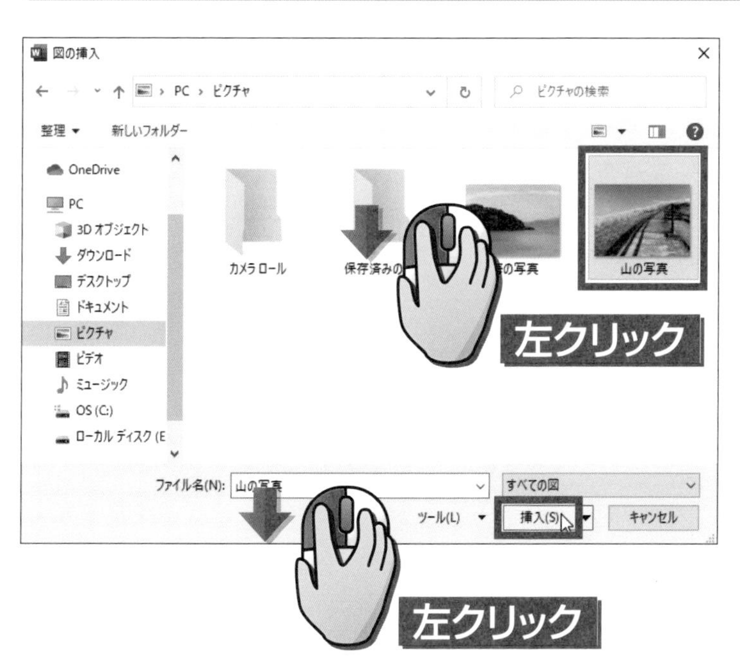

追加する写真を

左クリックします。

挿入(S) に

カーソルを移動して、

左クリックします。

7 写真が追加されました

文書に写真が追加されました。

写真に飾りをつけよう

写真の周囲の枠線を選んで、写真を綺麗に飾りましょう。
白い枠を表示したり、写真の周囲をぼかしたりすることができます。

操作 左クリック
▶P.015

1 写真を選択します

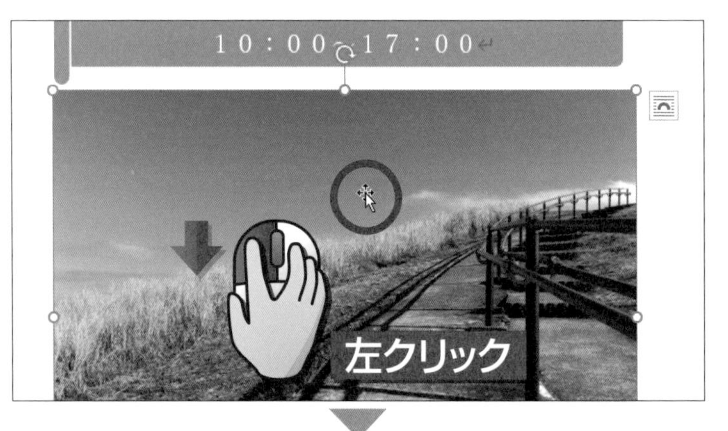

写真の上で 左クリックします。

写真が○で囲まれます。

図ツール の 書式 または 図の形式 を 左クリックします。

2 スタイルを選びます

図のスタイル の

を

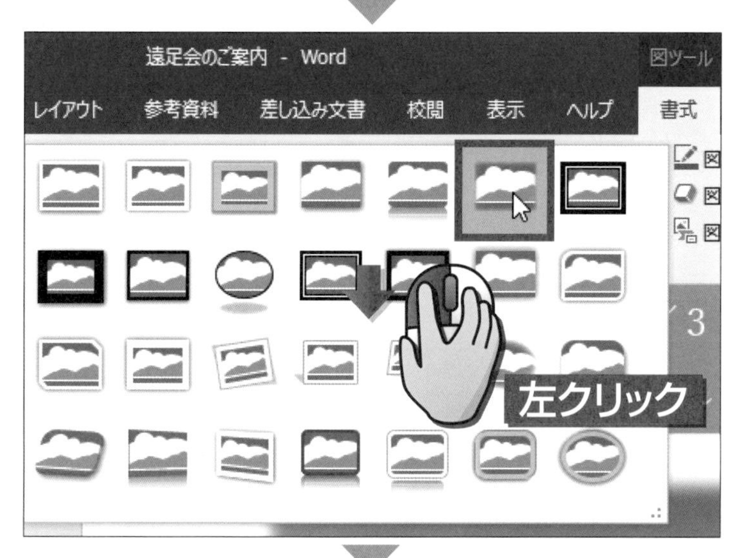

デザインの一覧が
表示されます。

写真につけたい飾りを

ポイント！

ここでは、「四角形、ぼかし」を選択しています。

写真の周囲に、
選択した枠が
つきました。

写真の大きさを変更しよう

写真の大きさを変える方法を覚えましょう。
ここでは、追加した写真を小さく表示します。

操作 移動 ▶P.014 左クリック ▶P.015 ドラッグ ▶P.017

1 写真を選択します

大きさを変えたい
写真の上に
カーソル を**移動**して、

左クリックします。

写真が○で囲まれ、
選択されます。

2 写真を小さくします

写真の右下の○に

カーソルを移動します。

カーソルの形が⤡に

なります。

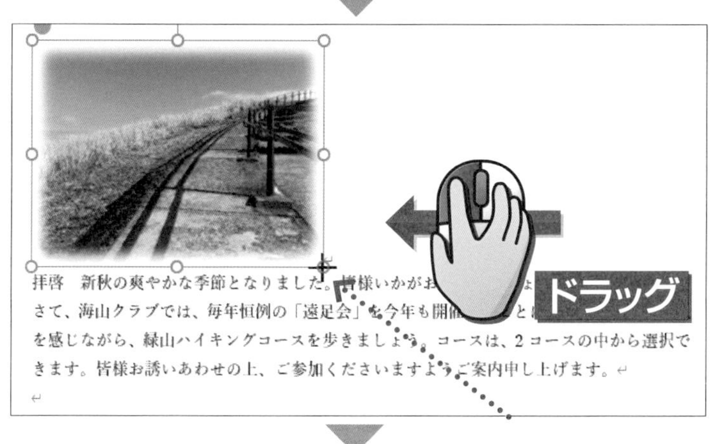

左上の方向へ

ドラッグします。

写真が
小さくなりました。

写真と文字の配置を変更しよう

写真を好きな位置に配置できるように、設定を変更します。
ここでは、写真を文書の右下に配置します。

1 写真を選択します

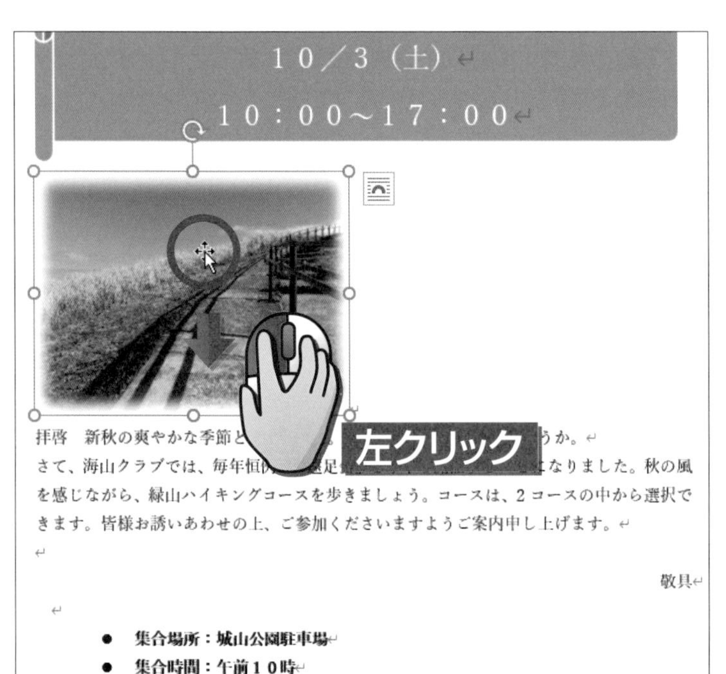

配置を変更したい
写真の上に
カーソル

を移動して、

左クリックします。

2 写真が選択されます

写真が○で囲まれて、選択されます。

3 写真の配置を変更する準備をします

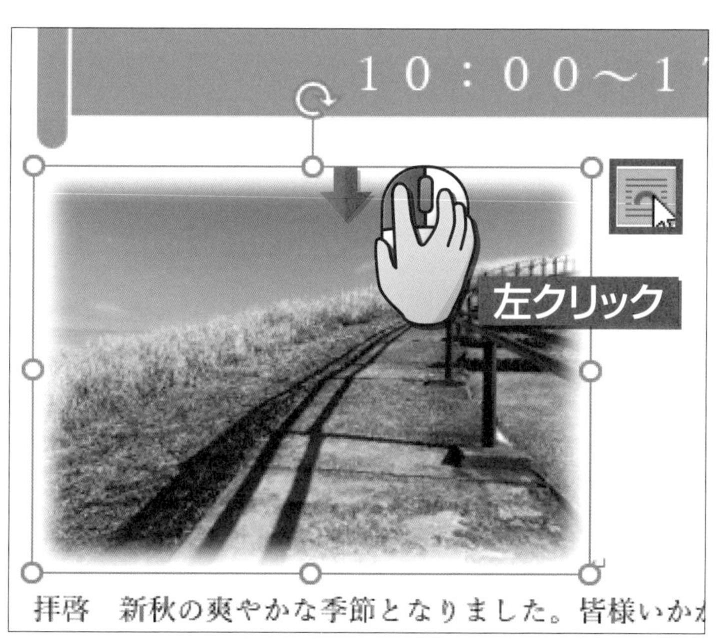

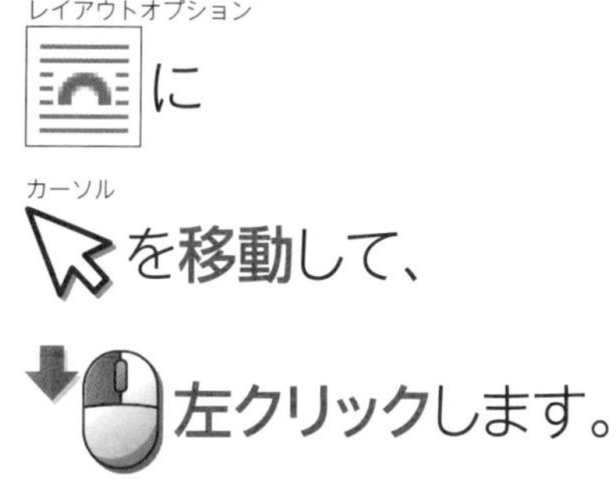

レイアウトオプション に

カーソル を移動して、

左クリックします。

次へ

4 文字の折り返し位置を変更します

表示されるメニューの

四角形
を

左クリックします。

これで、写真を
自由に移動できる
ようになります。

5 カーソルを移動します

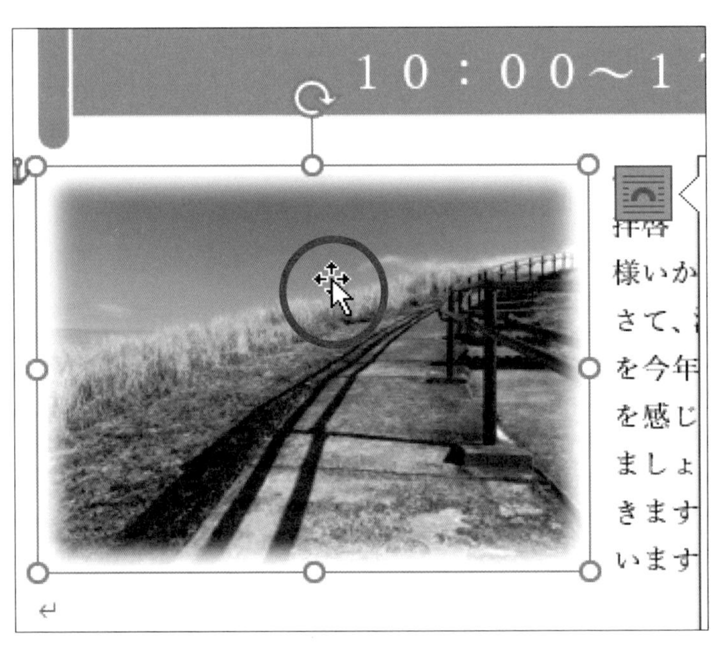

写真の上に

カーソル
を移動します。

カーソル
の形が　に
なります。

6 写真を移動します

拝啓　新秋の爽やかな季節となりました。皆様いかがお過ごしでしょうか。
さて、海山クラブでは、毎年恒例の「遠足会」を今年も開催することになりました。秋の風を感じながら、緑山ハイキングコースを歩きましょう。コースは、2コースの中から選択できます。皆様お誘いあわせの上、ご参加くださいますようご案内申し上げます。

敬具

- **集合場所：城山公園駐車場**
- **集合時間：午前１０時**

参加ご希望の方は、*9月15日まで*に事務局までお申し込みください。

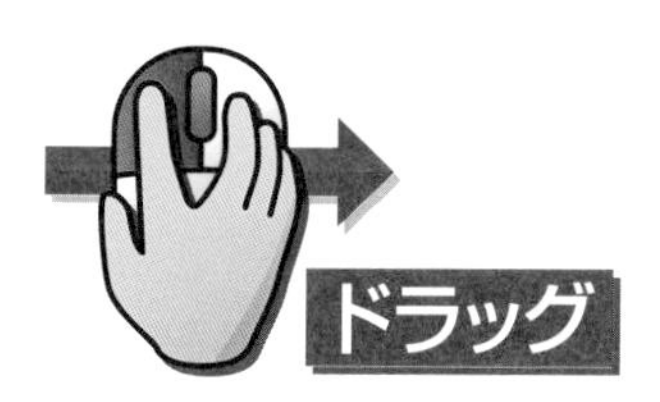

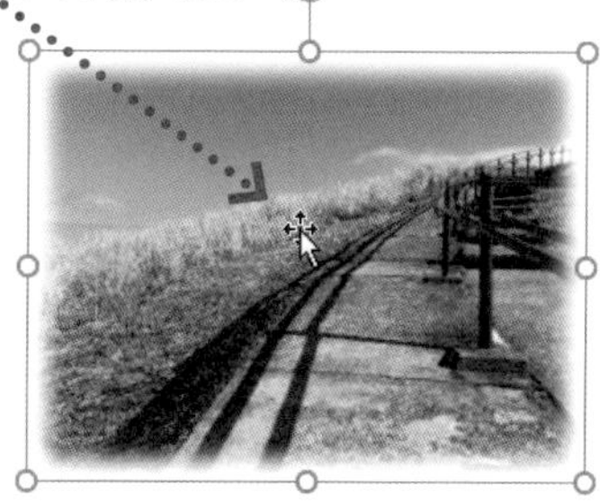

写真を
移動したい場所まで

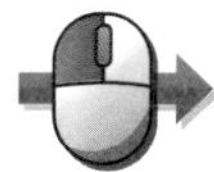
ドラッグします。

ポイント！

ここでは、写真を文書の右下に移動しています。

7 写真が移動しました

拝啓　新秋の爽やかな季節となりました。皆様いかがお過ごしでしょうか。
さて、海山クラブでは、毎年恒例の「遠足会」を今年も開催することになりました。秋の風を感じながら、緑山ハイキングコースを歩きましょう。コースは、2コースの中から選択できます。皆様お誘いあわせの上、ご参加くださいますようご案内申し上げます。

敬具

- **集合場所：城山公園駐車場**
- **集合時間：午前１０時**

参加ご希望の方は、*9月15日まで*に事務局までお申し込みください。

写真が移動して、
文章が上に
移動しました。

アイコンを追加しよう

案内文書の内容に合うアイコンを入れてみましょう。
アイコンの分類を選び、一覧からアイコンを探して追加します。

操作

移動 ▶P.014
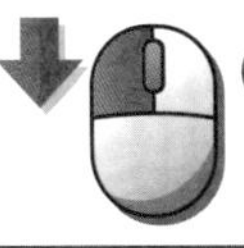
左クリック ▶P.015

回転 ▶P.012

1 アイコンを入れる準備をします

10／3（土）
10：00～17：0
拝啓　新秋　な季節となりました。皆様いかがお過ごして
さて、海山　　　　　「　足会」を今年も開催する
を感じながら、　　　　　　　を歩きましょう。コースは
左クリック

アイコンを入れる場所を

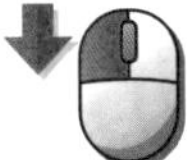左クリックします。

ポイント！
ここでは「拝啓」の上を左クリックしています。

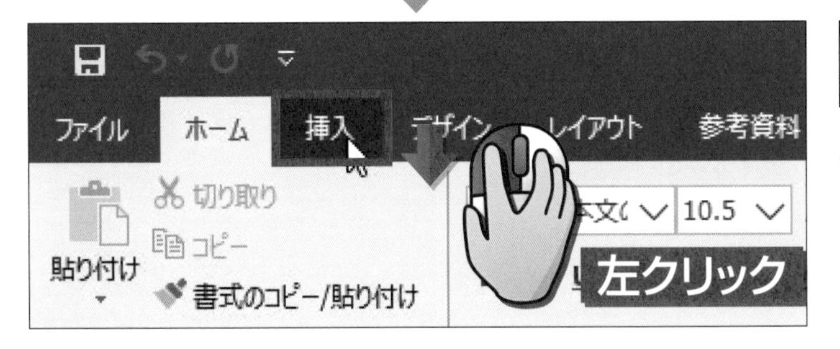

挿入 を

左クリックします。

2 アイコンを表示します

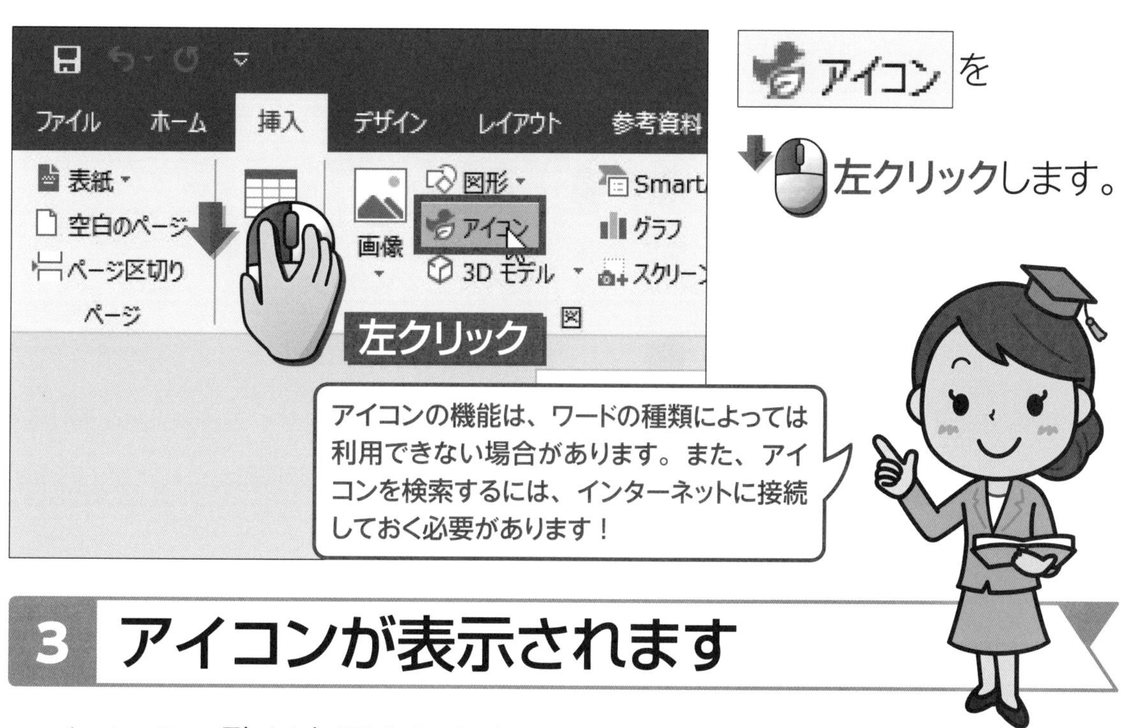

アイコン を

左クリックします。

3 アイコンが表示されます

アイコンの一覧が表示されます。

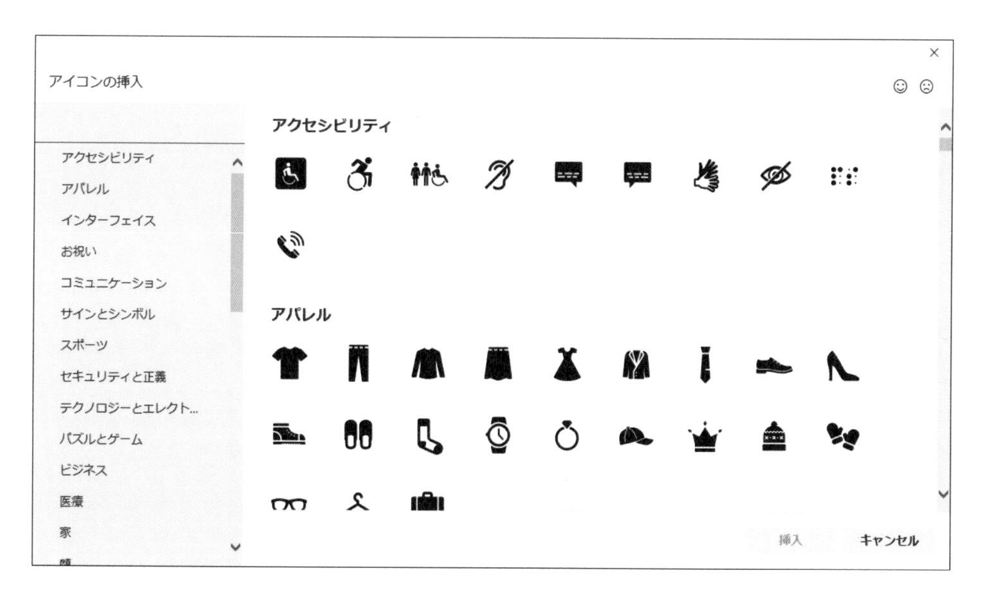

4 アイコンを選びます　その1

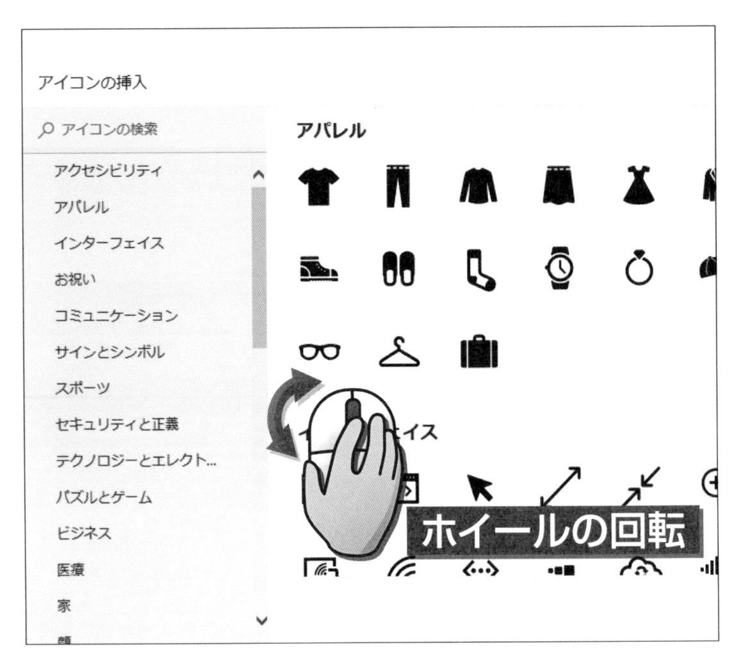

マウスのホイールを

回転して、

好みのアイコンを
探します。

5 アイコンを選びます　その2

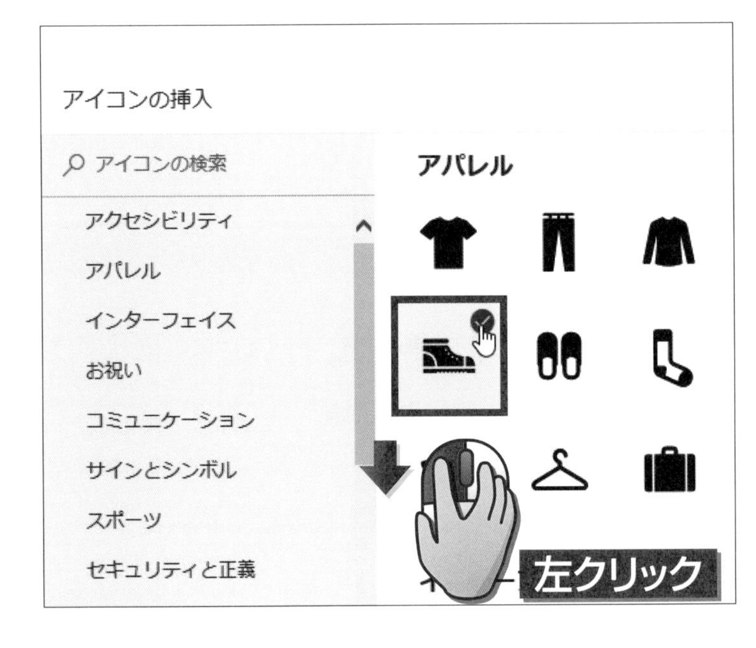

追加するアイコンを

左クリックします。

ポイント！

アイコンのデザインは、ワードの種類によって異なる場合があります。

6 アイコンを追加します

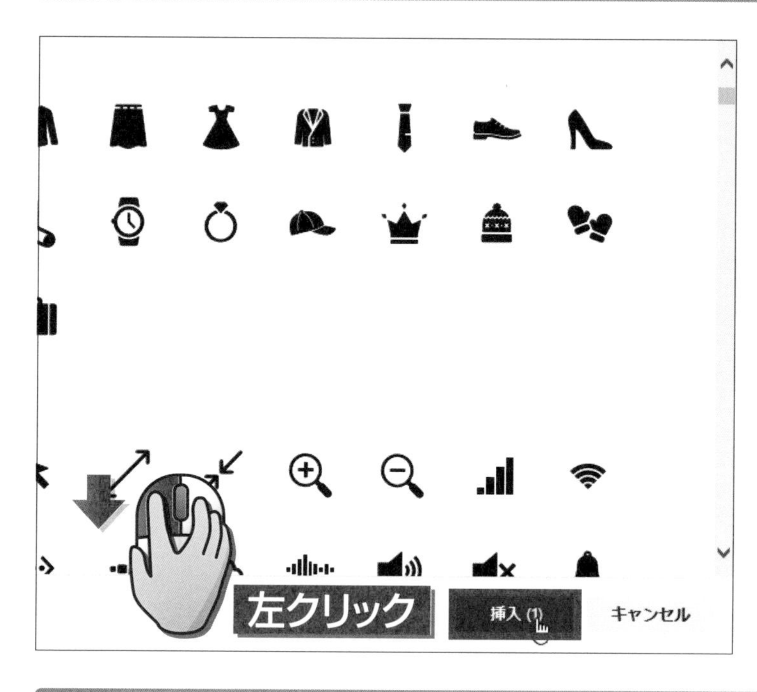

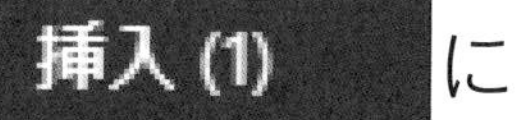

に

カーソルを移動して、

左クリックします。

7 アイコンが追加されました

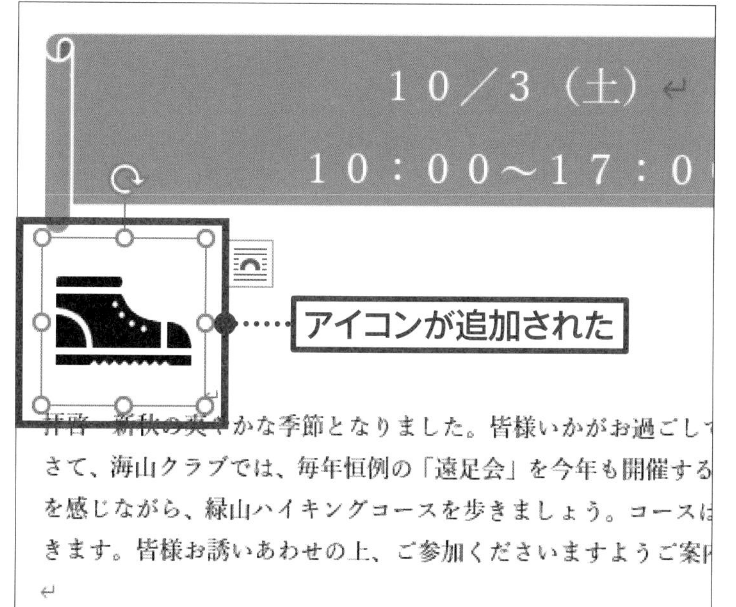

アイコンが
追加されました。

アイコンの大きさを変更しよう

アイコンの大きさを変える方法を覚えましょう。
ここでは、追加したアイコンを少し大きく表示します。

操作

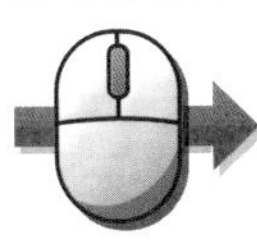

移動
▶P.014

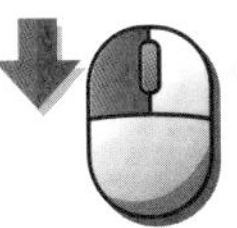

左クリック
▶P.015

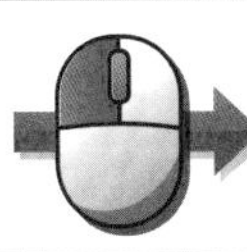

ドラッグ
▶P.017

1 アイコンを選択します

10／3（土
10：00～17

左クリック

拝啓　新秋の爽やかな季節となりました。皆様いかがお
さて、海山クラブでは、毎年恒例の「遠足会」を今年も
を感じながら、緑山ハイキングコースを歩きましょう。
きます。皆様お誘いあわせの上、ご参加くださいます。

大きさを変えたい
アイコンの上に

カーソルを移動して、

左クリックします。

アイコンが○で
囲まれて、
選択されます。

2 アイコンを大きくします

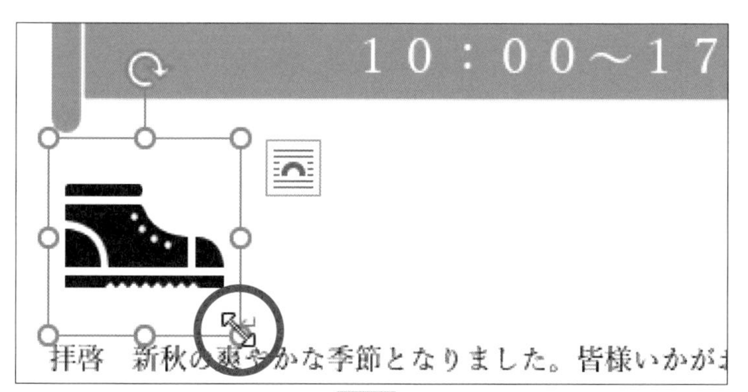

アイコンの右下の○に

カーソルを移動します。

カーソルの形がに

なります。

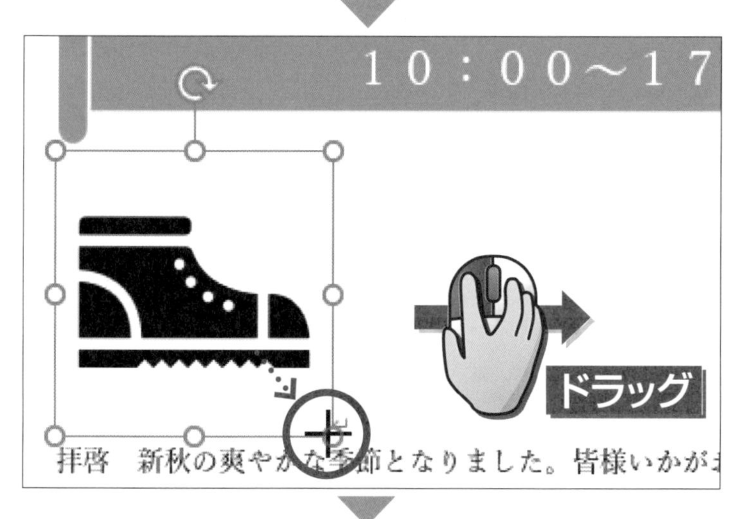

右下の方向へ少し

ドラッグします。

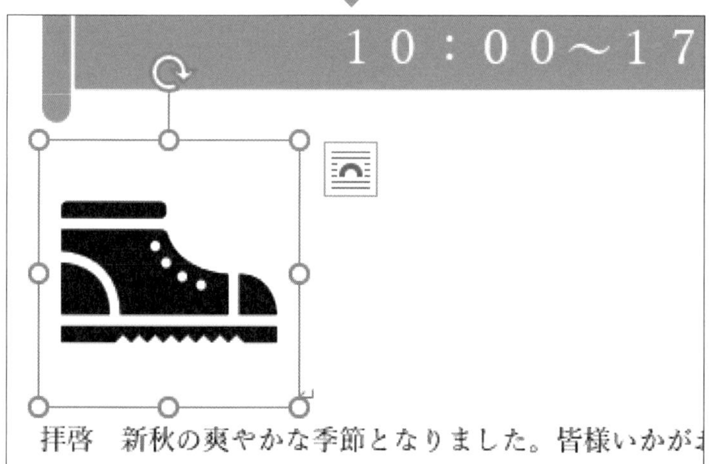

アイコンが

大きくなりました。

アイコンの色を変更しよう

アイコンは、最初は黒色になっていますが、色を変更できます。
ここでは、オレンジ色のアイコンに変更します。

1 アイコンを選択します

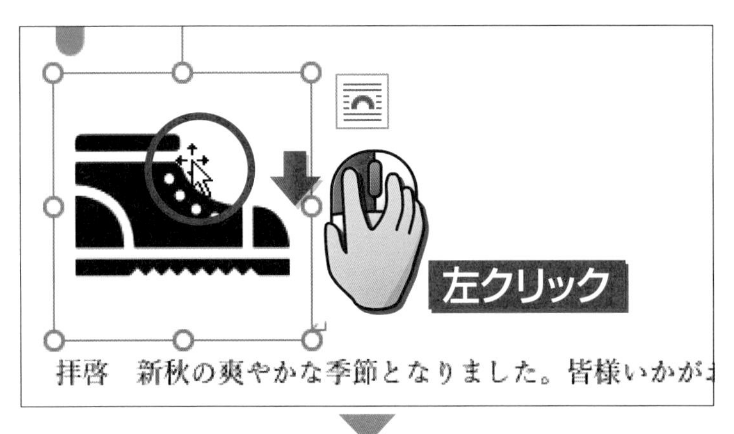

色を変えたいアイコンの上にカーソルを移動して、左クリックします。

グラフィック ツールの書式またはグラフィックス形式を左クリックします。

2 アイコンのスタイルを変更します

グラフィックのスタイル の

を

左クリックします。

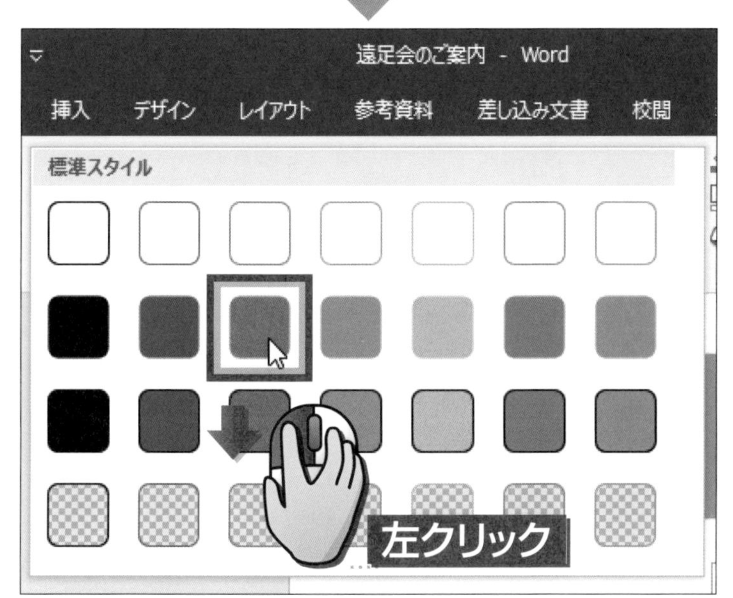

デザインの一覧が表示されます。

デザインを選び、

左クリックします。

ポイント！

ここでは、「塗りつぶし-アクセント2、枠線なし」を選択しています。

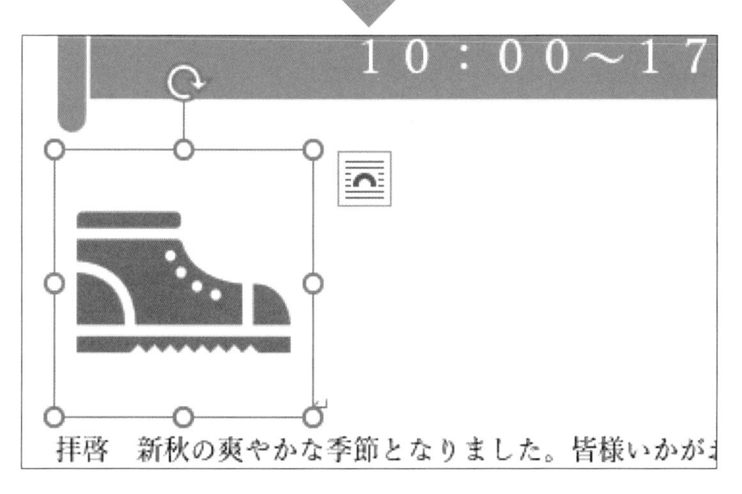

アイコンの色が変わりました。

アイコンの位置を変更しよう

アイコンを好きな位置に移動できるように、設定を変更します。
ここでは、アイコンを用紙の右側に配置します。

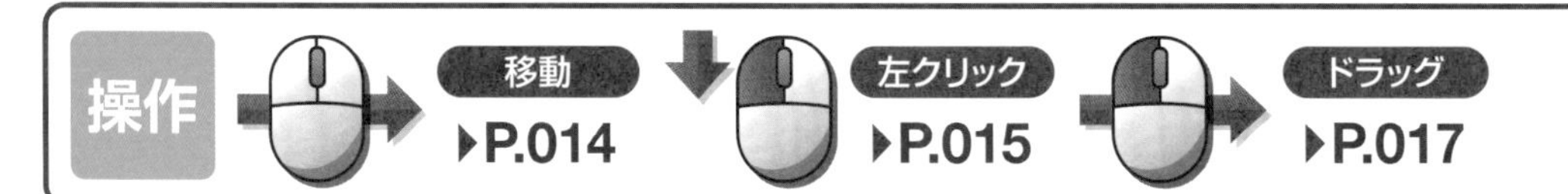

1 アイコンを選択します

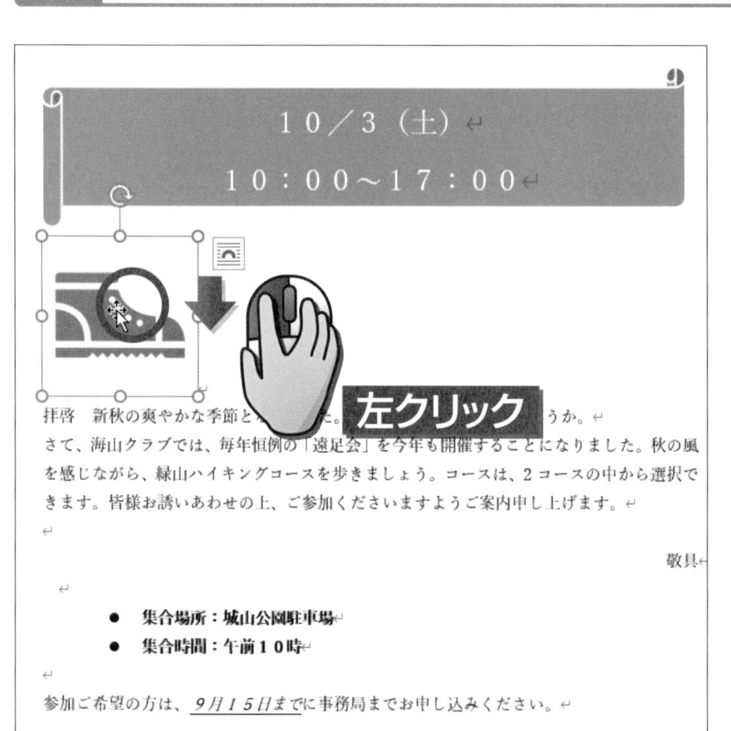

10／3（土）

10：00～17：00

拝啓　新秋の爽やかな季節と　　た。　　うか。

さて、海山クラブでは、毎年恒例の「遠足会」を今年も開催することになりました。秋の風を感じながら、緑山ハイキングコースを歩きましょう。コースは、2コースの中から選択できます。皆様お誘いあわせの上、ご参加くださいますようご案内申し上げます。

敬具

- **集合場所：城山公園駐車場**
- **集合時間：午前１０時**

参加ご希望の方は、9月15日までに事務局までお申し込みください。

配置を変えたいアイコンの上にカーソルを移動して、

左クリックします。

2 アイコンが選択されます

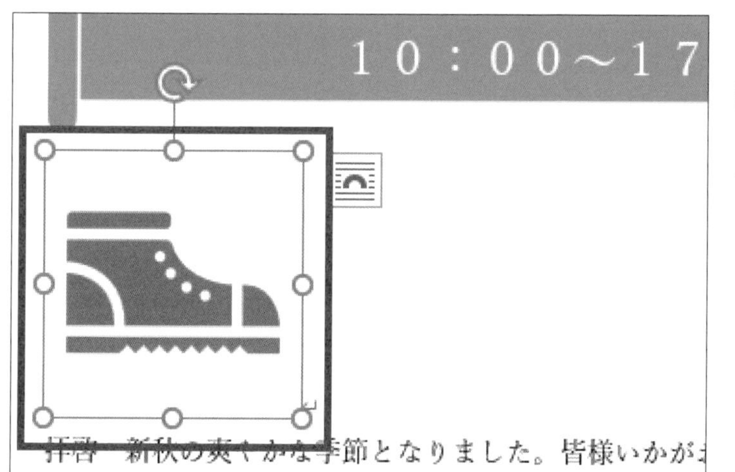

アイコンが
○で囲まれて、
選択されます。

3 アイコンの配置を変更する準備をします

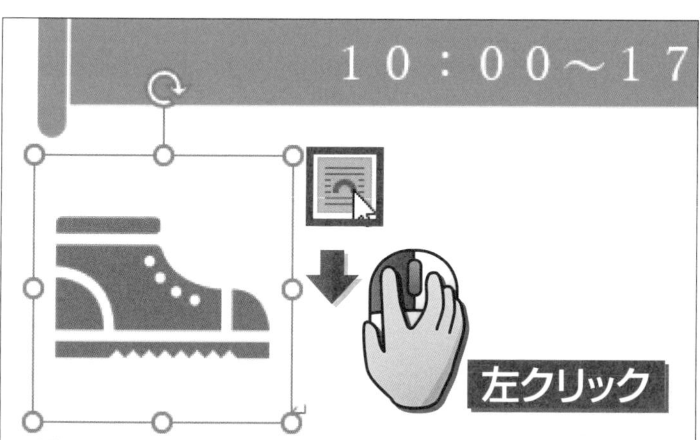

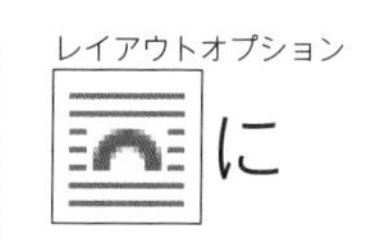

に

カーソル を移動して、

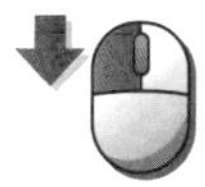

左クリックします。

4 文字の折り返し位置を変更します

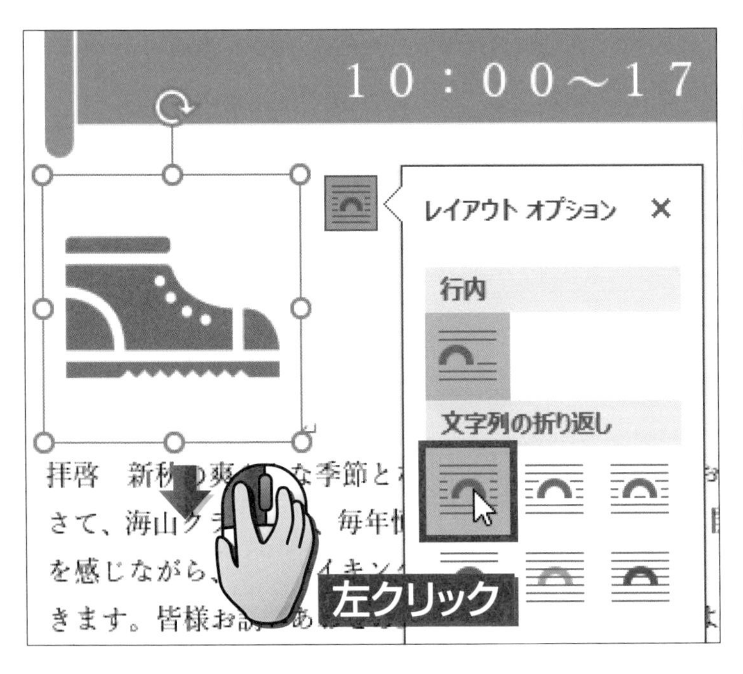

表示されるメニューの

を

これで、アイコンを自由に移動できるようになります。

5 カーソルを移動します

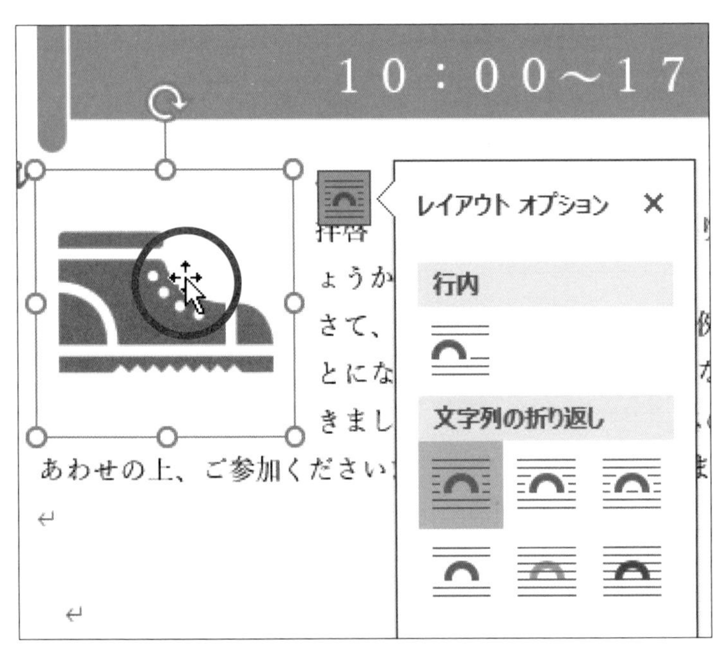

アイコンの上にカーソルを移動します。

カーソルの形が に なります。

6 アイコンを移動します

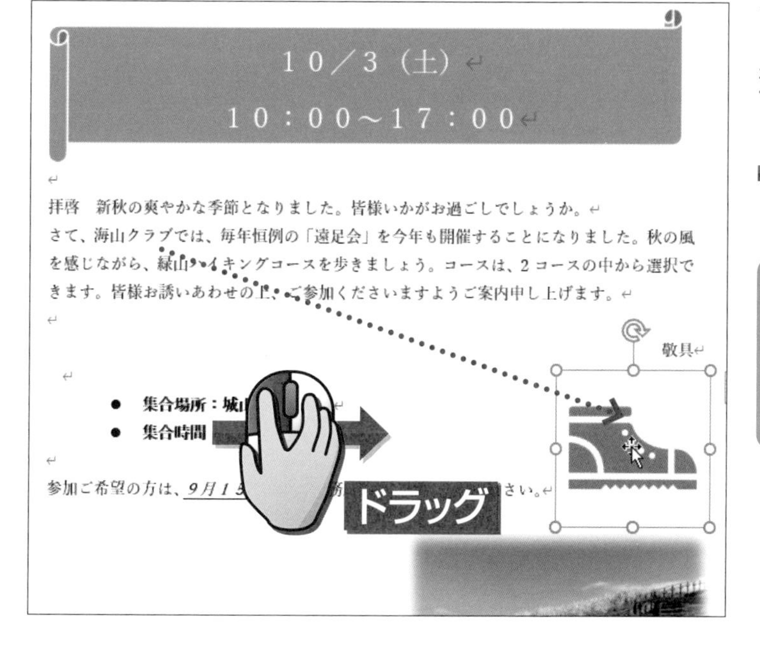

アイコンを
移動したい場所まで

ドラッグします。

ポイント！

ここでは、アイコンを文書右下の、写真の少し上に移動しています。

7 アイコンが移動しました

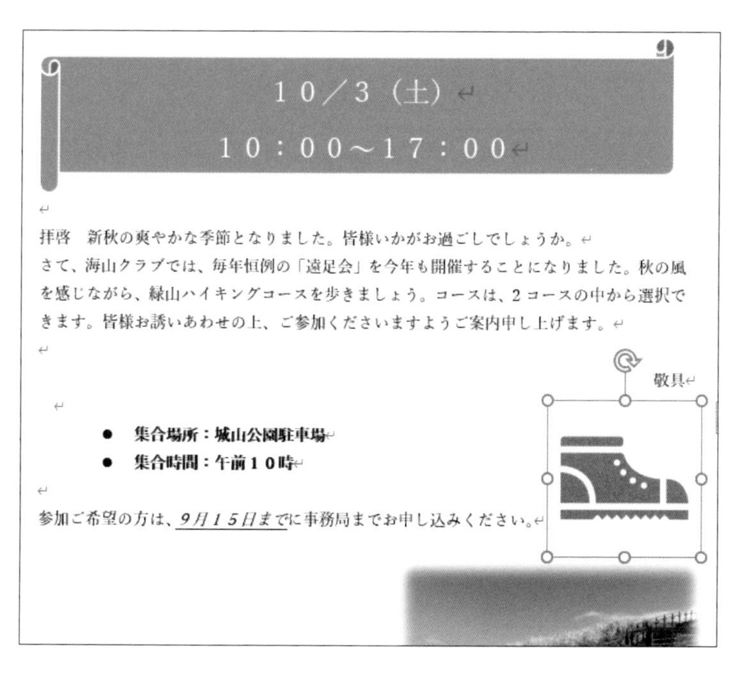

アイコンが移動して、
それに伴い、
文章の配置も
変わりました。

ワードで文書を印刷しよう

作成した案内文書を印刷しましょう。
まずは、印刷イメージを確認します。

1 印刷イメージを表示します その1

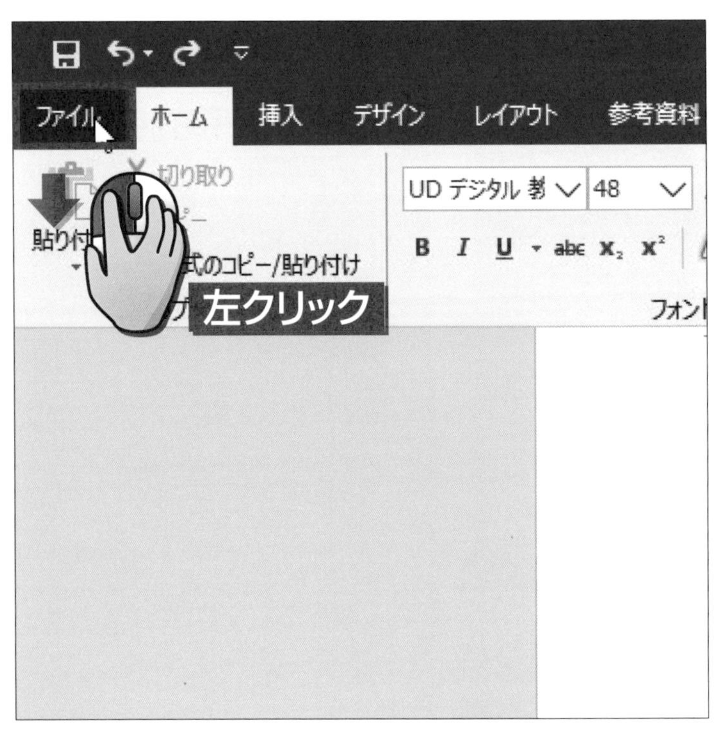

ファイルにカーソルを移動して、

左クリックします。

2 印刷イメージを表示します　その2

に

カーソルを移動して、

左クリックします。

ポイント!

画面左上の⊖を左クリックすると、元の画面に戻ります。

3 印刷イメージが表示されました

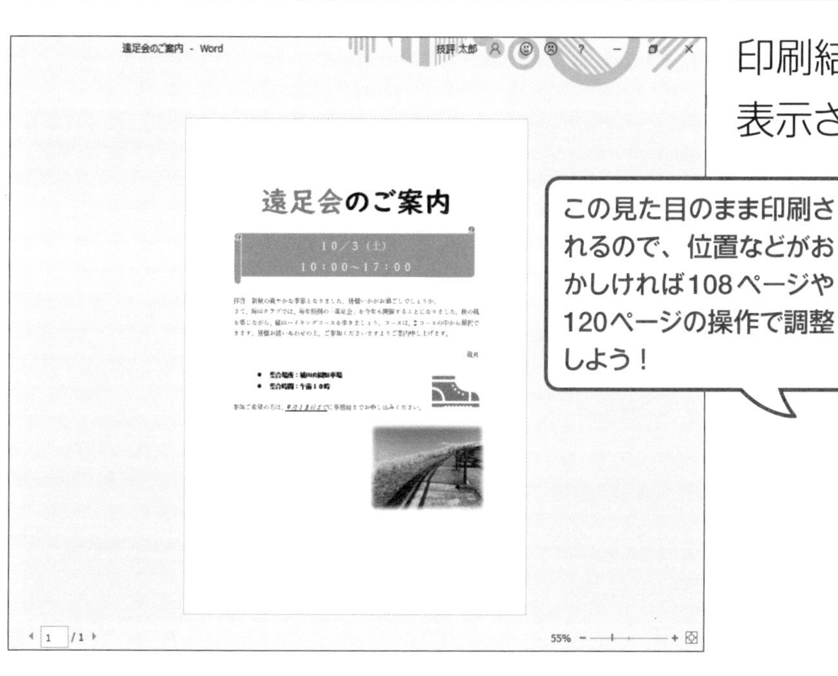

印刷結果のイメージが表示されます。

この見た目のまま印刷されるので、位置などがおかしければ108ページや120ページの操作で調整しよう！

4 プリンター名を確認します

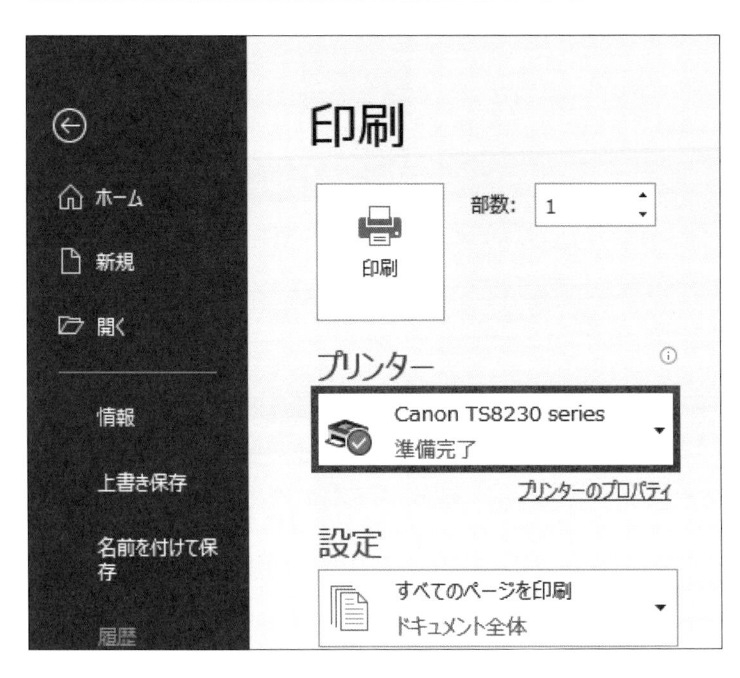

プリンター に、

利用するプリンターの名前が表示されていることを確認します。

違うプリンターの名前が表示されている場合は、右側の▼を左クリックして目的のプリンターを選択します。

5 印刷部数を入力します

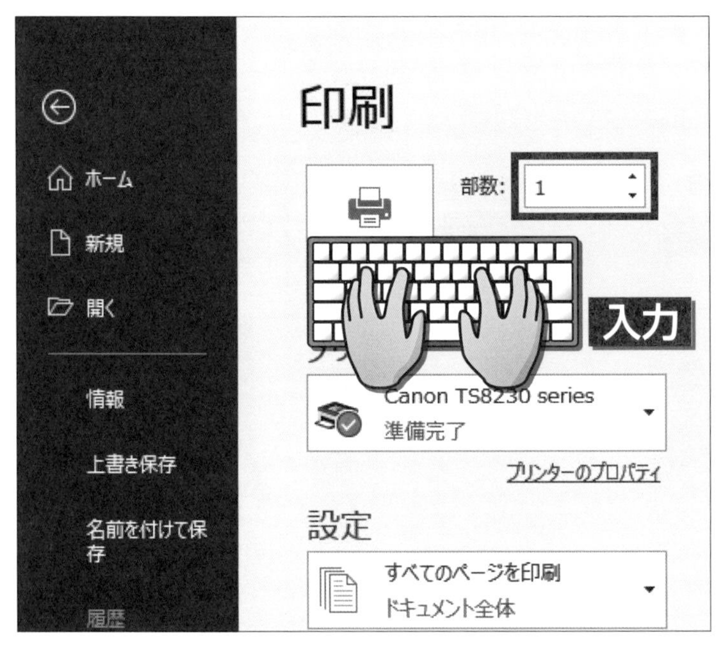

部数: 1 に、

印刷部数を

入力します。

6 印刷を実行します

を

左クリックします。

印刷が始まります。

ポイント!

印刷が始まらない場合は、プリンターの電源が入っているか、用紙がセットされているかなどを確認しましょう。

7 印刷できました

遠足会のご案内
10/3 (土)
10:00~17:00

印刷が行われました。

ポイント!

54ページの方法で、上書き保存を行い、ワードを終了します。

第5章　練習問題

1　パソコンに保存してある写真を追加するときに、左クリックするボタンはどれですか？

❶ 

❷ 

❸ 

2　アイコンの大きさを変更するときに、ドラッグする場所はどこですか？

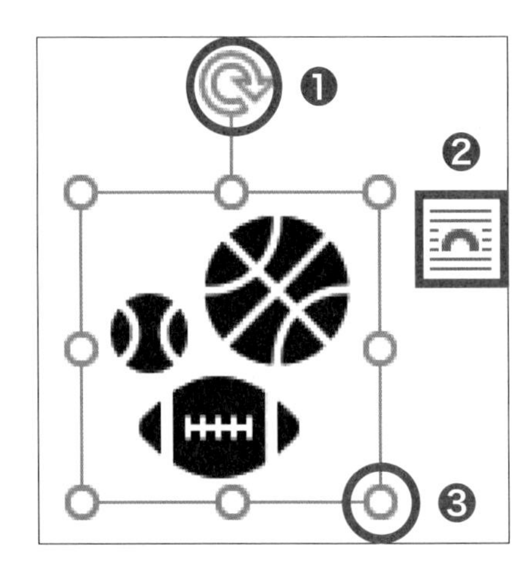

3　文書を印刷するときに、最初に左クリックするタブはどれですか？

❶ ホーム　❷ ファイル　❸ 表示

6

第6章 エクセルの基本操作を覚えよう

この章で学ぶこと

- エクセルを起動できますか?
- エクセルの画面の各部名称がわかりますか?
- ファイルを保存できますか?
- エクセルを正しく終了できますか?
- 保存したファイルを開けますか?

エクセルを起動しよう

エクセルを起動して、集計表を作る準備をしましょう。
スタート画面を表示して、エクセルの項目を選びます。

操作 移動 ▶P.014 左クリック ▶P.015 回転 ▶P.012

1 スタート画面を表示します

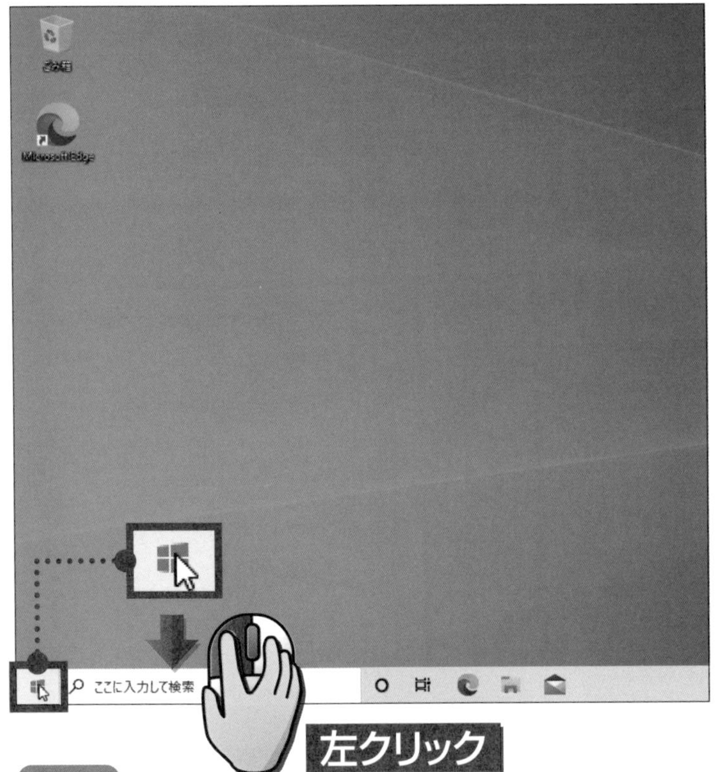

スタートボタン

に

カーソル

を移動して、

左クリックします。

248ページの方法を使うと、エクセルをもっとかんたんに起動することができるよ！

2 アプリの一覧が表示されます

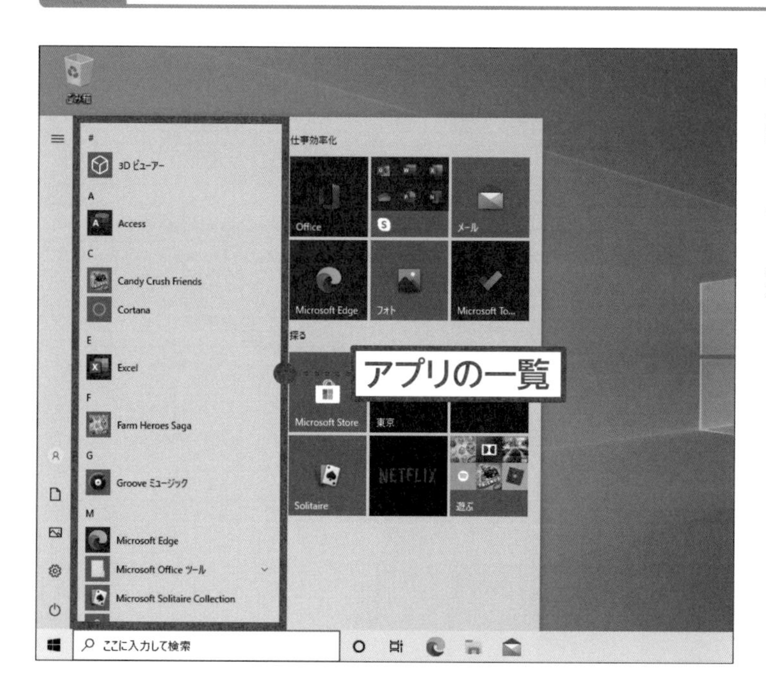

スタート画面が
表示されます。

アプリの一覧が
表示されます。

3 カーソルを移動します

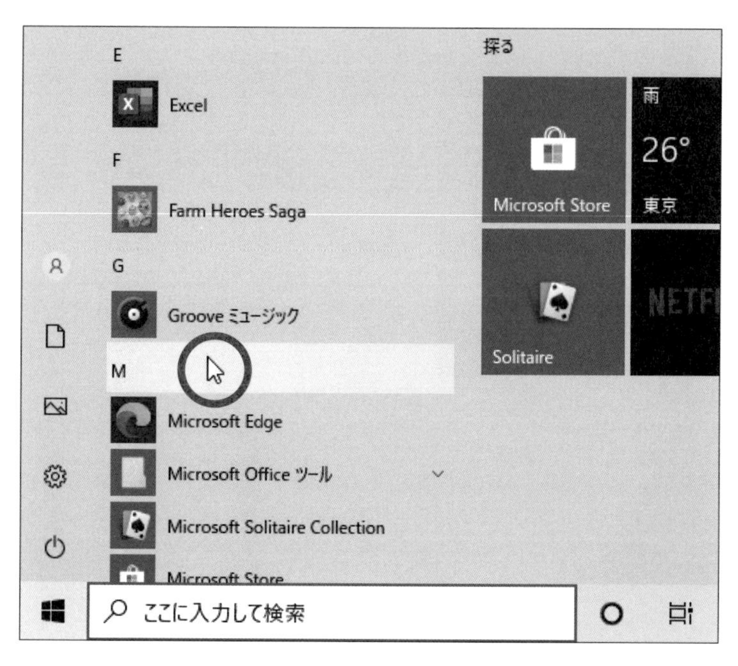

スタート画面の
アプリの一覧の上に
カーソルを移動します。

4 エクセルを探します

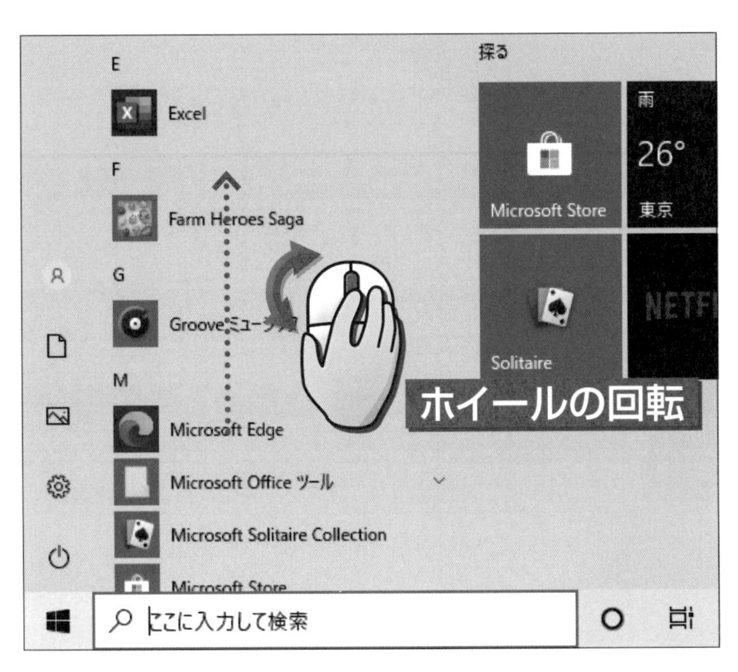

マウスのホイールを

を探します。

5 エクセルを起動します

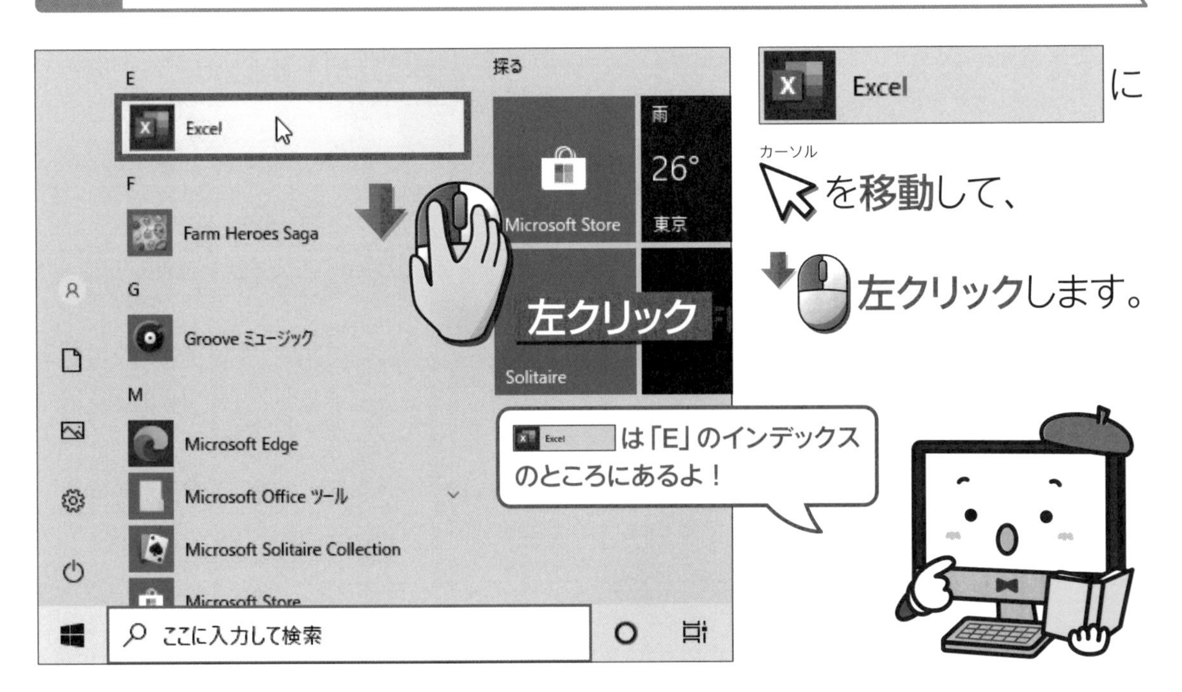

6 「空白のブック」を左クリックします

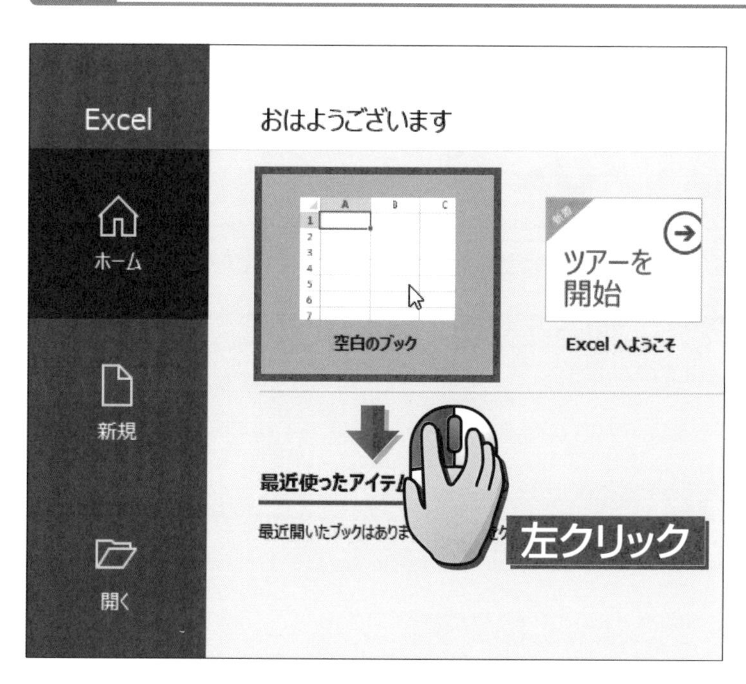

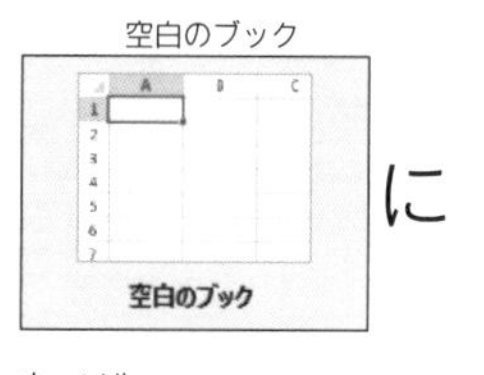

に

カーソル を移動して、

左クリックします。

7 エクセルが起動します

エクセルが起動しました。

新しい集計表を作成する準備ができました。

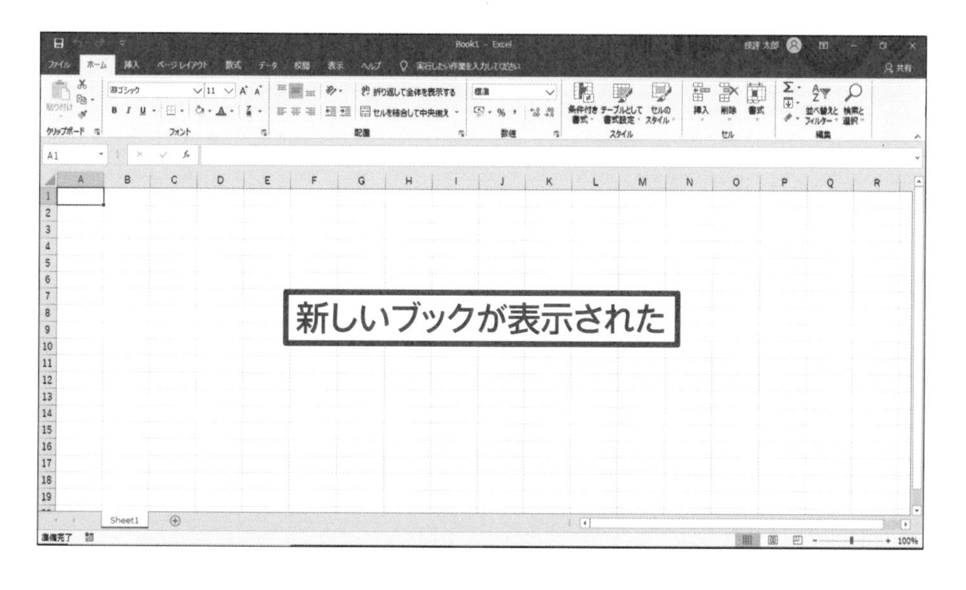

エクセルの画面を確認しよう

エクセルの画面各部の名前と役割を確認しておきます。
ここでの説明は、本文での解説でも出てくるので、よく覚えておきましょう。

エクセルの画面

エクセルの画面は、次のようになっています。

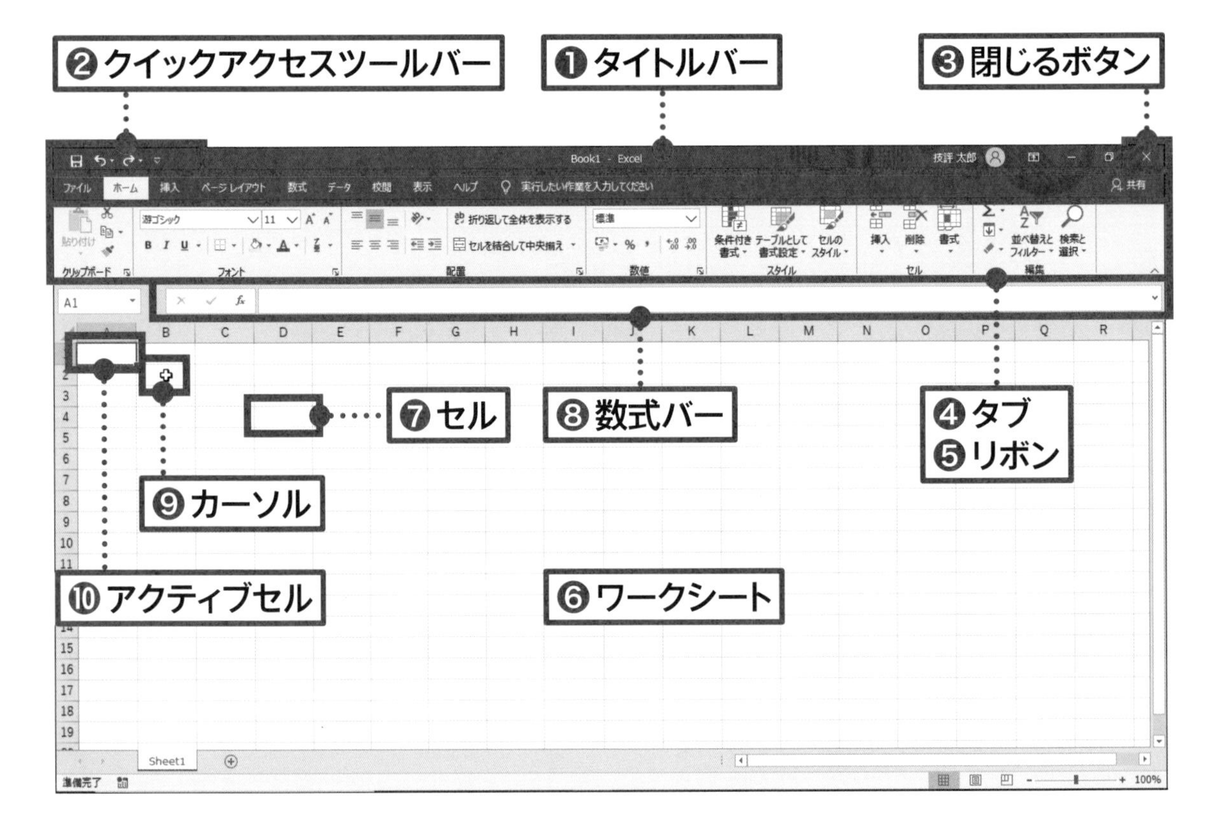

 各部の役割

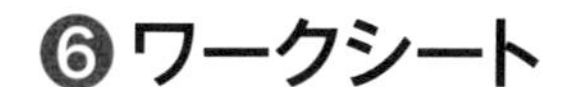

❶ タイトルバー

現在開いているファイルの名前（ここでは「Book1」）が表示されます。

❷ クイックアクセスツールバー

よく使うボタンが並んでいます。

❸「閉じる」ボタン

このボタンを左クリックすると、
エクセルが終了します。

❹ タブ
❺ リボン

よく使う機能が分類ごとにまとめられて並んでいます。タブを左クリックすると、リボンの内容が切り替わります。

❻ ワークシート

表を作るための用紙です。

❼ セル

データを入力するためのます目です。

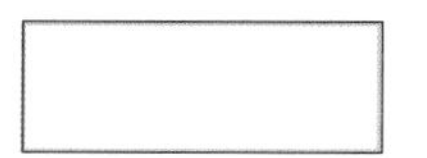

❽ 数式バー

セルに入力したデータが表示されます。

❾ カーソル

マウスの位置を示しています。
カーソルの形は、マウスの位置によって異なります。

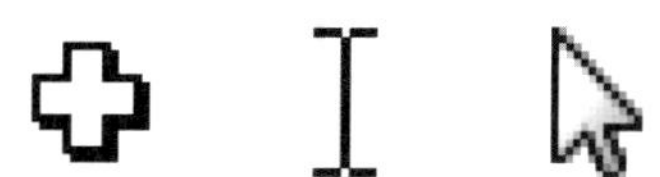

❿ アクティブセル

選択されて、操作できる状態になっているセルです。セルの周りが太線で囲まれます。

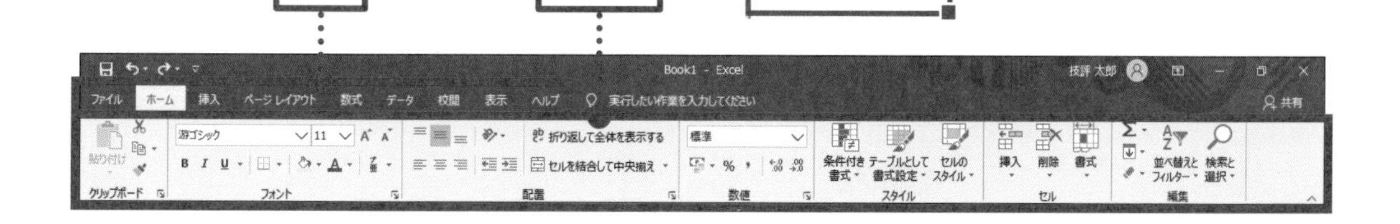

エクセルのファイルを保存しよう

作成したファイルをあとから利用するには、ファイルを保存します。
ファイルを保存するときは、保存場所とファイル名を指定します。

1 ファイルを保存する準備をします

上書き保存

を

このファイルを保存
ファイル名
Book1 .xlsx
場所を選択
ドキュメント
taro0831@outlook.jp » OneDrive - 個人用 » ドキュメント
その他の保存オプション →
キャンセル
左クリック

左の画面が
表示された場合は、
その他の保存オプション → を

2 ファイルの保存先を選びます

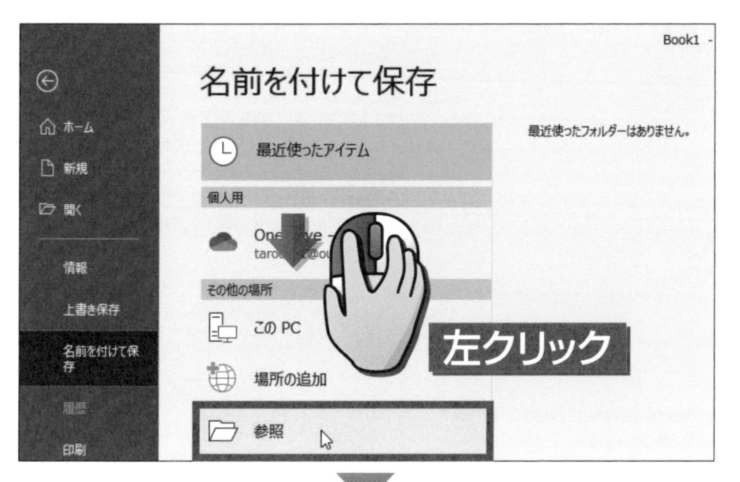

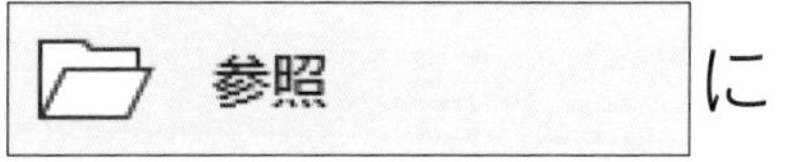に

カーソル

を移動して、左クリックします。

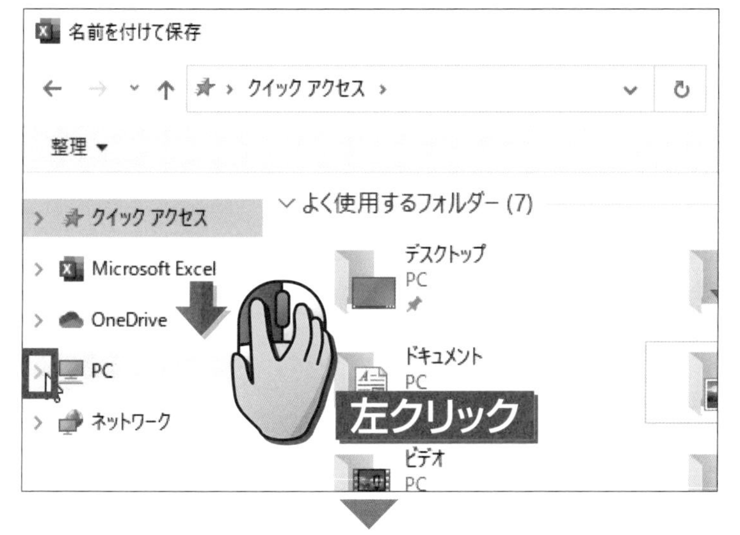

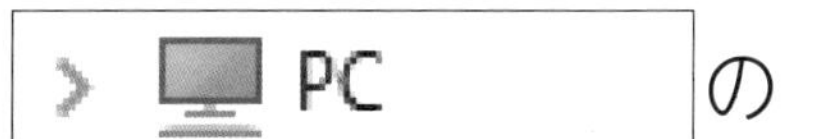の

左側の > を

左クリックします。

ポイント！

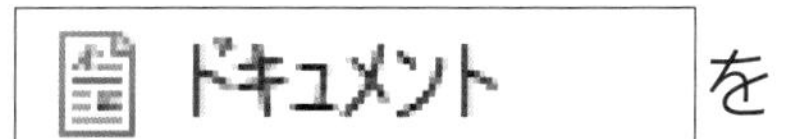が見あたらない場合は、マウスのホイールを回転します。

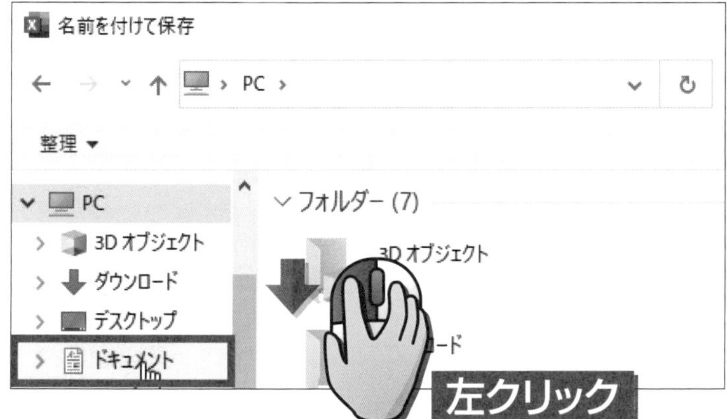

を

左クリックします。

3 ファイル名を入力します

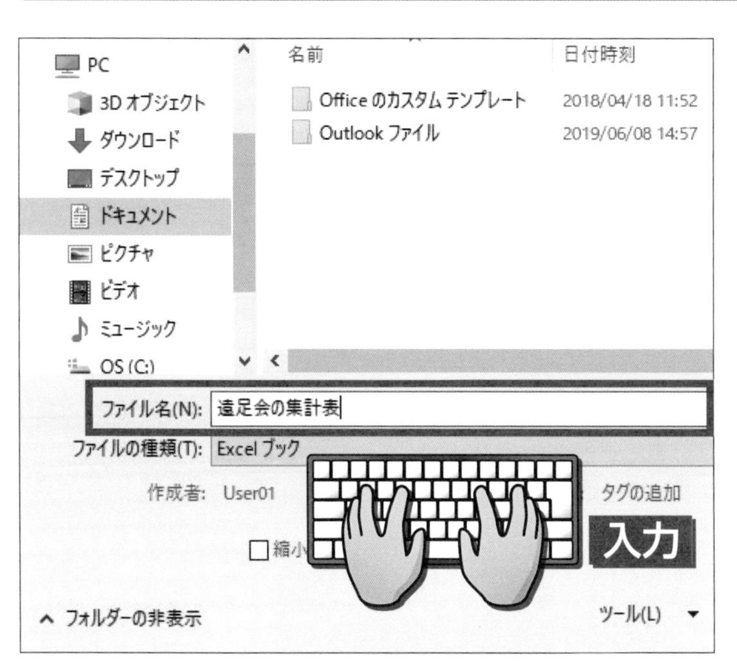

ファイル名(N): に、

ファイルの名前を

入力します。

ポイント！

ここでは、「遠足会の集計表」と入力しています。

4 ファイルを保存します

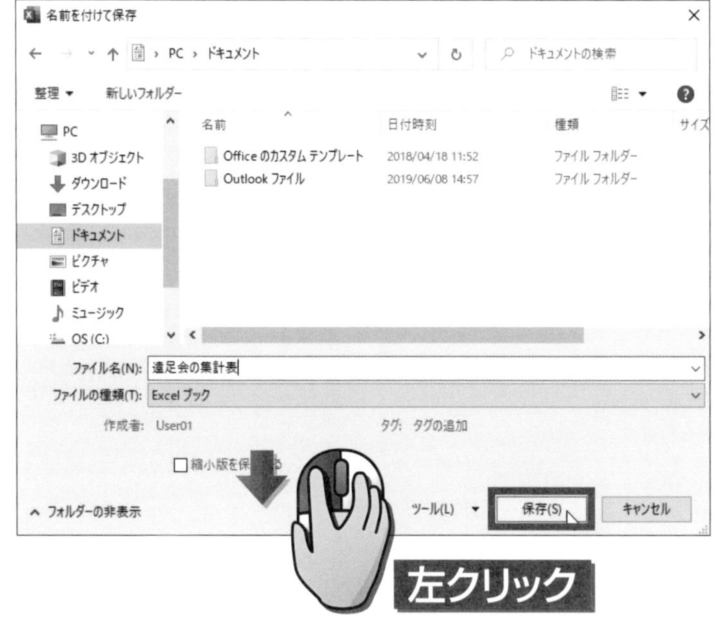

保存(S) に

カーソル を移動して、

左クリックします。

ポイント！

タイトルバーに以下のようにファイルの名前が表示されれば、正しく保存できています。

遠足会の集計表 - Excel

コラム　保存画面が表示されないときもある

136ページの手順 **1** で 上書き保存 を**左クリック**しても、

手順 **2** の保存画面が毎回表示されるわけではありません。

ファイルを一度保存すると、上書き保存 を**左クリック**するだけで、

保存し直すことができます（上書き保存）。

上書き保存について、詳しくは164ページで解説します。

●初めて保存する場合　新規保存

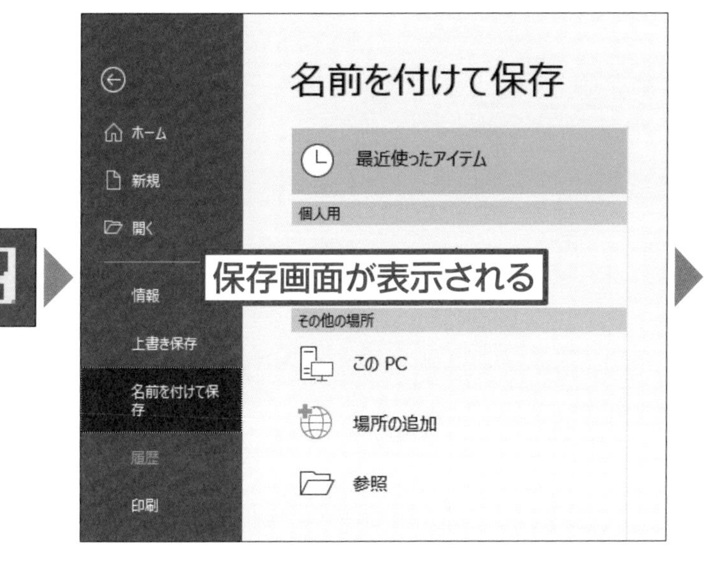

新しいファイルが保存される

●2回目以降に保存する場合　上書き保存

保存画面は表示されない

最新の内容に更新されて保存される

エクセルを終了しよう

ファイルを保存してエクセルを使い終わったら、エクセルを終了します。正しい操作でエクセルを終了する習慣をつけましょう。

操作

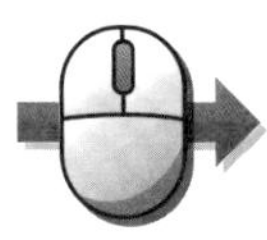

移動 ▸P.014

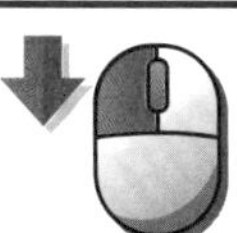

左クリック ▸P.015

1 エクセルを終了します

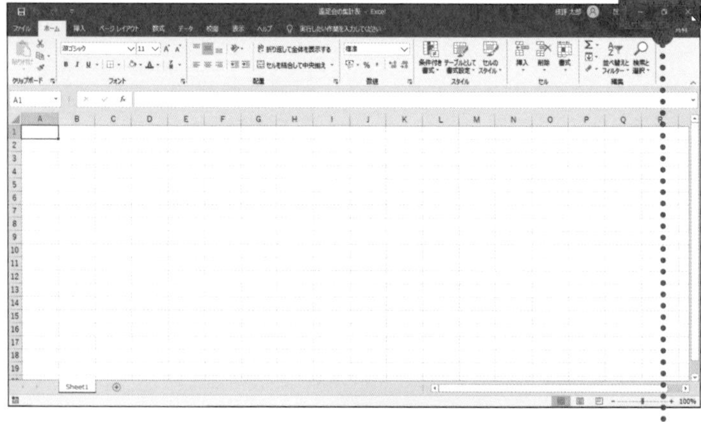

画面右上の

閉じる

に

カーソル

を移動して、

左クリックします。

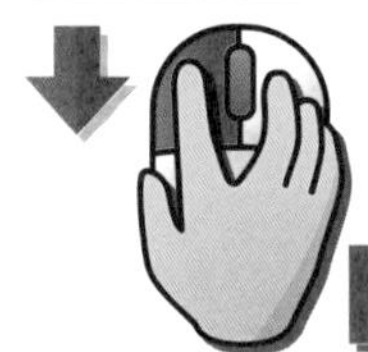

2 メッセージが表示されます

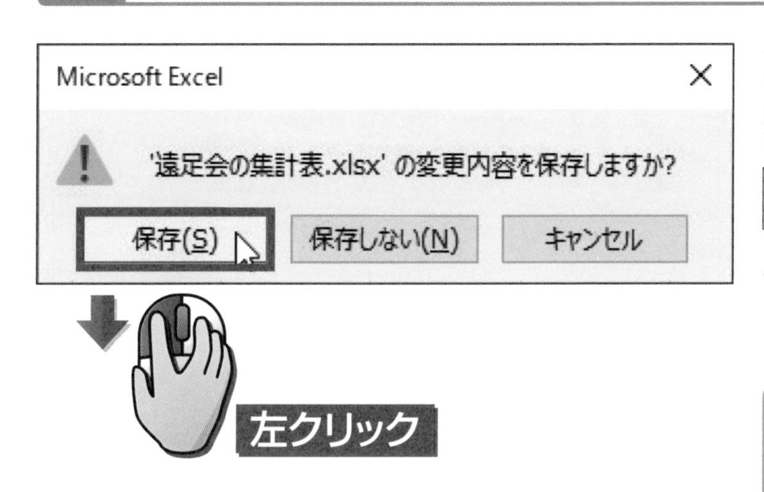

左の画面が
表示されたら、

を

左クリックします。

ポイント!

左の画面が表示されないときは、そのまま次の手順に進みます。

3 エクセルが終了しました

エクセルの画面が閉じて、デスクトップが表示されます。

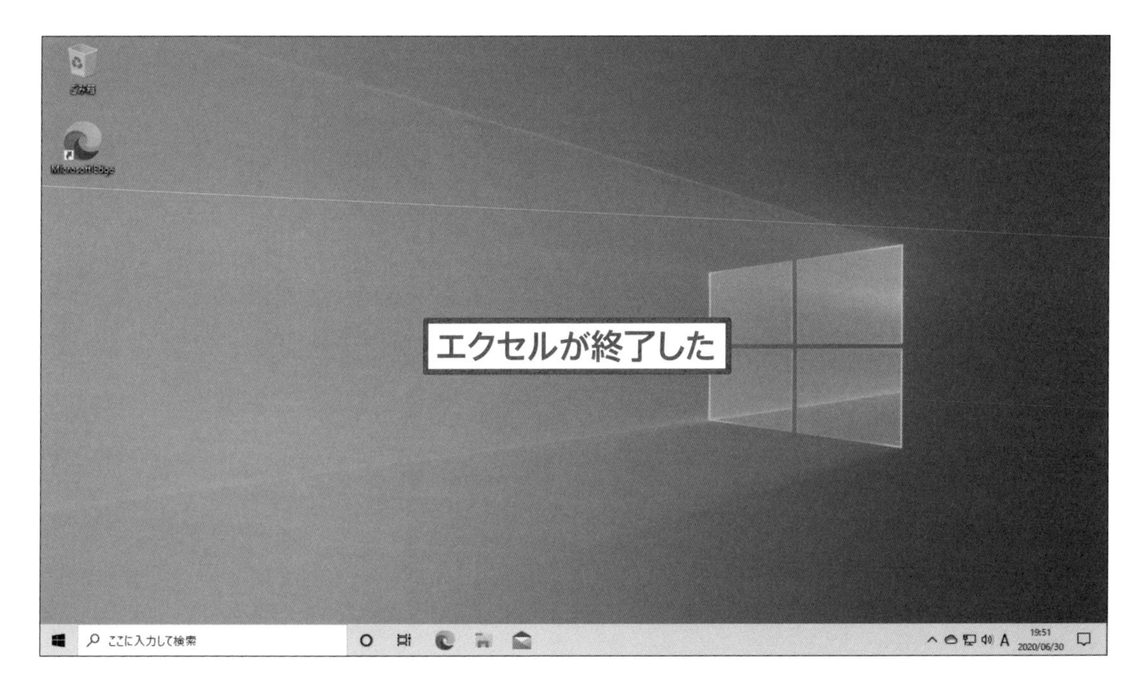

エクセルでファイルを開こう

保存したファイルを再び使うときは、ファイルを開きます。
ここでは、136ページで保存した「遠足会の集計表」を開きます。

操作 移動 ▶P.014 左クリック ▶P.015

1 ファイルを開く準備をします

130ページの方法で、エクセルを起動します。

ファイル を左クリックします。

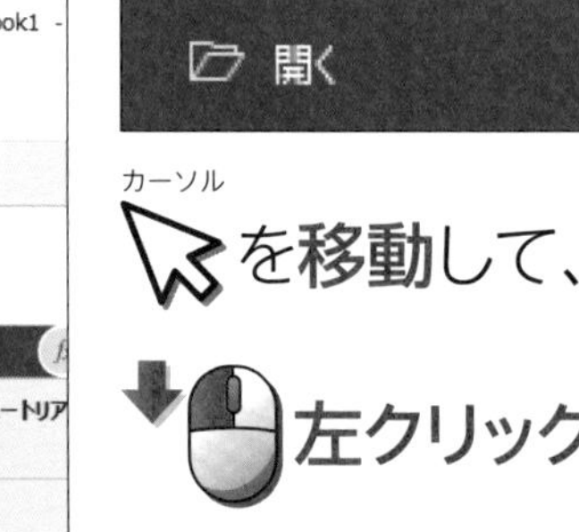

開く に

カーソルを移動して、

左クリックします。

2 ファイルを開く画面を表示します

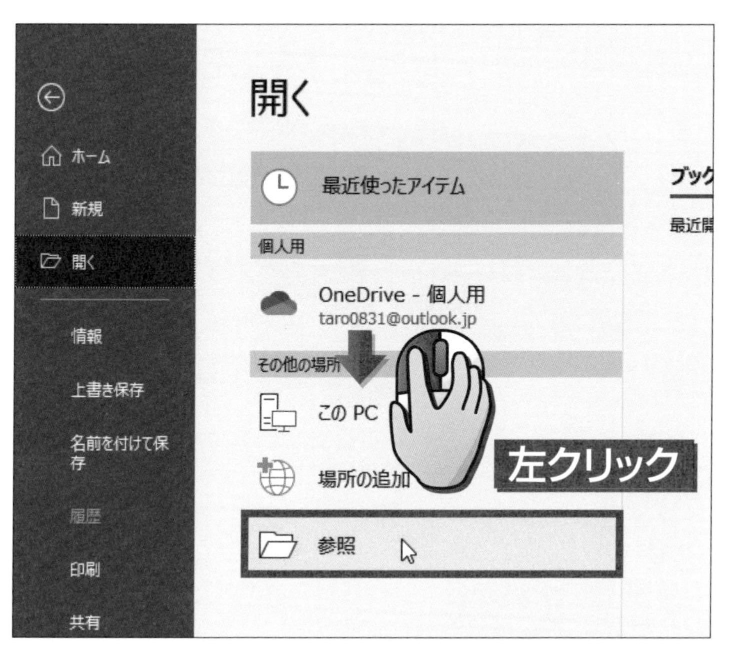

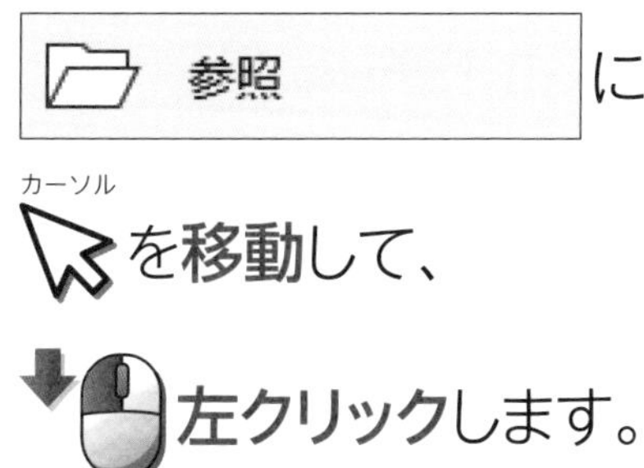

に カーソルを移動して、

左クリックします。

3 ファイルの保存場所を指定します その1

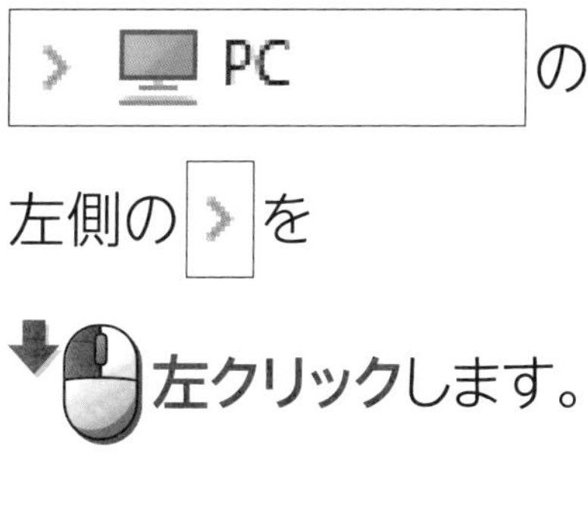

の左側の を

左クリックします。

4 ファイルの保存場所を指定します その2

に

を移動して、

左クリックします。

ポイント!

ここでは、ドキュメントフォルダーに保存したファイルを開きます。

5 ファイルを選択します

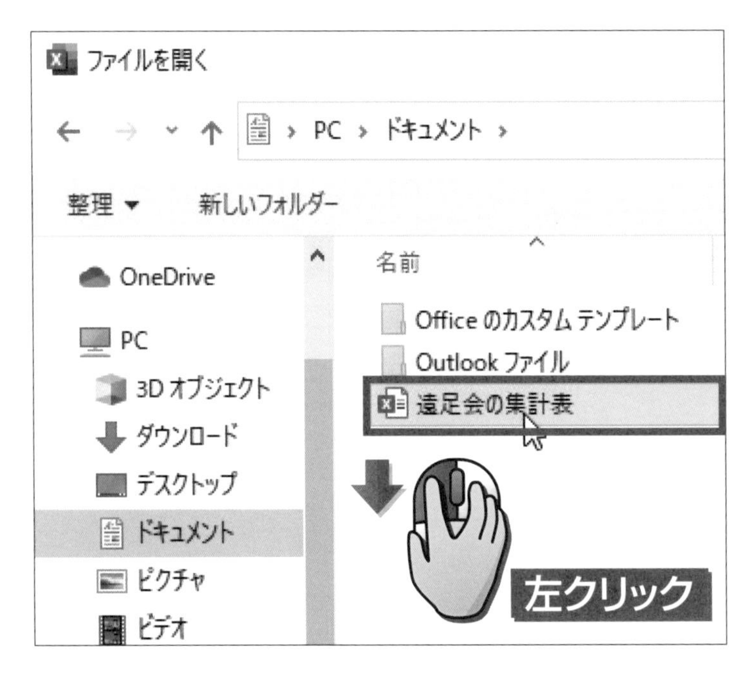

開くファイルの名前を

左クリックします。

ポイント!

ここでは、136ページで保存した「遠足会の集計表」を開きます。

6 ファイルを開きます

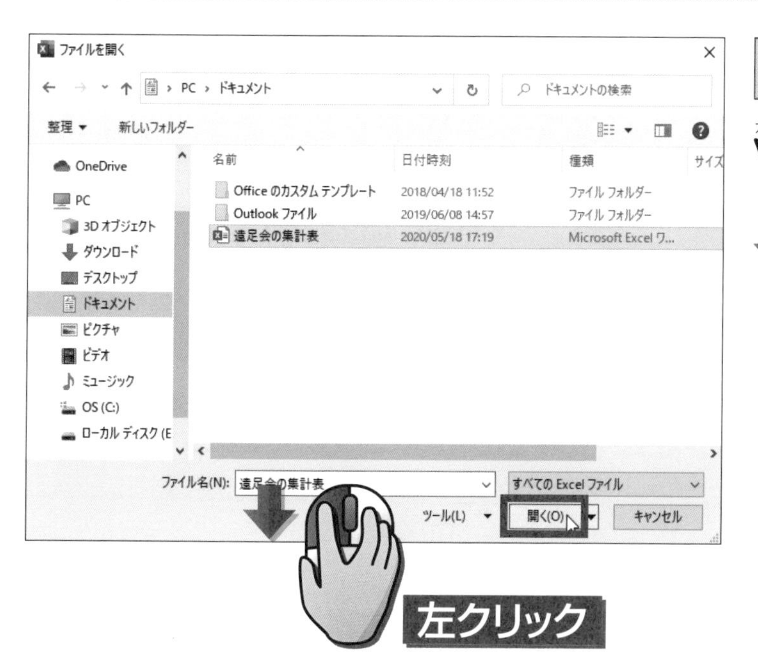

に

カーソル
を移動して、

左クリックします。

7 ファイルが開きました

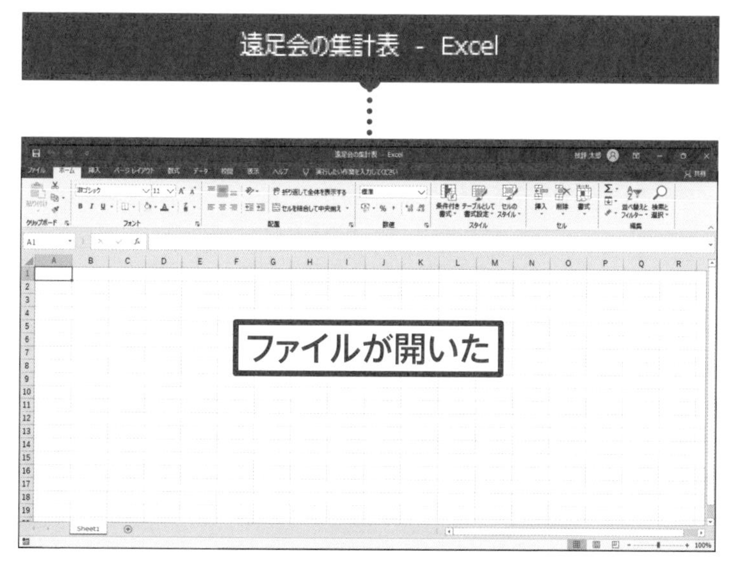

ファイルが開きました。

タイトルバーに、
開いたファイルの
名前が表示されます。

ポイント!

140ページの方法で、エクセルを終了します。

第6章　練習問題

1 エクセルを起動して、新しい表を作成するときに、左クリックするところはどこですか?

❶ 空白のブック　❷ 　❸ 

2 エクセルでファイルを保存するときに、左クリックするボタンはどれですか?

❶　❷　❸

3 エクセルを終了するときに、左クリックするボタンはどれですか?

❶ 　❷　❸

第7章 エクセルで集計表を作ろう

この章で学ぶこと

- セルに表の項目を入力できますか?
- 日付を入力できますか?
- 金額などの数値を入力できますか?
- データを修正できますか?
- ファイルを上書き保存できますか?

この章でやること

この章では、エクセルを使って、集計表の内容を入力します。
データを入力したり修正したりする方法を知りましょう。

 集計表を作ろう

本書では、遠足会の参加費や現地徴収費の
合計金額を計算する表を作ります。
まずは、**セル**というマス目に、文字や日付、数字を入力します。

	A	B	C	D	E	F	G
1	遠足会の集計表			日付	9月1日		
2							
3	経費	55000		定員	50		
4	貸切バス	20000					
5	ガイド						
6	合計						
7							
8	一人分の参加費						
9							
10		初心者	上級者				
11	参加費						
12	リフト代						
13	入場料						
14	合計						
15							

セルに表の項目や金額、日付を入力する

 タイトルや項目名を入力する

	A	B	C	D	E
1	遠足会の集計表			日付	
2					
3	経費			定員	
4	貸切バス				
5	ガイド				
6	合計				
7					
8	一人分の参加費				
9					
10		初心者	上級者		
11	参加費				

表の**タイトル**や
項目名を入力します。

日本語を入力するときは、
日本語入力モード
（40ページ参照）に
切り替えて入力します。

 日付と数字を入力する

	A	B	C	D	E
1	遠足会の集計表			日付	9月1日
2					
3	経費			定員	
4	貸切バス				
5	ガイド				
6	合計				

作成日を入力します。

月と日を「/」で区切って
入力すると、○月○日と
表示されます。

	A	B	C	D	E
1	遠足会の集計表			日付	9月1日
2					
3	経費	55000		定員	50
4	貸切バス	20000			
5	ガイド				
6	合計				

金額を入力するときは、
数字を入力します。

数字は、あとから計算に
使います。

セルのしくみを理解しよう

エクセルでは、セルにデータを入力して表を作成します。
ここでは、エクセル操作の基本となるセルのしくみを確認しましょう。

セルって何?

エクセルのワークシートには、たくさんのます目があります。
このます目を**セル**と呼びます。
セルを区別するために、**列の英字**と**行の番号**を組み合わせて
「A1 セル」「B2 セル」のように呼びます。
これを**セル番地**といいます。

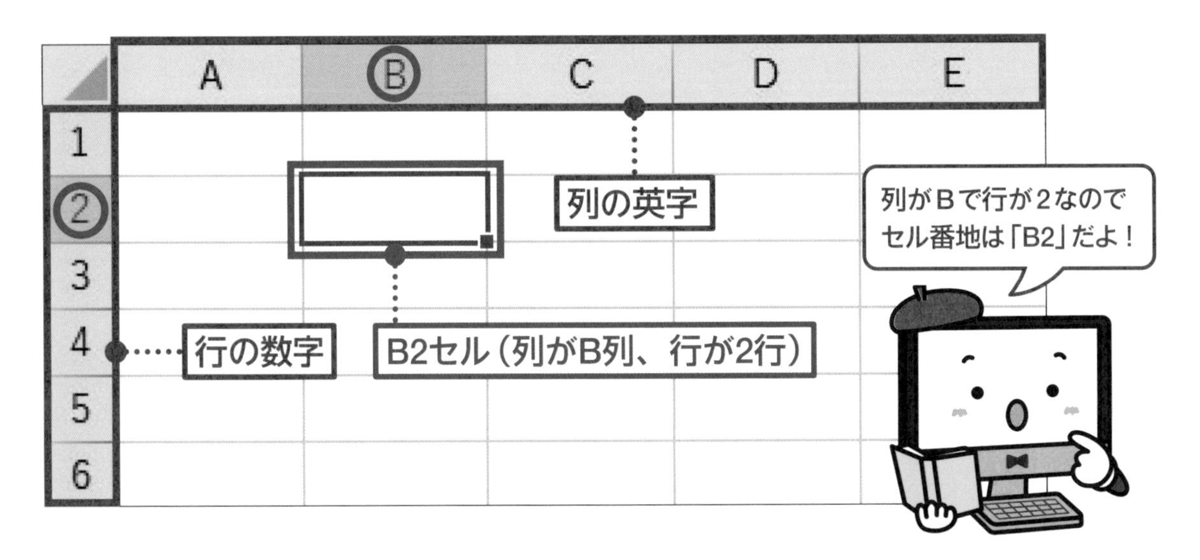

セルのしくみ　その1

セルに**文字**や**数字**を入力すると、
入力した内容が**そのまま表示**されます。

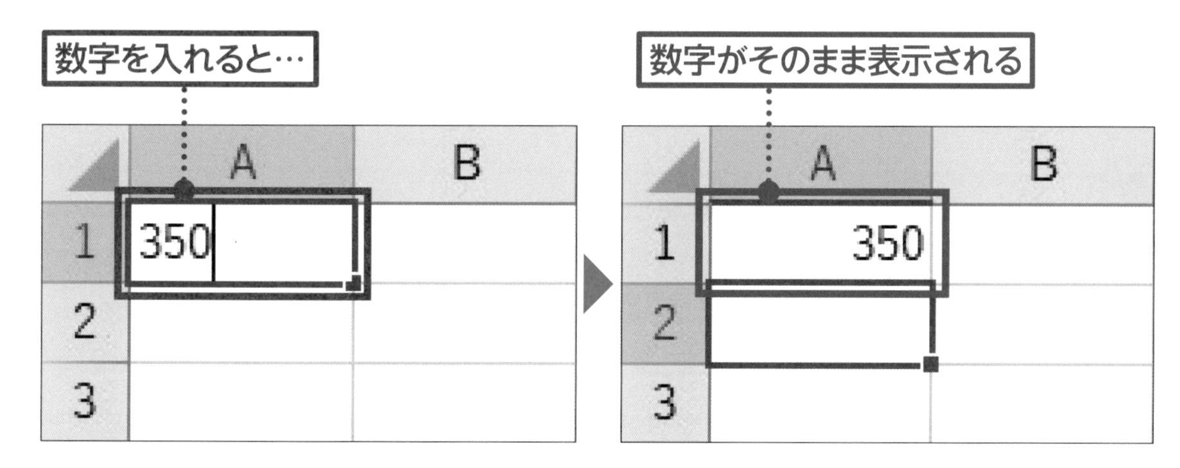

セルに**計算式**を入力すると、
エクセルが自動で計算を行い、**計算結果が表示**されます。

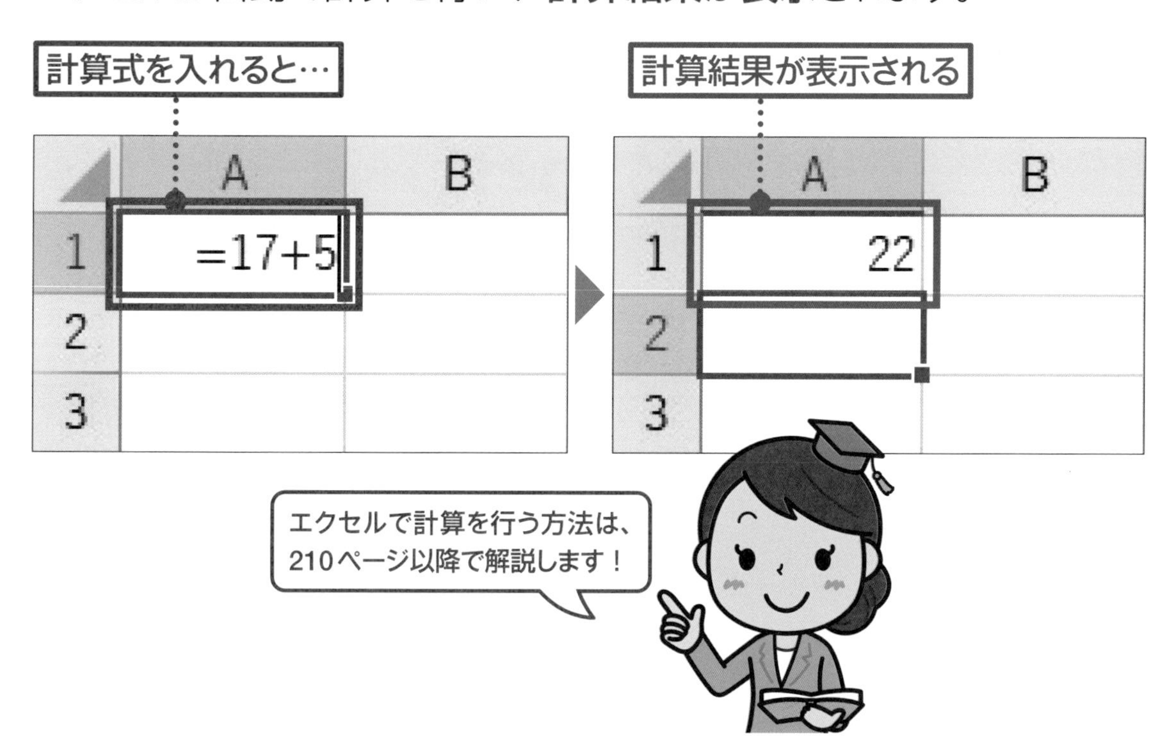

セルのしくみ　その2

下の図のように、セルに「2580」という**数字（データ）を入力**し、「¥マークとカンマ（,）をつけなさい」という**書式を設定**します。すると、セルに「¥2,580」と表示されます。

¥マークやカンマのように、データの見せ方に関する命令のことを**書式**と呼びます。

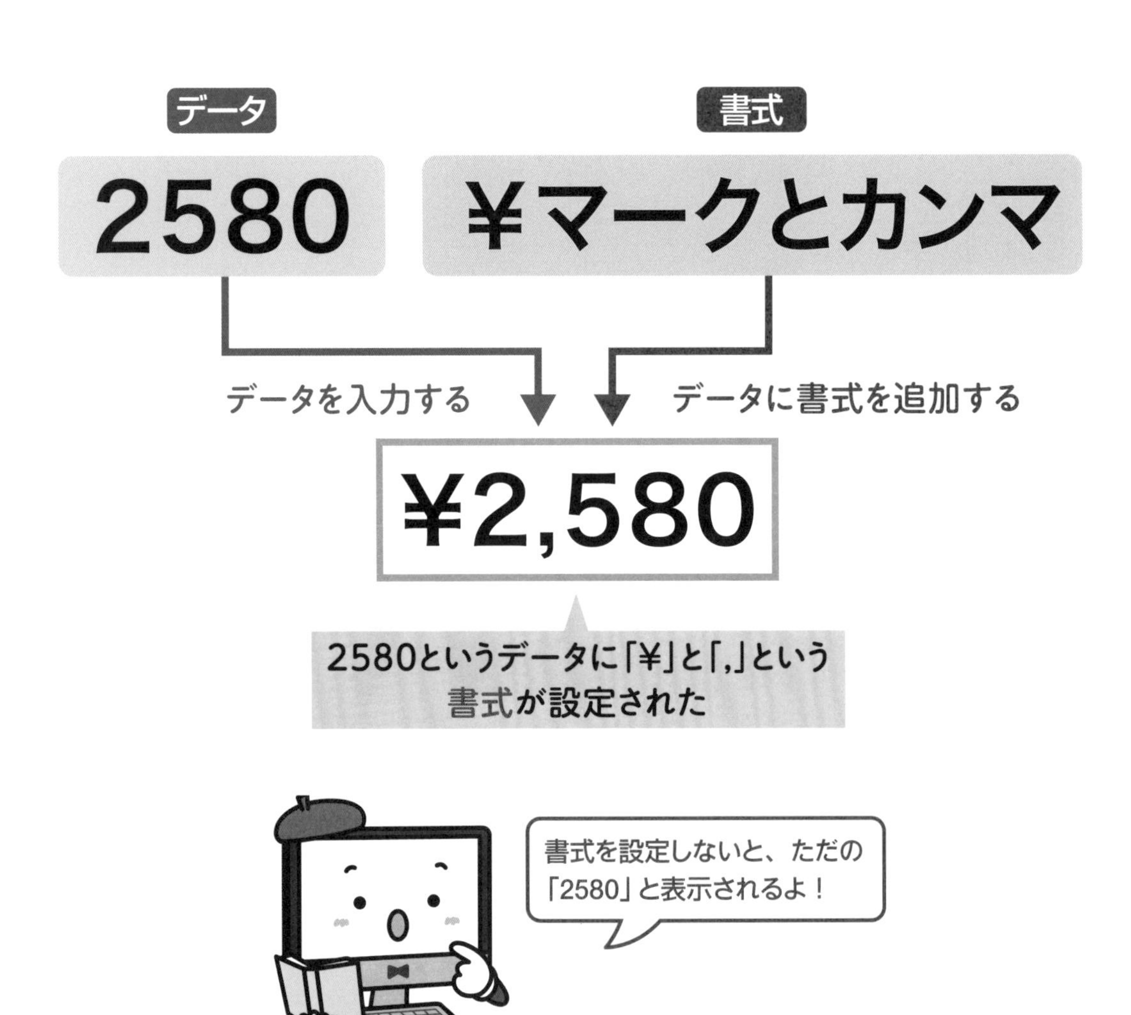

ワークシートとブック

ワークシート

たくさんのセルが集まった１枚の用紙を**ワークシート**と呼びます。
ワークシートを使って、計算や表の作成を行います。

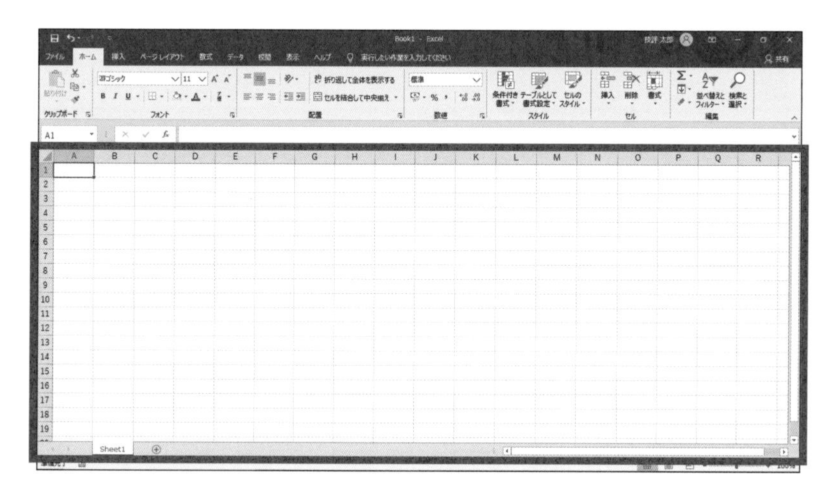

ブック

エクセルでは、ファイルのことを**ブック**と呼びます。
ブックには、複数のワークシートを集めることができます。
それぞれのワークシートは、名前によって区別できます。

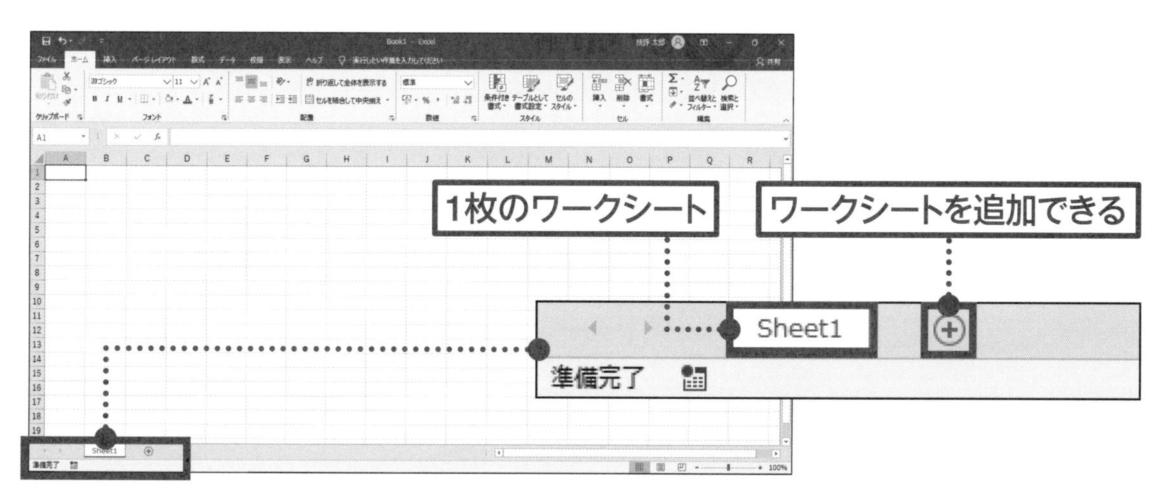

タイトルや項目名を入力しよう

さっそく、「遠足会の集計表」を作り始めましょう。
まずは、表のタイトルや項目名を入力します。

1 セルを選択します

142ページの方法で、「遠足会の集計表」を開きます。

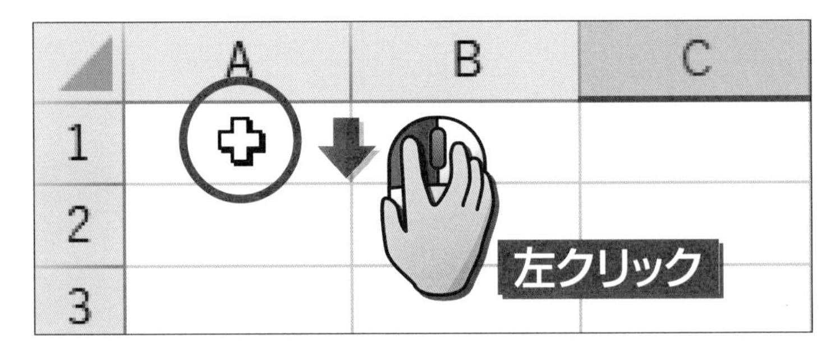

A1セルを

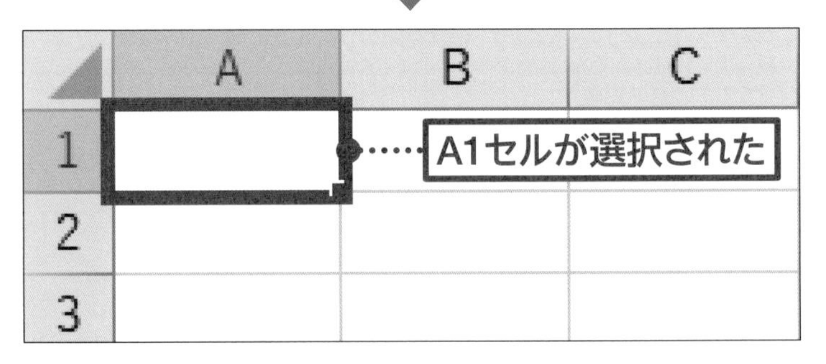

A1セルが選択され、太い枠線で囲まれました。

2 タイトルを入力します

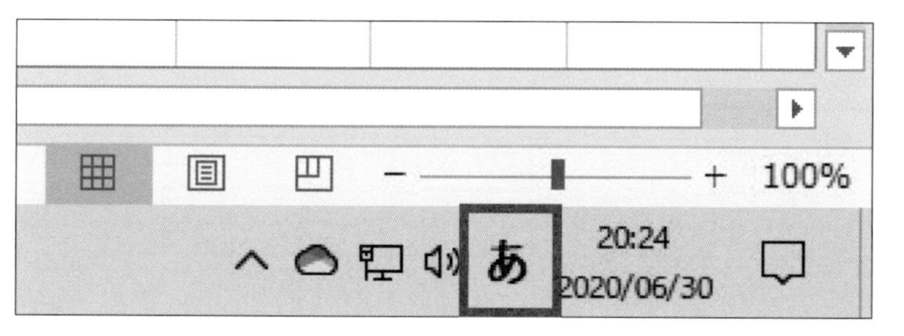

40ページの方法で、入力モードアイコンを あ に切り替えます。

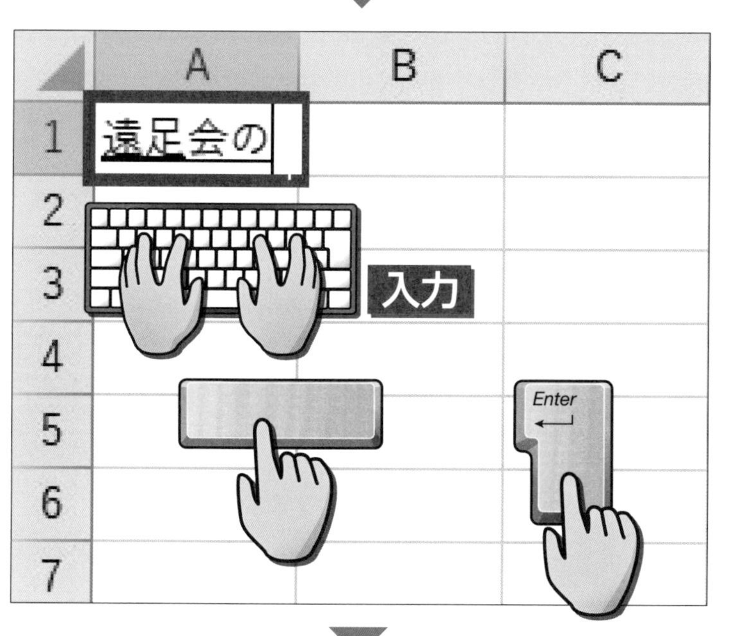

「えんそくかいの」と

入力します。

スペース キーを押して変換します。

エンター キーを押して、文字を確定します。

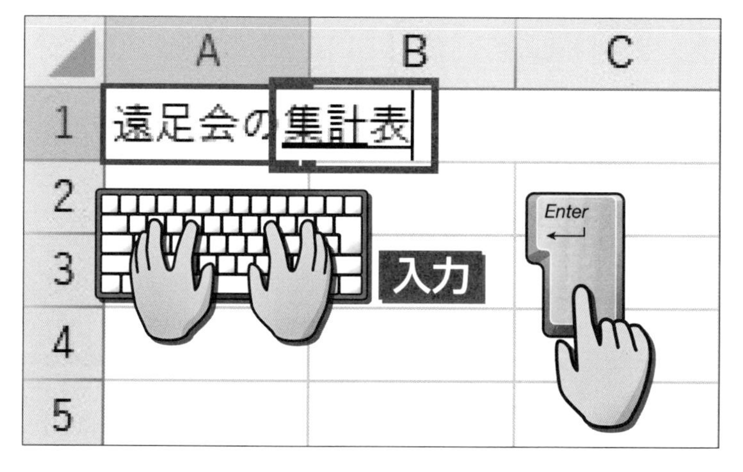

続きの文字を

入力します。

エンター キーを押します。

3 セルを選択します

タイトルが
入力できました。

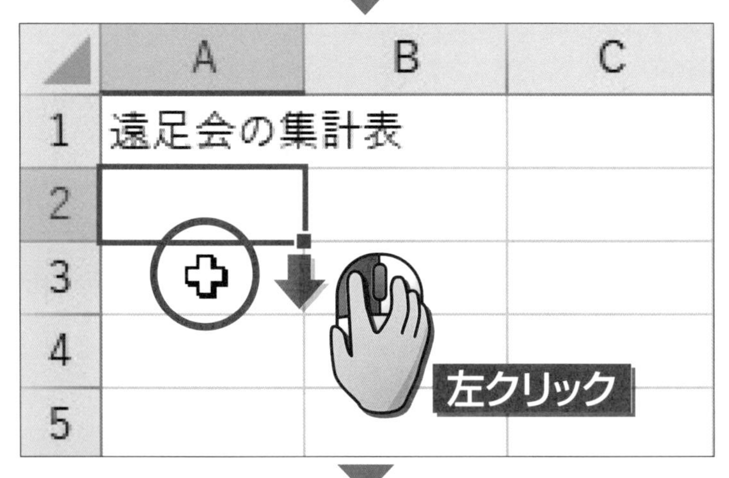

A3セルに
を**移動**して、
**左クリック**します。

	A	B	C
1	遠足会の集計表		
2			
3			
4			
5			

A3セルが太い枠線で
囲まれました。

4 表の項目名を入力します

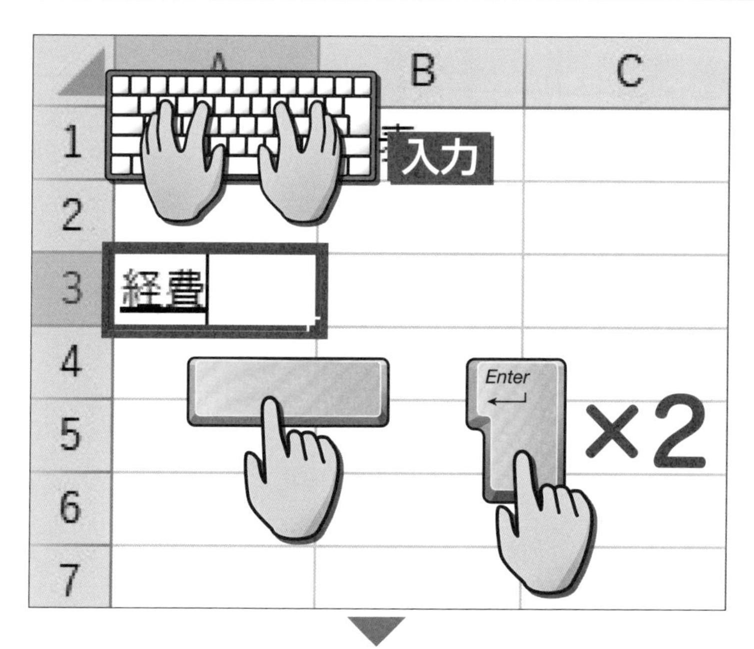

「けいひ」と入力します。

スペース

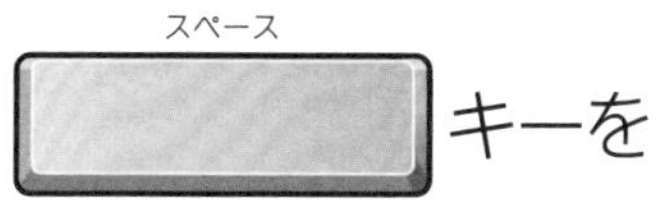

キーを押して変換します。

エンター

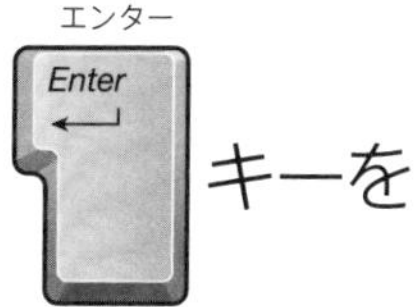

キーを2回押します。

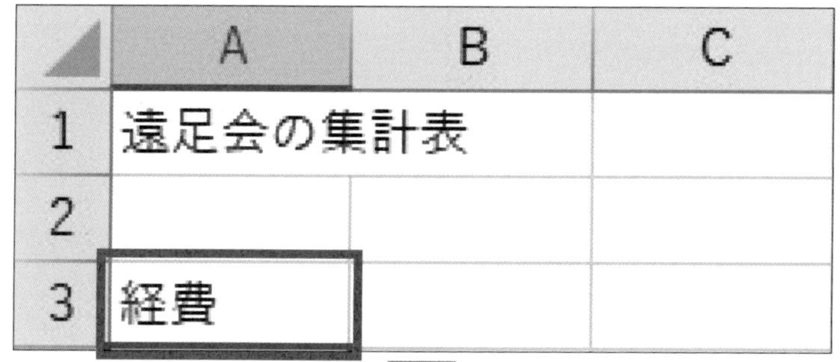

項目名が入力できました。

同様の方法で、左の画面のように文字を入力します。

日付を入力しよう

集計表に、日付を入力します。
日付は、月日を「/」（スラッシュ）で区切って入力します。

操作 移動 ▶P.014 左クリック ▶P.015 入力 ▶P.018

1 セルを選択します

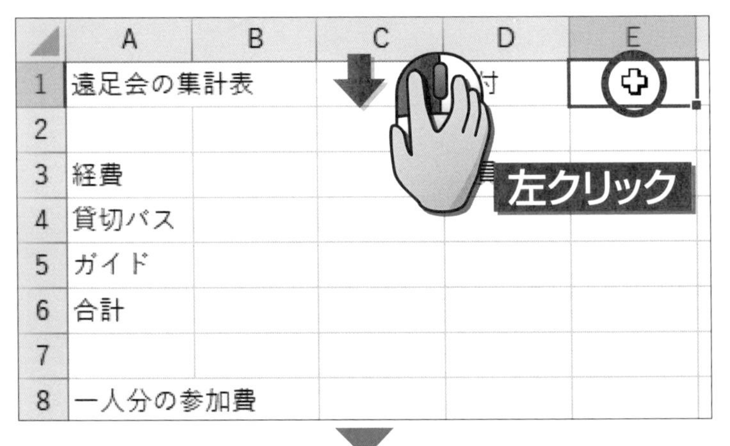

E1セルに

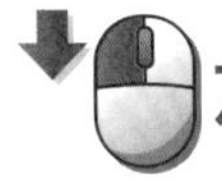(カーソル)を移動して、

左クリックします。

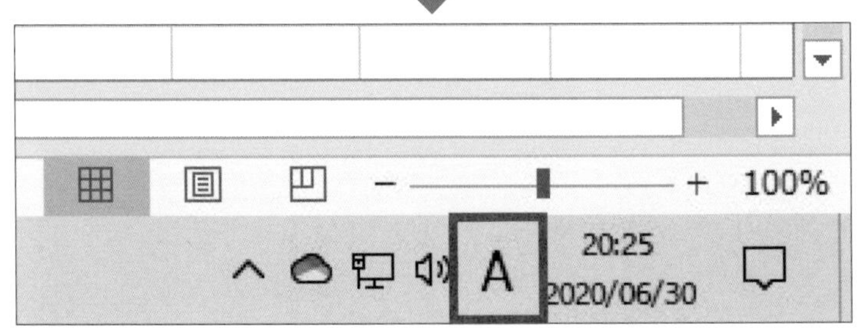

40ページの方法で、
入力モードアイコンを

A に切り替えます。

2 日付を入力します

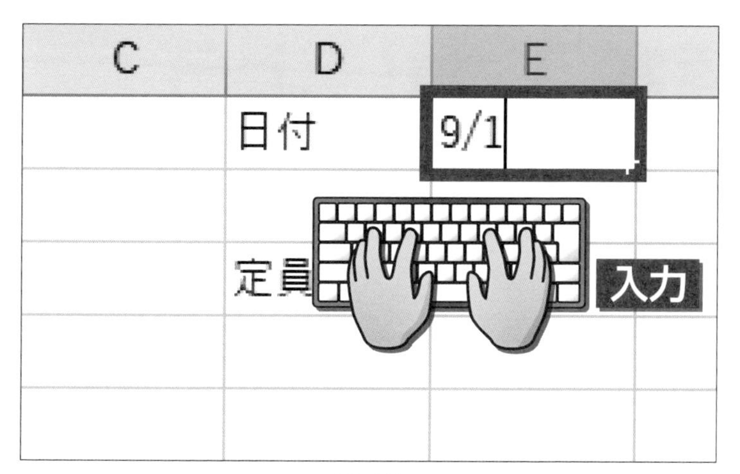

「9/1」と

入力します。

ポイント！

「/」は（め）のキーを押して入力します。

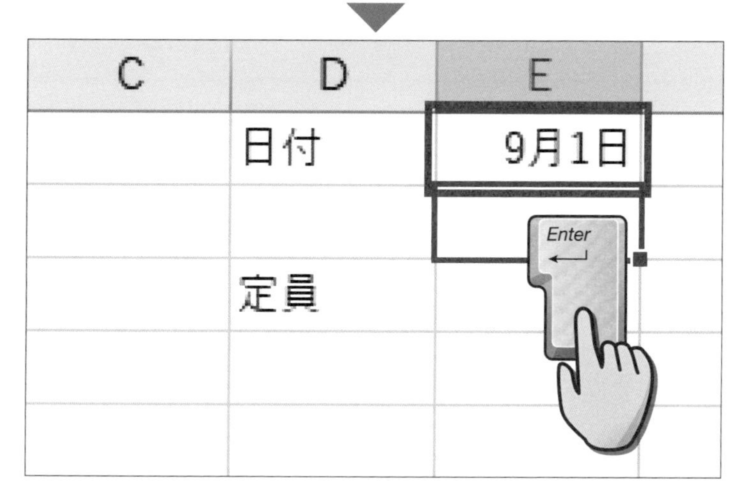

エンター キーを押して、

文字を確定します。

「9月1日」と表示されます。

コラム その他の日付の表示方法

日付を年から入力するには、「2020/9/1」のように入力します。すると、「2020/9/1」と表示されます。

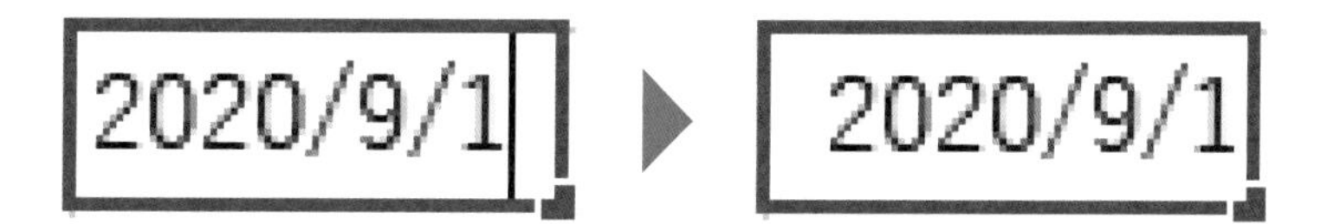

金額を入力しよう

表の項目に沿って費用を入力しましょう。
数値は、桁数がわかりやすいように、セルに右詰めで表示されます。

1 セルを選択します

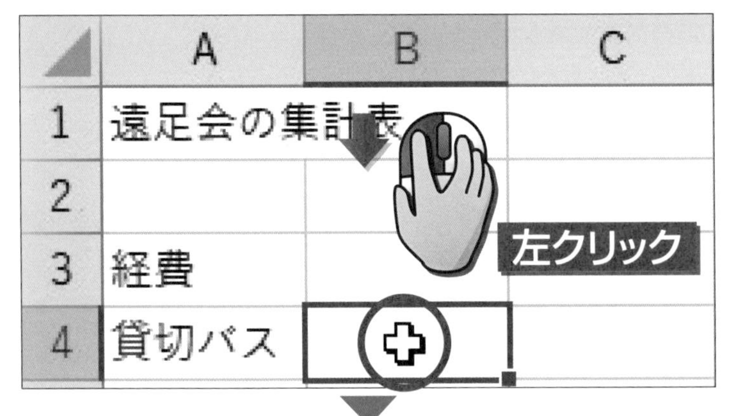

B4セルに カーソル を移動して、 左クリックします。

入力モードアイコンが A になっていることを確認します。

2 金額を入力します

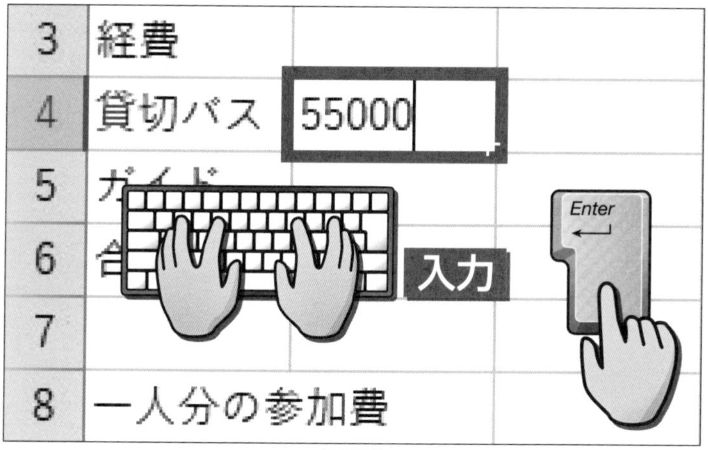

3 経費
4 貸切バス 55000
5 ガイド
6 合
7
8 一人分の参加費
入力
Enter

「55000」と

入力します。

エンター
Enter

キーを押して、

文字を確定します。

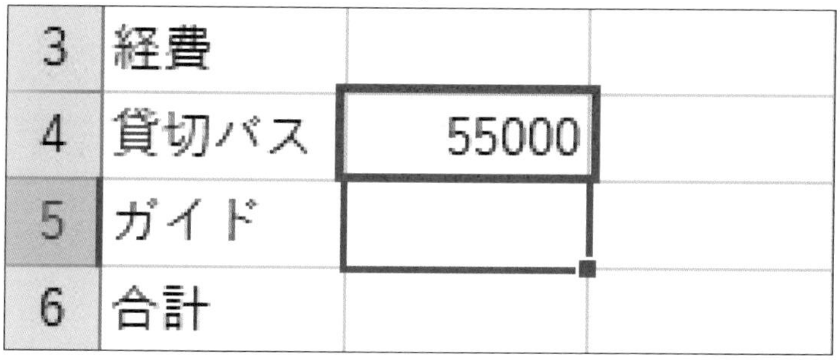

3 経費
4 貸切バス 55000
5 ガイド
6 合計

金額が入力されました。

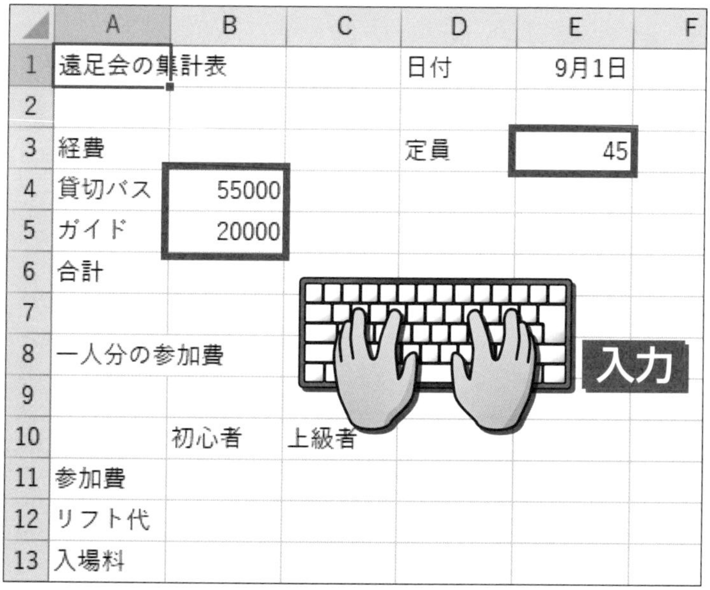

A B C D E F
1 遠足会の集計表 日付 9月1日
2
3 経費 定員 45
4 貸切バス 55000
5 ガイド 20000
6 合計
7
8 一人分の参加費
9
10 初心者 上級者
11 参加費
12 リフト代
13 入場料
入力

左の画面のように、

その他の数字を

入力します。

データを修正しよう

入力したデータを修正しましょう。
ここでは、入力したデータを丸ごと修正する方法を紹介します。

操作

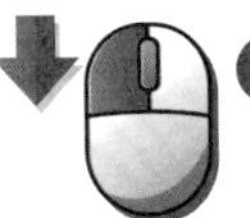

左クリック
▶P.015

入力
▶P.018

1 セルを選択します

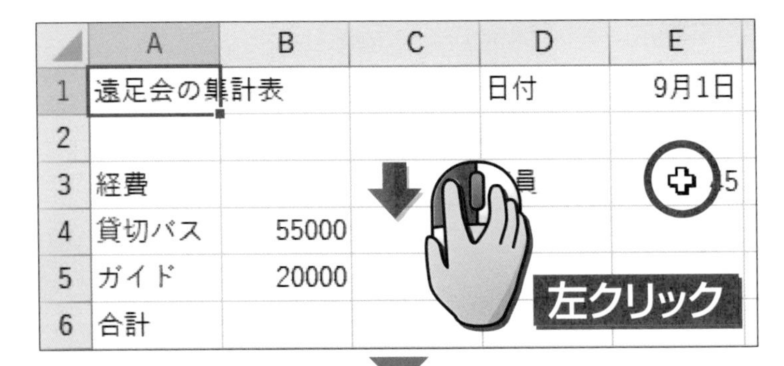

	A	B	C	D	E
1	遠足会の集計表			日付	9月1日
2					
3	経費			定員	45
4	貸切バス	55000			
5	ガイド	20000			
6	合計				

修正したいセル
(ここではE3セル)を

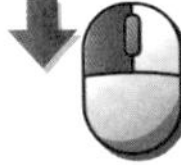

左クリックします。

C	D	E
	日付	9月1日
	定員	45

E3セルが太い枠線で
囲まれました。

ポイント!

入力モードアイコンが あ になっている場合は、40ページの方法で A に切り替えます。

2 データを上書きします

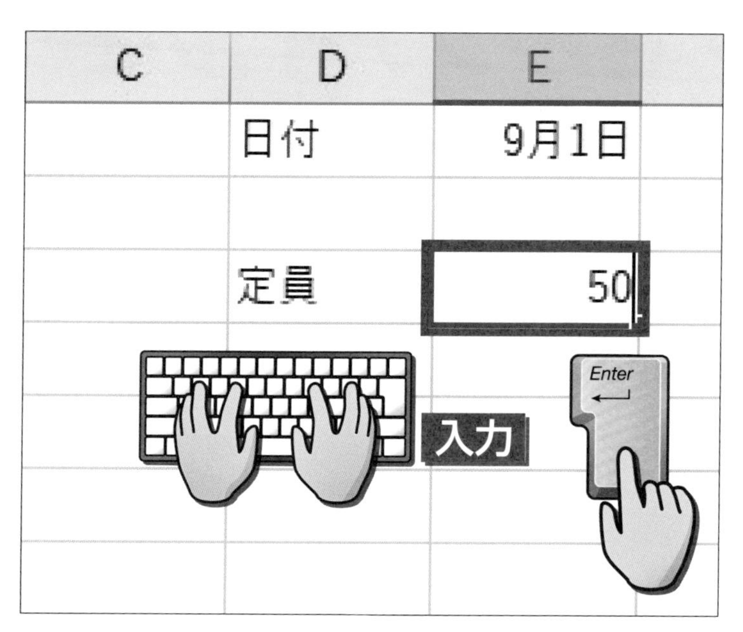

正しいデータ
（ここでは「50」）を
入力します。

キーを押して、

文字を確定します。

3 データが修正されました

C	D	E
	日付	9月1日
	定員	50

データが
修正されました。

エクセルファイルを上書き保存しよう

修正したファイルを上書き保存しておきましょう。
表にデータを入力したあとの、最新の状態を保存しておきます。

1 ファイルを保存します

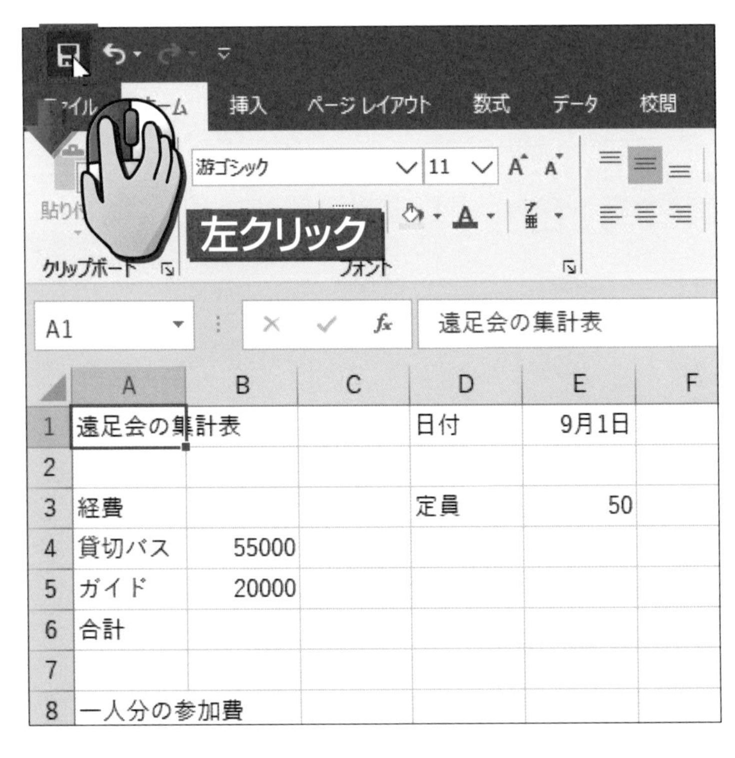

上書き保存

に

カーソル

を移動して、

これで、ファイルが
修正後の内容で
上書き保存されます。

2 エクセルを終了します

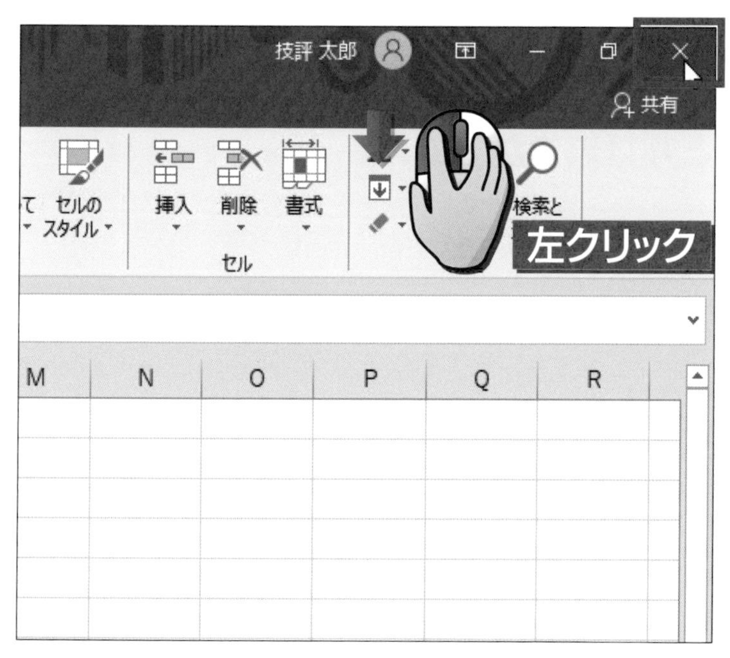

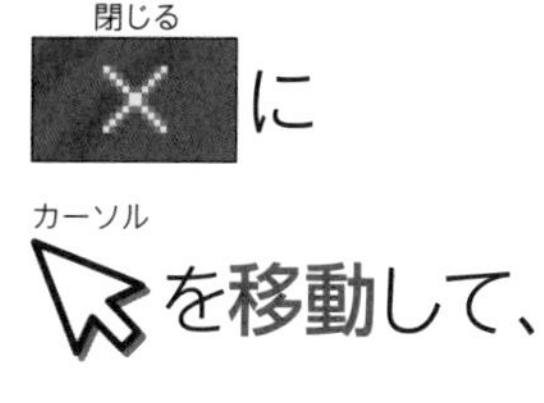

に

カーソル

を移動して、

左クリックします。

3 エクセルが終了しました

エクセルの画面が閉じて、デスクトップが表示されます。

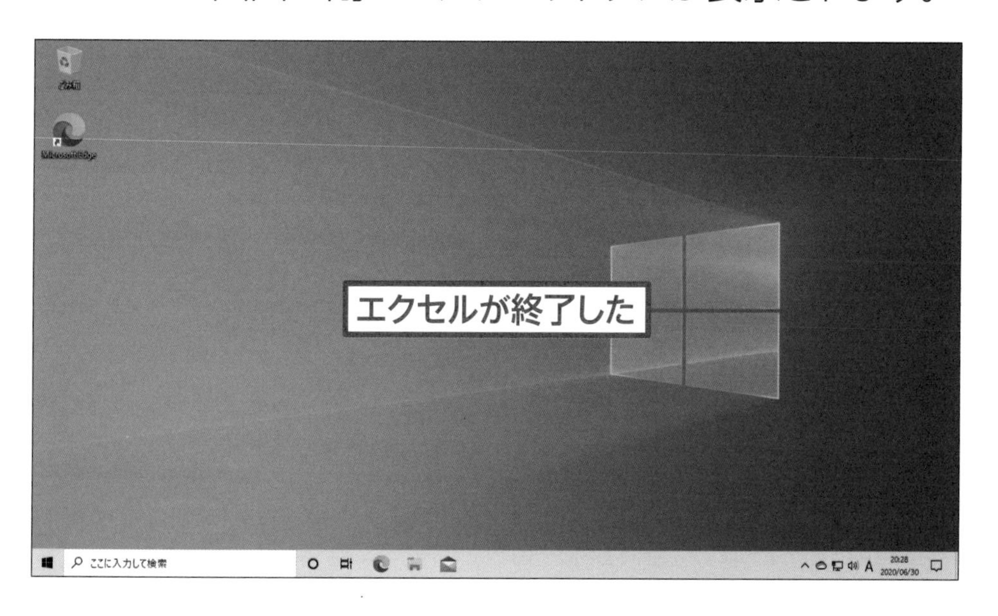

第7章 練習問題

1 エクセルでデータを入力するます目のことを何と呼びますか?

❶ セル
❷ 数式バー
❸ タブ

2 日付を入力するときは、月日をどの記号で区切って入力しますか?

❶「()」 かっこ
❷「+」 プラス
❸「/」 スラッシュ

3 日付や数値を入力するとき、日本語入力モードから英語入力モードに切り替えるにはどのキーを押しますか?

❶ 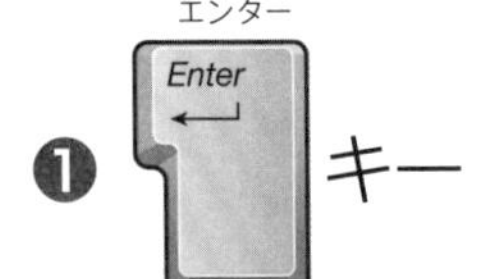

キー

❷ 

キー

❸ 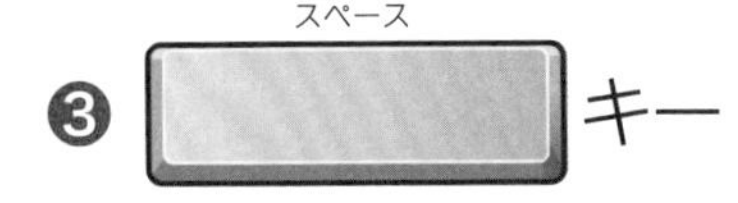

キー

8

第8章 エクセルで表を見やすく整えよう

この章で学ぶこと

- 表の列幅を変更できますか?
- 文字の大きさや形を変更できますか?
- 複数のセルを選択できますか?
- 文字をセルの中央に配置できますか?
- セルに色をつけられますか?

この章でやること

この章では、前の章で入力した文字を、見やすく整えます。
セルを選択して、文字の飾りや配置などを指定しましょう。

 表を見やすく整えよう

この章では、前章で作成した表を見やすく整えます。

	A	B	C	D	E
1	遠足会の集計表			日付	9月1日
2					
3	経費			定員	50
4	貸切バス	55000			
5	ガイド	20000			
6	合計				
7					
8	一人分の参加費				
9					
10		初心者	上級者		
11	参加費				
12	リフト代				
13	入場料				
14	合計				
15					
16					
17					

▶

	A	B	C	D	E
1	**遠足会の集計表**			日付	9月1日
2					
3	経費			定員	50
4	貸切バス	55000			
5	ガイド	20000			
6	合計				
7					
8	一人分の参加費				
9					
10		**初心者**	**上級者**		
11	**参加費**				
12	**リフト代**				
13	**入場料**				
14	**合計**				
15					
16					
17					

表を見やすく整える

 列幅を整えよう

列幅は、自由に変更できます。
項目名の長さに合わせて、調整しましょう。

列幅を変更する

	A	B	C	D	E	F	G	H
1	遠足会の集計表			日付	9月1日			
2								
3	経費			定員	50			

 文字を見やすくしよう

文字が目立つように、**文字の形や大きさ、色**を変更しましょう。
また、表の項目名を**セルの中央に配置**しましょう。

	A	B	C	D	E	F	G	H
1	**遠足会の集計表**							
2								
3	経費			定員	50			
4	貸切バス	55000						
5	ガイド	20000						
6	合計							
7								
8	一人分の参加費							
9								
10		初心者	上級者					
11	参加費							
12	リフト代							
13	入場料							
14	合計							
15								
16								

文字の形や大きさを変更する

文字の色を変更する

文字をセルの中央に配置する

列幅を調整しよう

表の項目名の長さに合わせて、列幅を整えましょう。
文字の長さに合わせて自動調整することもできます。

1 列の境界線にカーソルを移動します

142ページの方法で、「遠足会の集計表」を開きます。

	A	B	C
1	遠足会の集計表		
2			
3	経費		

A と B の境界線にカーソルを移動します。

	A	B	C
1	遠足会の集計表		
2			
3	経費		

カーソルが ✥ に変わったことを確認します。

2 A列の幅を広くします

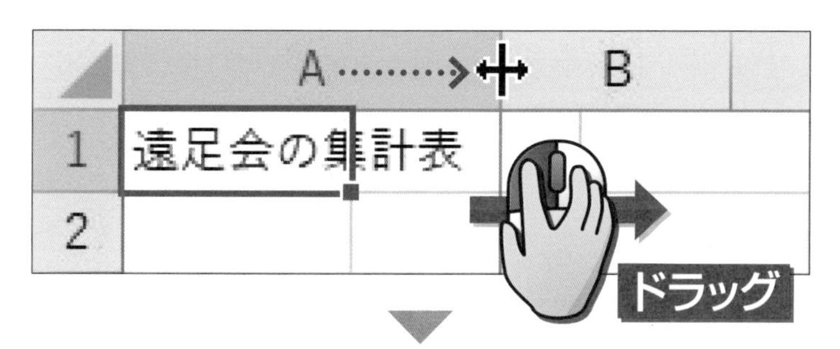

そのまま右方向に

ドラッグします。

	A	B	
1	遠足会の集計表		
2			

A列の列幅が
広くなりました。

3 B列とC列を選択します

	A	B	C	
1	遠足会の集計表			日付
2				

B の上に

カーソル を移動します。

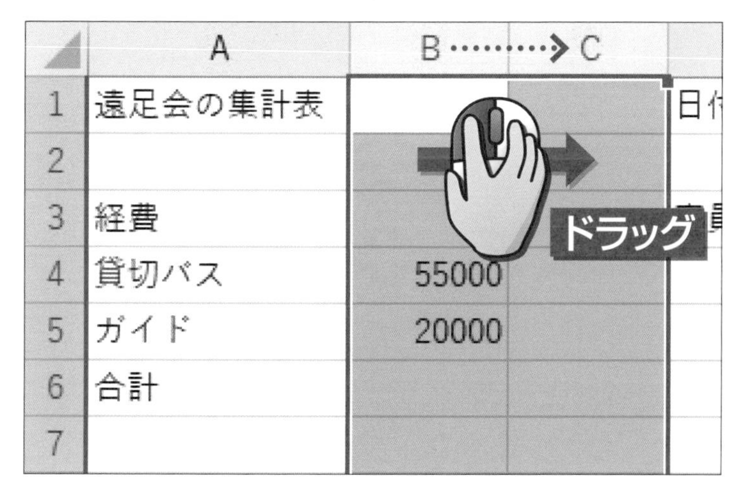

そのまま C まで

ドラッグします。

B列とC列が
選択できました。

4 B列とC列の幅を変更します

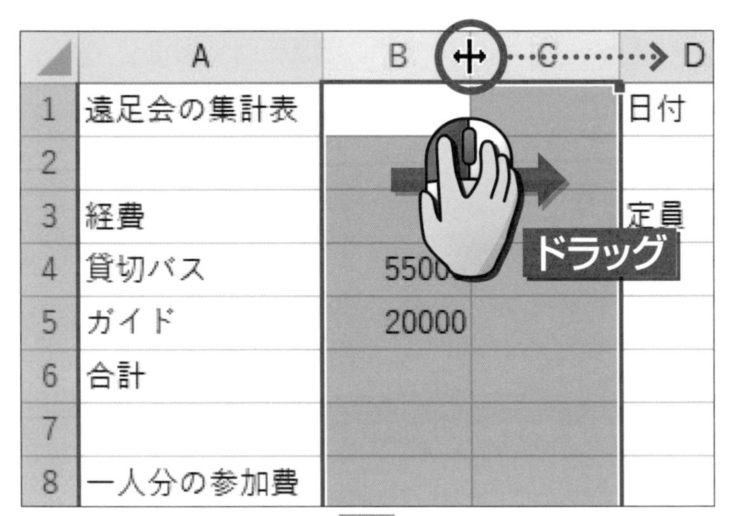

B と C の境界線に

カーソルを移動します。

カーソルが ✛ に変わったら、

右方向に

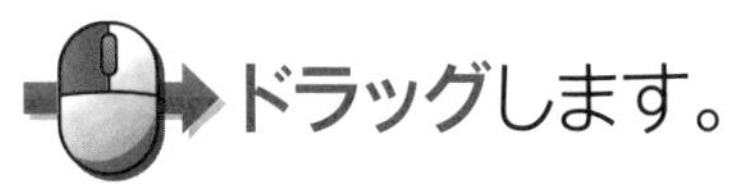
ドラッグします。

	A	B	C	
1	遠足会の集計表			日
2				
3	経費			定
4	貸切バス	55000		

B列とC列の列幅がまとめて変わります。

ポイント！

A1セルを左クリックし、B列とC列の選択を解除します。

5 D列の列幅を自動調整します

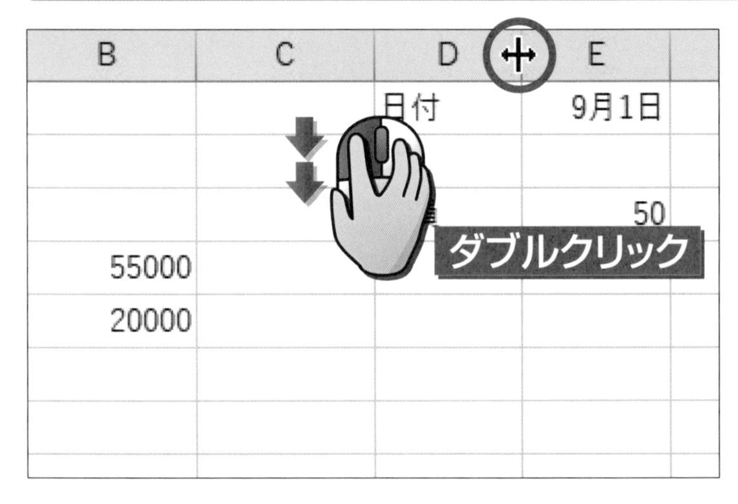

D と E の境界線に

カーソルを移動します。

カーソルが ✛ に変わったら、

ダブルクリック

します。

6 D列の列幅が調整されました

D列の列幅が、文字の長さに合わせて自動的に調整されます。

	A	B	C	D	E	F
1	遠足会の集計表			日付	9月1日	
2						
3	経費			定員	50	
4	貸切バス	55000				
5	ガイド	20000				
6	合計					
7						
8	一人分の参加費					

コラム セルに「####」と表示された場合

「####」と表示されたセルは、列幅が狭すぎて数値や日付が表示できないことを示しています。
列幅を広くすると、正しい数値や日付が表示されます。

	A	B	C
1	遠足会の集計表		
2			
3	経費		
4	貸切バス	####	
5	ガイド	####	
6	合計		

	A	B
1	遠足会の集計表	
2		
3	経費	
4	貸切バス	55000
5	ガイド	20000
6	合計	

列幅を広げた

文字の大きさを変更しよう

文字の大きさは、あとから変更することができます。
ここでは、表のタイトルが目立つように文字を大きくします。

1 タイトルのセルを選択します

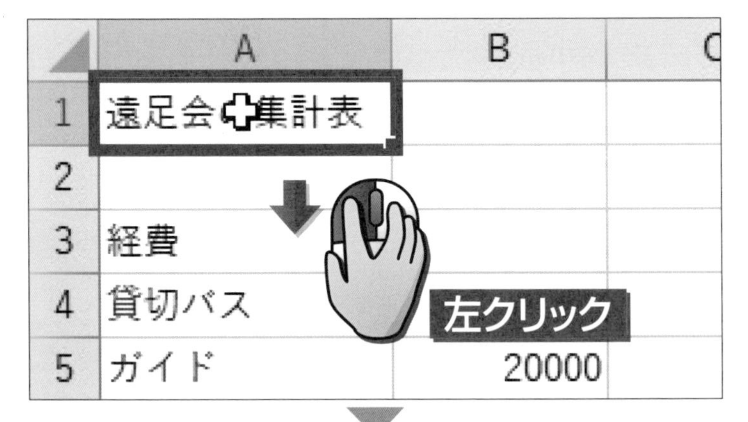

A1セルに カーソル を移動して、

左クリックします。

ホーム を

左クリックします。

2 文字の大きさを変更します

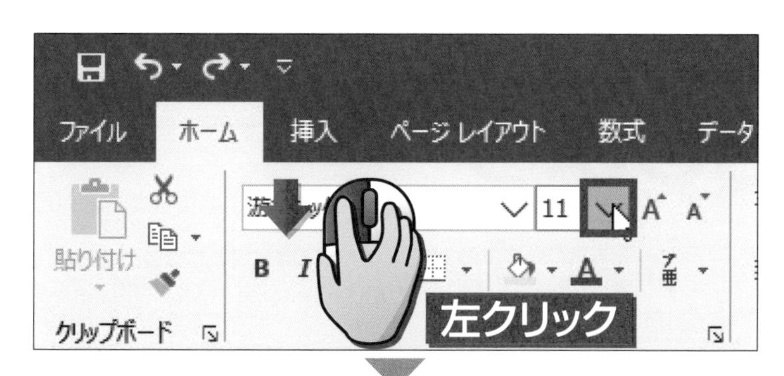

フォントサイズ

の

右側の ∨ を

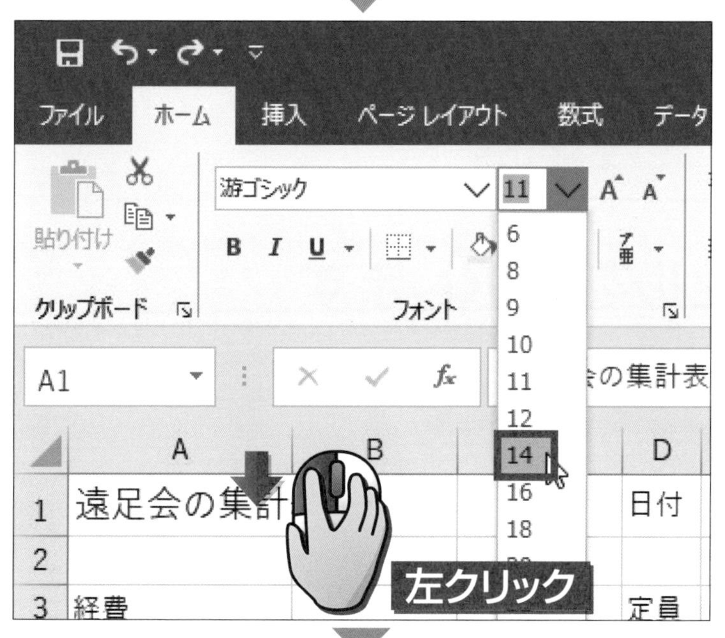

文字の大きさの一覧が表示されるので、変更したい大きさを

左クリックします。

ポイント！

ここでは、「14」を左クリックしています。

	A	B	C
1	遠足会の集計表		
2			
3	経費		
4	貸切バス	55000	
5	ガイド	20000	

A1セルの文字が大きくなりました。

文字の形を変更しよう

文字の形を変えて、文字を目立たせます。
ここでは、表のタイトルの文字の形をポップ体にします。

操作

1 タイトルのセルを選択します

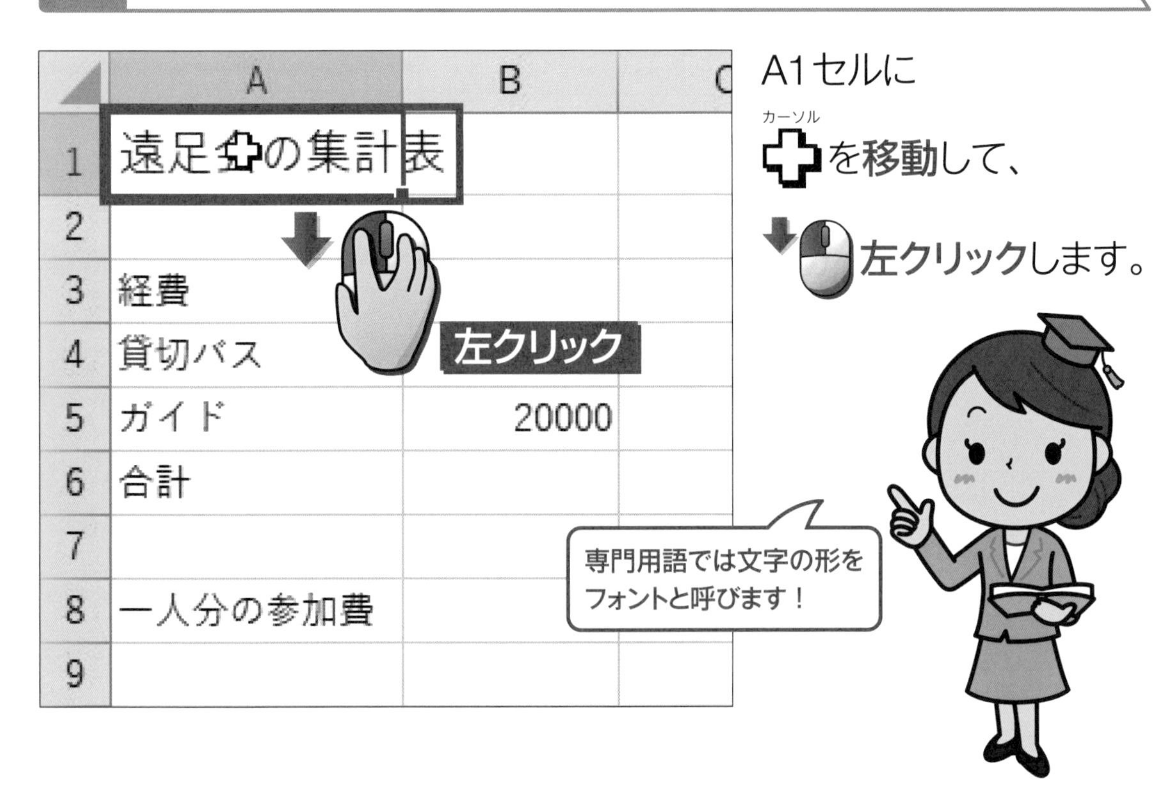

A1セルに
カーソル を移動して、
左クリックします。

2 文字の形を変更します

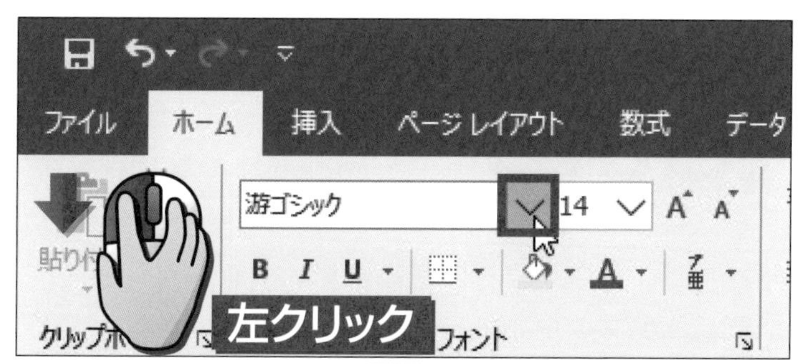

フォント(游ゴシック)の右側の∨を左クリックします。

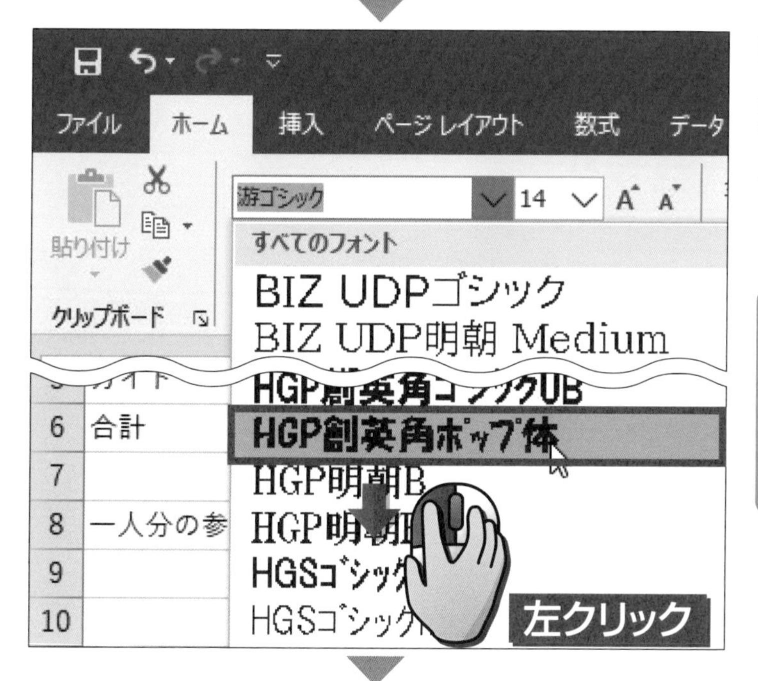

表示される一覧から、変更したい形を左クリックします。

ポイント!

ここでは、HGP創英角ﾎﾟｯﾌﾟ体 を選択しています。一覧に表示される文字の形は、使っているパソコンによって異なります。

	A	B	C
1	遠足会の集計表		
2			
3	経費		
4	貸切バス	55000	
5	ガイド	20000	

文字の形が変わりました。

複数のセルを選択しよう

複数のセルに同じ飾りをつけるには、対象となる複数のセルを選択します。ここでは、複数のセルの選択方法を覚えましょう。

操作 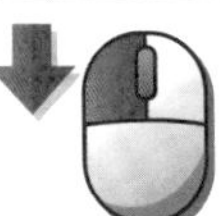 左クリック ▶P.015 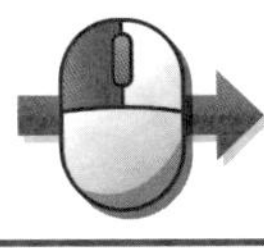 ドラッグ ▶P.017

1 複数のセルを選択します

8	一人分の参加費			
9				
10		初心者	上級者	
11	参加費			
12	リフト代			

左クリック

B10セルを 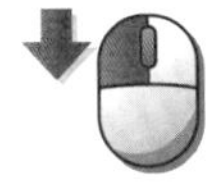 **左クリック**します。

8	一人分の参加費			
9				
10		初心者	上級者	
11	参加費			
12	リフト代			
13	入場料			
14	合計			
15				

ドラッグ

そのままC10セルまで、右方向に 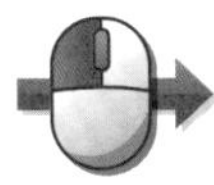 **ドラッグ**します。

B10セルからC10セルまでが選択されました。

2 大きなセル範囲を選択します

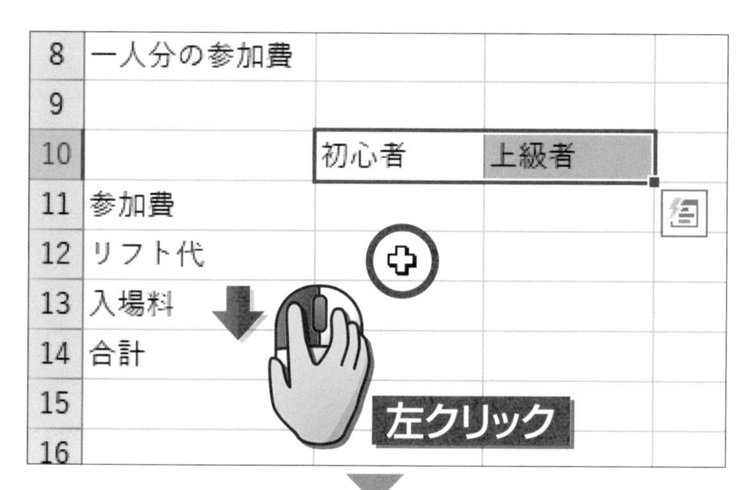

手順1で選択した
セル以外のセルを

左クリックします。

セルの選択が
解除されます。

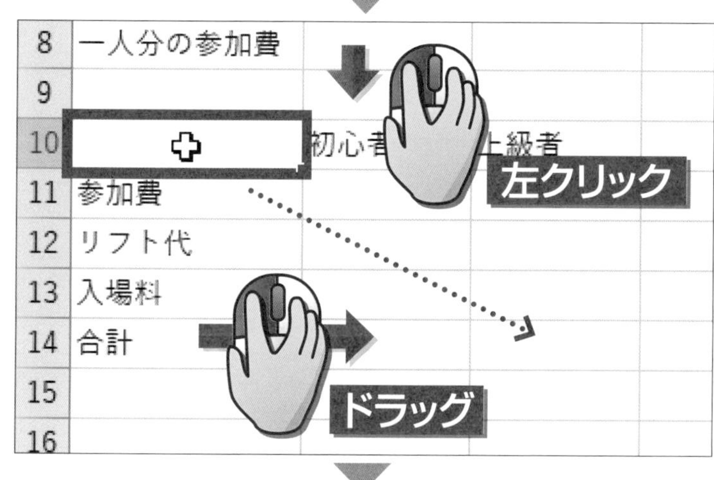

A10セルを

左クリックします。

そのままC14セルまで、
斜めに

ドラッグします。

8	一人分の参加費		
9			
10		初心者	上級者
11	参加費		
12	リフト代		
13	入場料		
14	合計		
15			
16			

A10セルから
C14セルまでが
選択されました。

文字をセルの中央に揃えよう

表の項目を、セルの中央に配置しましょう。
文字は、セルの左や右、中央に揃えられます。

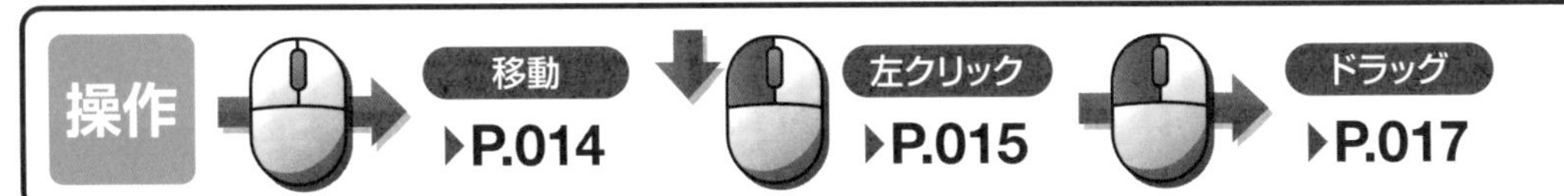

1 セルを選択します

	A	B	C	D
1	**遠足会の集計表**			日付
2				
3	経費			定員
4	貸切バス	55000		
5	ガイド	20000		
6	合計			
7				
8	一人分の参加費			
9				
10		初心者 ……	上級者	
11	参加費			
12	リフト代			
13	入場料			

ドラッグ

178ページの方法で、
B10セルから
C10セルまで

ドラッグして、

選択します。

2 文字を中央に揃えます

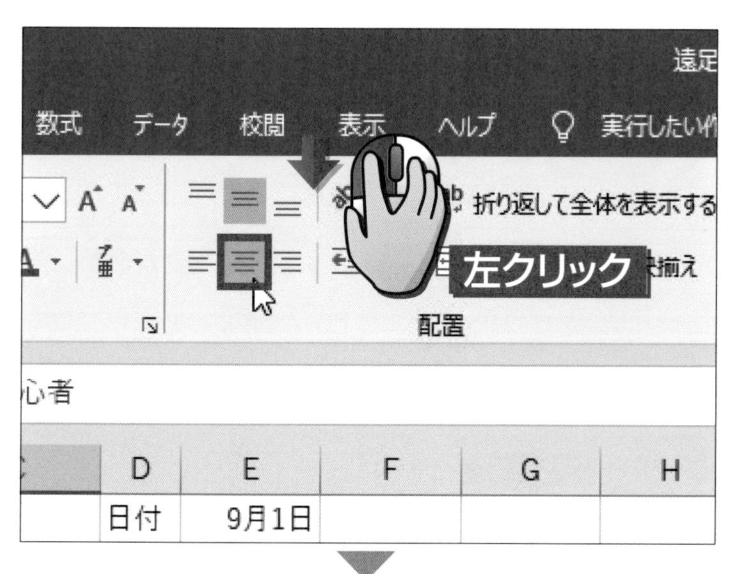

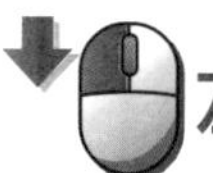

中央揃え に

カーソル を移動して、

左クリックします。

ポイント!

文字をセルの右に揃えるには、(右揃え)を左クリックします。

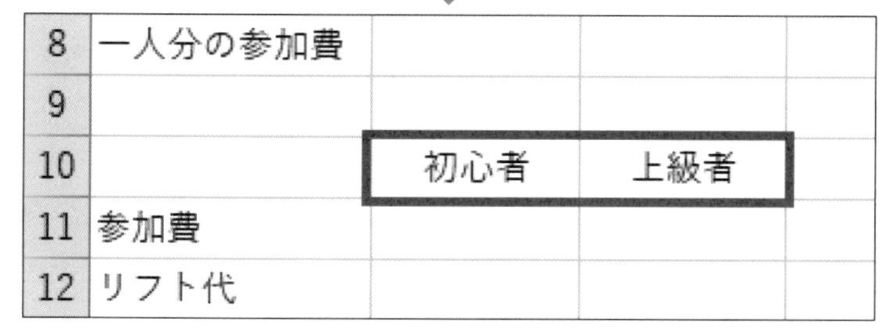

文字がセルの中央に配置されました。

コラム 文字の配置を元に戻すには

文字の配置を元に戻すには、戻したいセルを選択し、

もう一度

中央揃え を

左クリックします。

離れた場所のセルを選択しよう

ここでは、離れた場所のセルやセル範囲を同時に選択する方法を紹介します。このあとの操作に備えて、練習しましょう。

1 複数のセル範囲を選択します

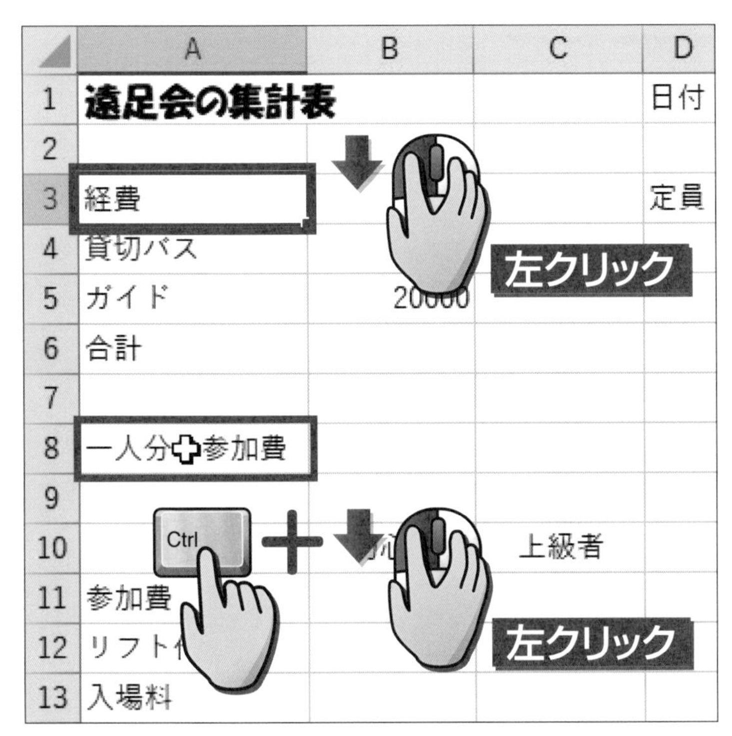

A3セルに

カーソル を移動して、

左クリックします。

続いて、

Ctrl（コントロール）キーを押しながら、

A8セルを

左クリックします。

2 複数セルが選択されました

	A	B	C	D
1	**遠足会の集計表**			日付
2				
3	経費			
4	貸切バス	55000		
5	ガイド	20000		
6	合計			
7				
8	一人分の参加費			
9				
10		初心者	上級者	
11	参加費			

A3セルとA8セルが同時に選択されます。

この方法は連続しているセルでも有効です。ドラッグが苦手な方はこの方法で選択してください！

3 さらにセルを選択します

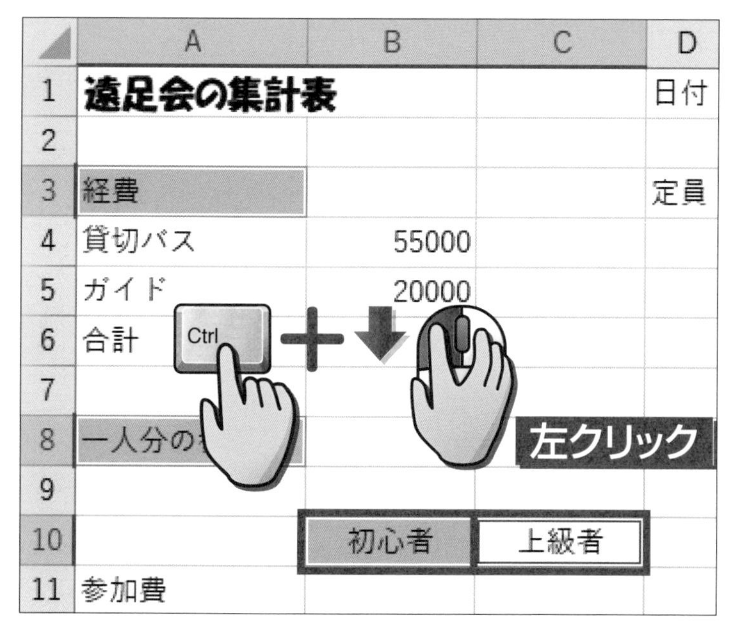

	A	B	C	D
1	**遠足会の集計表**			日付
2				
3	経費			定員
4	貸切バス	55000		
5	ガイド	20000		
6	合計			
7				
8	一人分の			
9				
10		初心者	上級者	
11	参加費			

続いて、

Ctrl（コントロール）キーを押しながら、

B10セルとC10セルを

左クリックします。

離れた場所にあるセルを同時に選択できました。

文字に色をつけよう

文字を目立たせるために、文字の色を変更します。
色の一覧から色を選択します。

操作

▶P.015

1 文字の色を変えるセルを選択します

	A	B	C
1	遠足会の集計表		
2			
3	経費		
4	貸切バス	55000	
5	ガイド	20000	
6	合計		
7			
8	一人分の参加費		
9			
10		初心者	上級者
11	参加費		

182ページの方法で、A3セルとA8セルを選択します。

2 文字の色を選択します

フォントの色

の

右側の ▼ を

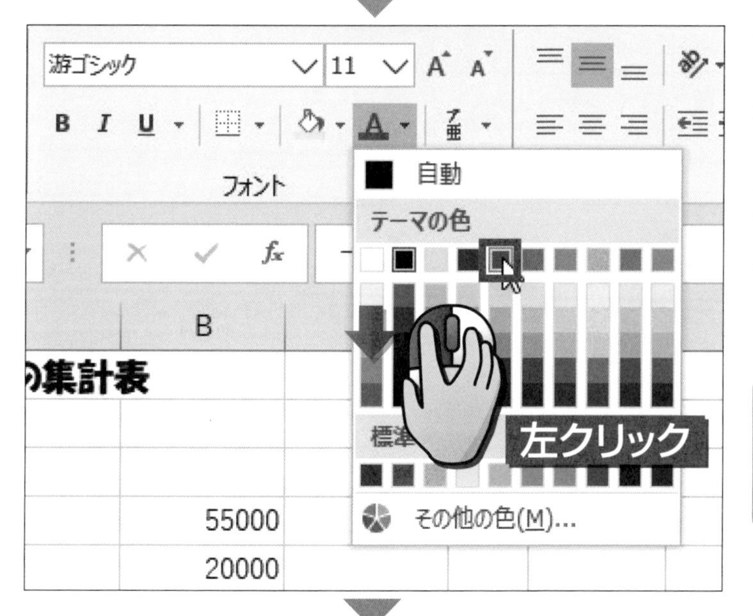

色の一覧が
表示されます。

文字につけたい色を

ポイント!

ここでは、「青、アクセント1」を選んでいます。

2			
3	経費		
4	貸切バス	55000	
5	ガイド	20000	
6	合計		
7			
8	一人分の参加費		
9			

A3セルとA8セルの
文字に色がつきました。

文字を太字にしよう

文字に太字の飾りをつけて目立たせます。
太字のボタンを左クリックすると、飾りのオン・オフを切り替えられます。

1 文字を太字にするセルを選択します

5	ガイド	20000	
6	合計		
7			
8	一人分の参加費		
9			
10		初心者	上級者
11	参加費		
12	リフト代		
13	入場料		
14	合計		
15			

182ページの方法で、A11セルからA14セル、B10セルからC10セルを選択します。

連続しているセルですが、斜めのセルは178ページのドラッグで選択する方法は使えません。1つ1つ Ctrl キーを押しながらセルを左クリックします！

2 文字を太字にします

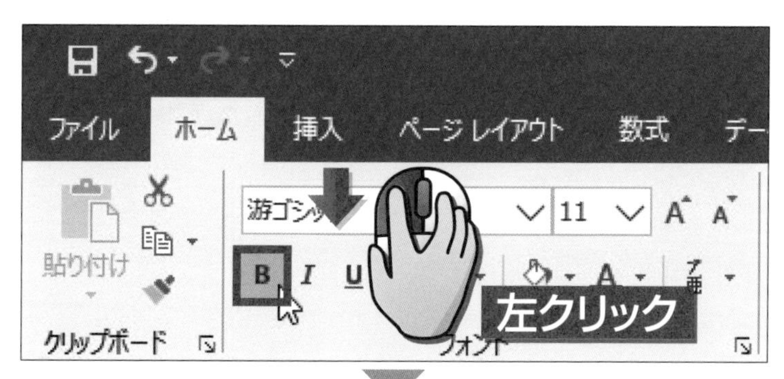

太字

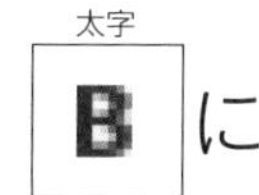
に

カーソル

を移動して、

左クリックします。

8	一人分の参加費		
9			
10		**初心者**	**上級者**
11	**参加費**		
12	**リフト代**		
13	**入場料**		
14	**合計**		
15			

文字が
太字になりました。

コラム 太字を元に戻すには

太字を解除するには、太字を解除したいセルを選択し、

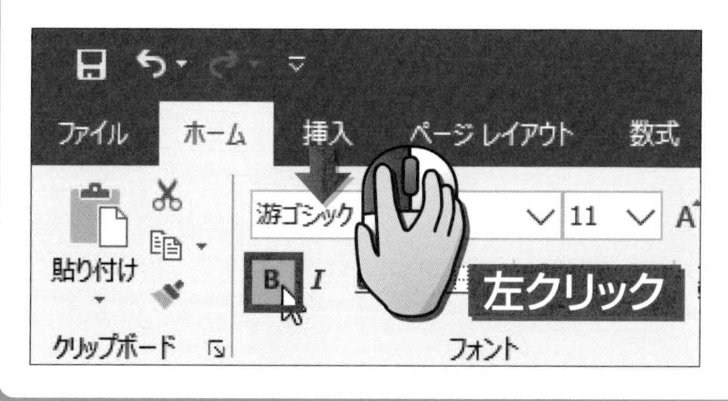

もう一度

太字

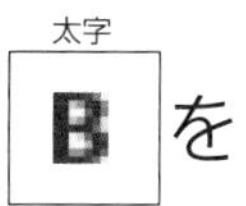
を

左クリックします。

セルに色をつけよう

セルの背景に色をつけましょう。
ここでは、表の項目名に色をつけてわかりやすくします。

1 色をつけるセルを選択します

	A	B	C
5	ガイド	20000	
6	合計		
7			
8	一人分の参加費		
9			
10		初心者	上級者
11	参加費		
12	リフト代		
13	入場料		
14	合計		
15			

182ページの方法で、A10セルからC10セル、A14セルからC14セルを選択します。

2 セルの色を選択します

塗りつぶしの色

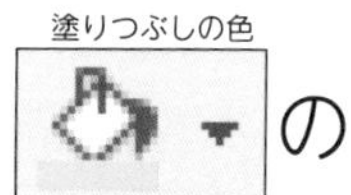

の右側の ▾ を

左クリックします。

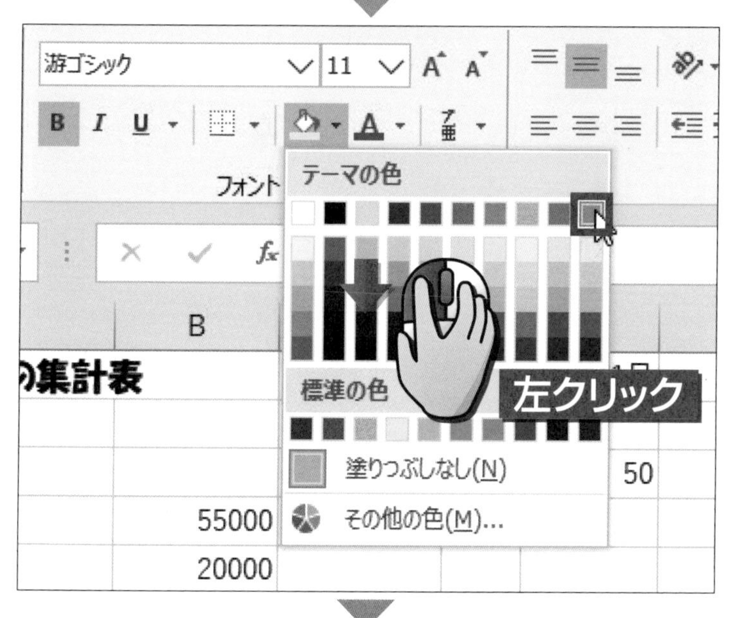

色の一覧が表示されます。

セルにつけたい色を

左クリックします。

ポイント!

ここでは、「緑、アクセント6」を選んでいます。

8	一人分の参加費		
9			
10		初心者	上級者
11	参加費		
12	リフト代		
13	入場料		
14	合計		
15			

選択していたセルに色がつきました。

ポイント!

164ページの方法で上書き保存を行い、エクセルを終了します。

第8章 練習問題

1 表の列幅を変更するときに、ドラッグする場所は次の図の中のどこですか?

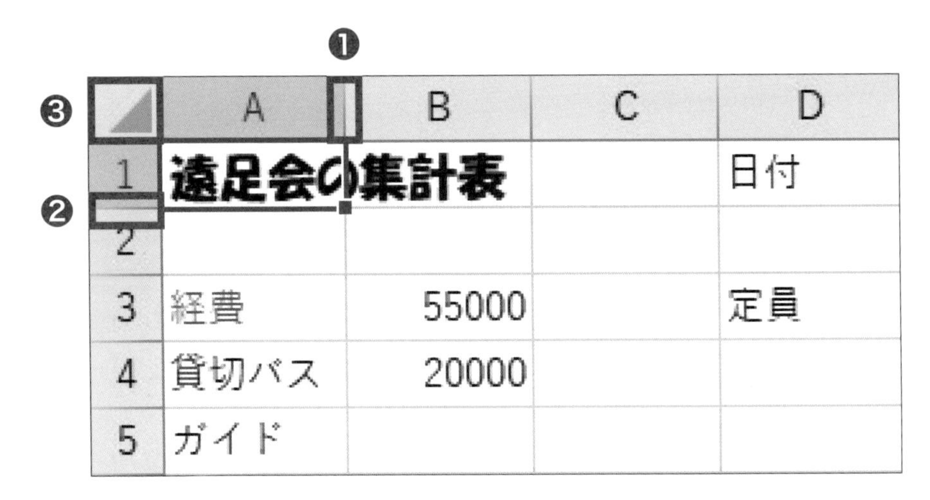

2 離れた場所のセルを選択するときに、2つ目以降のセルをクリックするとき同時に押すキーはどれですか?

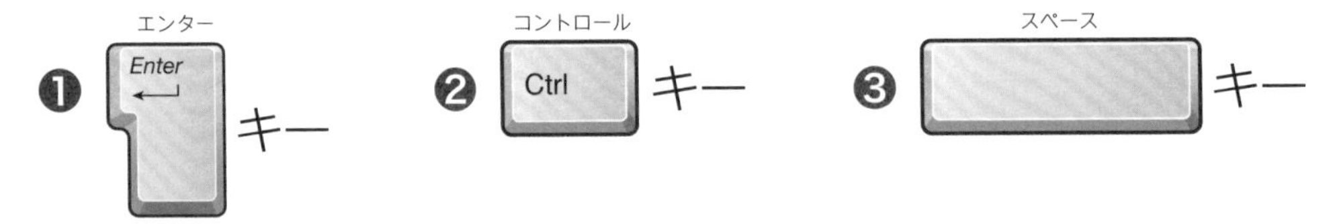

3 セル内の文字を中央に揃えるときに、左クリックするボタンはどれですか?

❶ B　❷ A　❸ ≡

第9章 エクセルで表に罫線を引こう

この章で学ぶこと

- 表に格子状の罫線を引けますか?
- セルの下に二重線を引けますか?
- 罫線を削除できますか?
- 行や列をあとから追加できますか?
- 不要な行や列を削除できますか?

この章でやること

この章では、表に格子状の罫線を引いて、表の見た目を整えます。
また、表に行や列を追加して、新しい項目を追加します。

罫線って何?

ワークシートに表示されている薄いグレーの縦線や横線は、
画面では見えていても、実際には印刷されません。
線を印刷するには、**罫線を引く**必要があります。

● 罫線を引く前

	A	B	C	D	E
1	遠足会の集計表			日付	9月1日
2					
3	経費			定員	50
4	貸切バス	55000			
5	ガイド	20000			
6	合計				
7					
8	一人分の参加費				
9					
10		初心者	上級者		
11	参加費				
12	リフト代				
13	入場料				
14	合計				
15					
16					

● 罫線を引いたあと

	A	B	C	D	E
1	遠足会の集計表			日付	9月1日
2					
3	経費			定員	50
4	貸切バス	55000			
5	ガイド	20000			
6	合計				
7					
8	一人分の参加費				
9					
10		初心者	中級者		
11	参加費				
12	リフト代				
13	ケーブルカー代				
14	合計				
15					
16					

罫線が引かれた

罫線には種類がある

罫線には、**いろいろな種類**があります。
罫線を使い分けて、見やすい表を作りましょう。

	A	B	C	D	E	F	G
1	遠足会の集計表			日付	9月1日		
2							
3	経費			定員	50		
4	貸切バス	55000					
5	ガイド	20000					
6	合計						
7							
8	一人分の参加費						
9							
10		初心者	中級者				
11	参加費						
12	リフト代						
13	ケーブルカー代						
14	合計						
15							

セルの下に二重線を引く

表全体に格子状の線を引く

行や列を追加・削除しよう

表の途中に**行を追加**したり、**列を追加**する方法を知りましょう。
また、不要な**行や列を削除**する方法も紹介します。

9					
10		初心者	上級者		
11	参加費				
12	リフト代				
13					
14	場料				
15	合計				
16					

行を追加する

表に格子の罫線を引こう

表の項目と数値を区切る罫線を引きましょう。
ここでは、選択したセル範囲全体に格子状の罫線を引きます。

1 セルを選択します

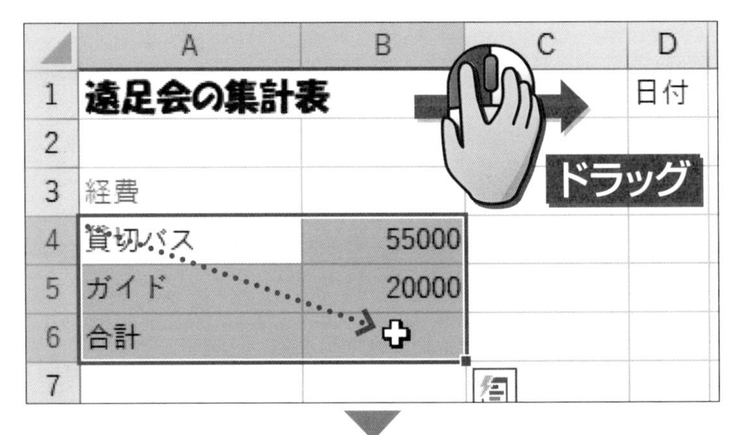

142ページの方法で、「遠足会の集計表」を開きます。

A4セルからB6セルまで  ドラッグします。

ホーム を 左クリックします。

2 格子の罫線を引きます

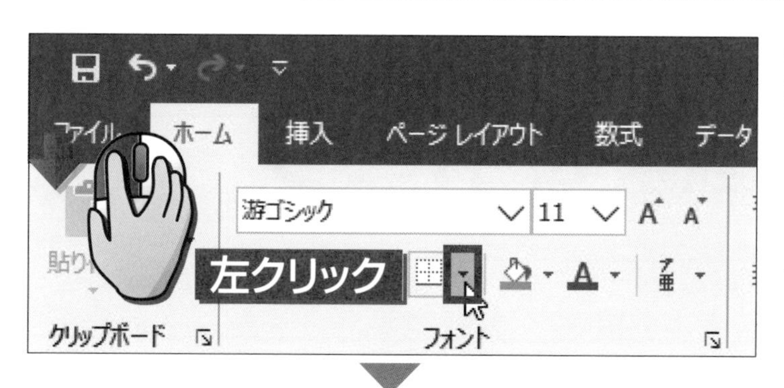

罫線

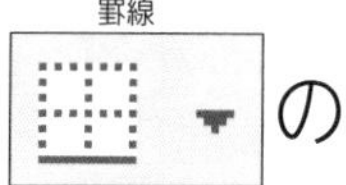

の

右側の ▼ を

左クリックします。

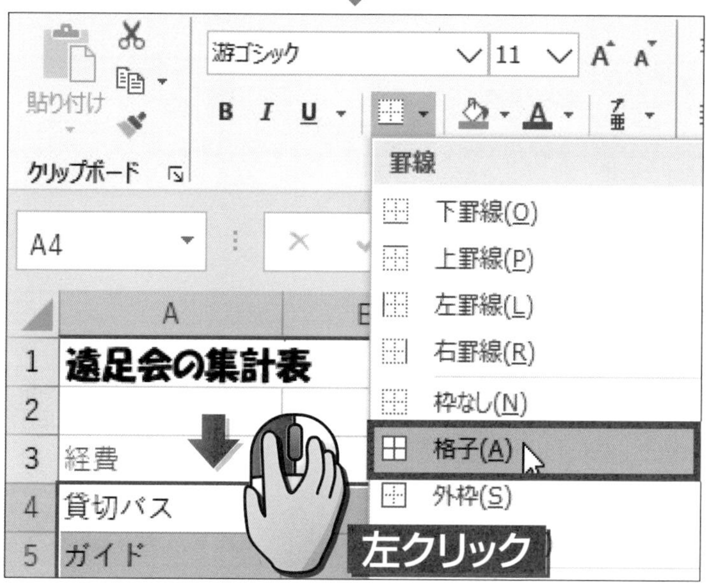

罫線の種類の一覧が表示されます。

に

カーソル

を移動して、

左クリックします。

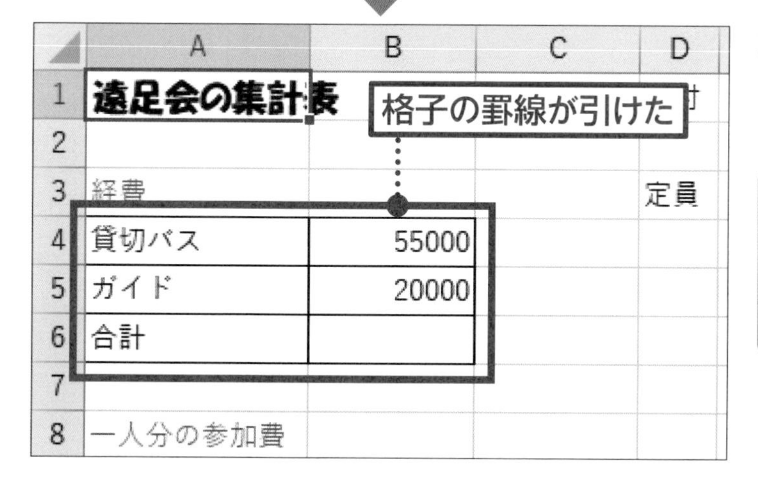

格子の罫線が引けました。

ポイント!

同様の方法で、A10セルからC14セルに格子状の罫線を引きます。

セルの下に二重線を引こう

セルの下に二重線を引きます。
ここでは、参加費を入力したセルを選択して操作します。

操作 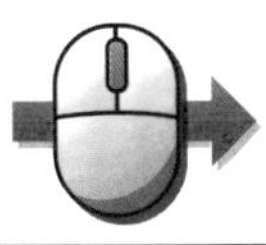 移動 ▶P.014  左クリック ▶P.015 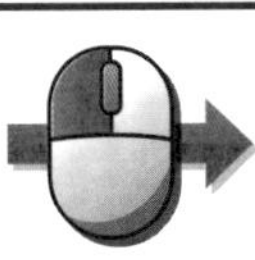 ドラッグ ▶P.017

1 セルを選択します

	A	B	C	D
1	**遠足会の集計表**			日付
2				
3	経費			定員
4	貸切バス	55000		
5	ガイド	20000		
6	合計			
7				
8	一人分の参加費			
9				
10		**初心者**	**上級者**	
11	**参加費**			
12	**リフト代**			
13	**入場料**			

ドラッグ

A8セルからB8セルまで

ドラッグして、選択します。

罫線を引くときは、先に引きたいセルを選択するんだよ！

2 セルの下に二重線を引きます

罫線
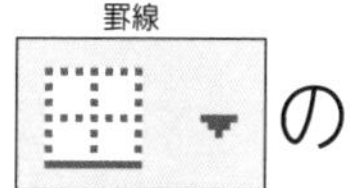
の

右側の ▼ を

左クリックします。

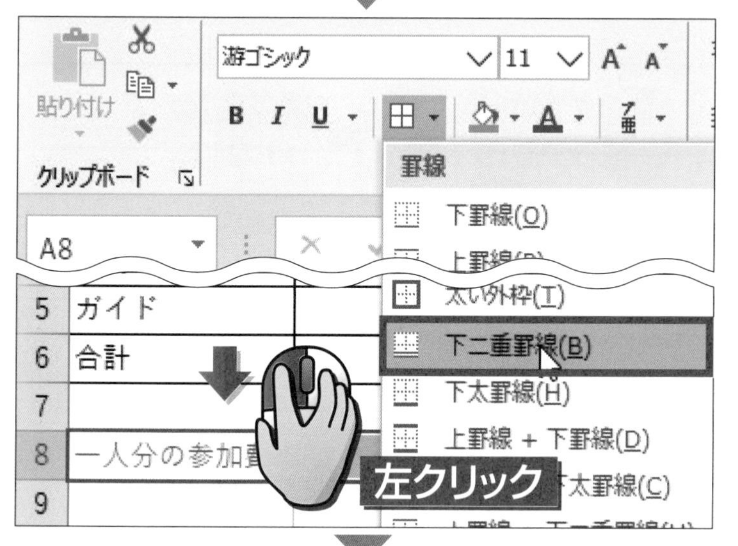

罫線の種類の一覧が表示されます。

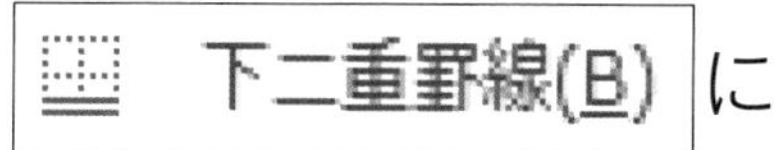
に

カーソル
を移動して、

左クリックします。

	A	B	C	D
1	**遠足会の集計表**			日付
2				
3	経費			定員
4	貸切バス	55000		
5	ガイド	20000		
6	合計			
7				
8	一人分の参加費			
9				

項目名の下に二重線が引けました。

ポイント!

同様の方法で、D3セルからE3セルの下に二重線を引きます。

罫線を消そう

セルに引いた罫線を消す方法を知っておきましょう。
ここでは、複数の線をまとめて消去します。

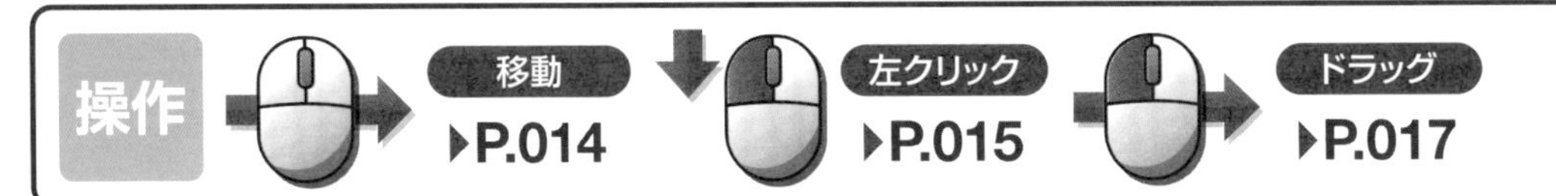

1 セルを選択します

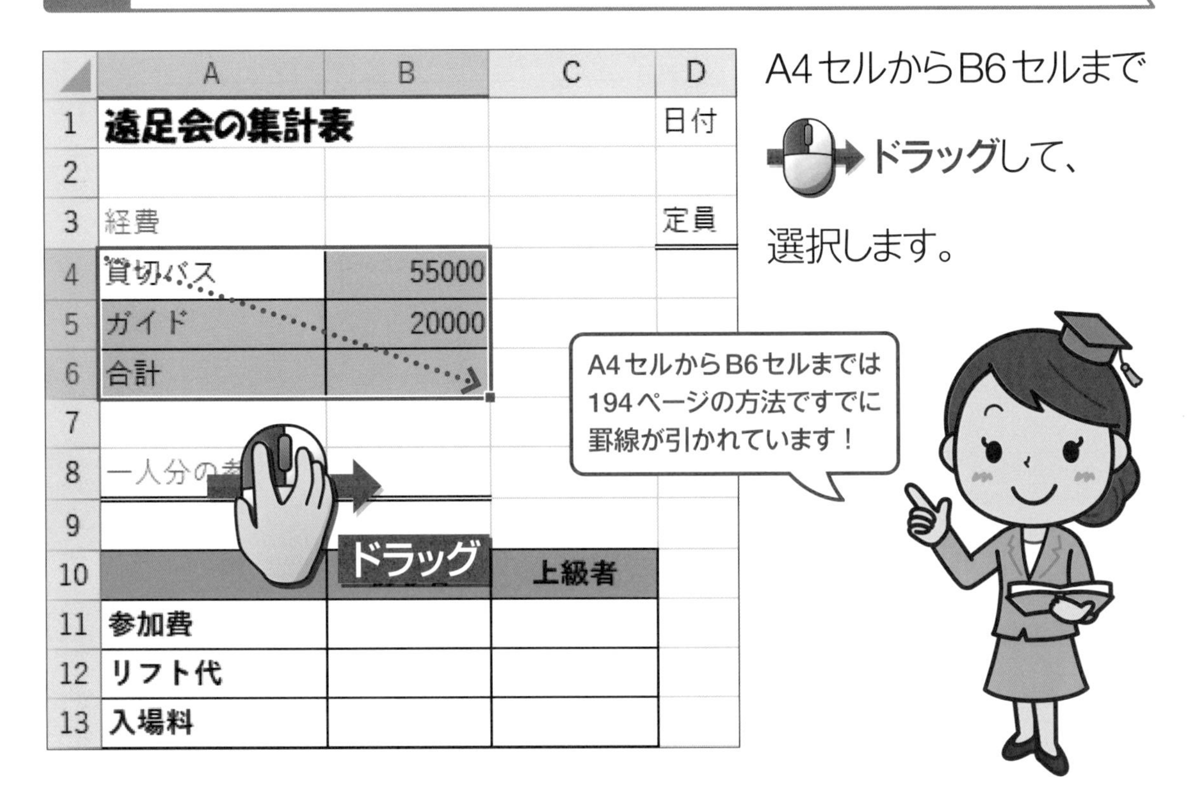

A4セルからB6セルまで ドラッグして、選択します。

2 罫線を消します

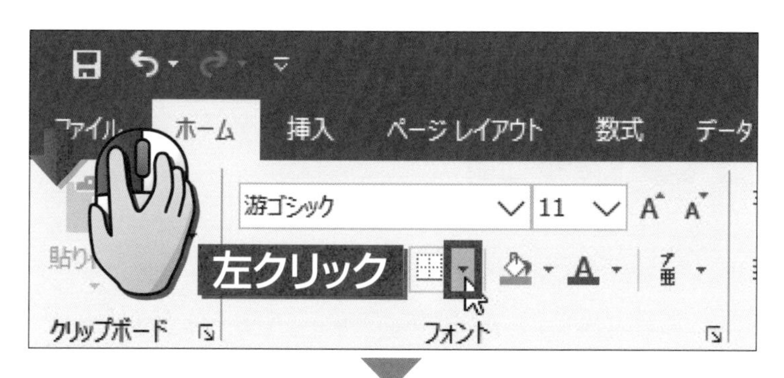

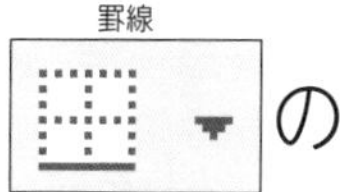

の

右側の ▼ を

左クリックします。

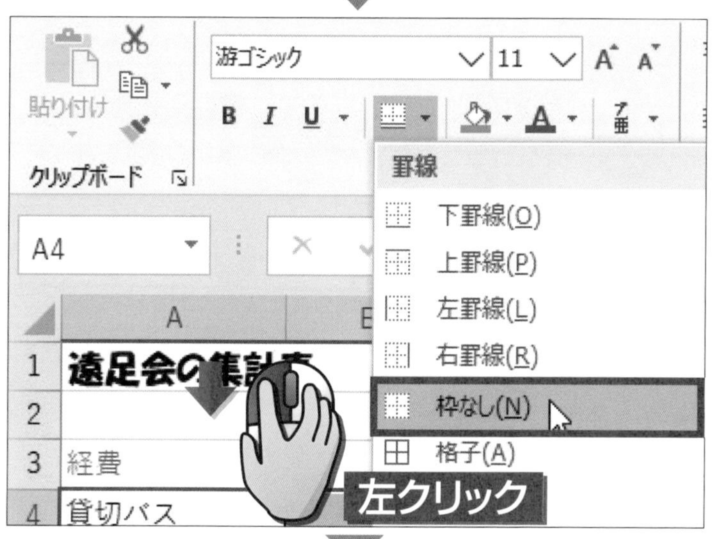

罫線の種類の一覧が表示されます。

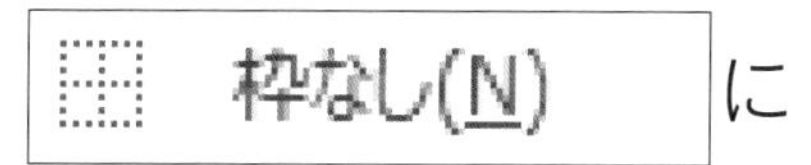

に

を移動して、

左クリックします。

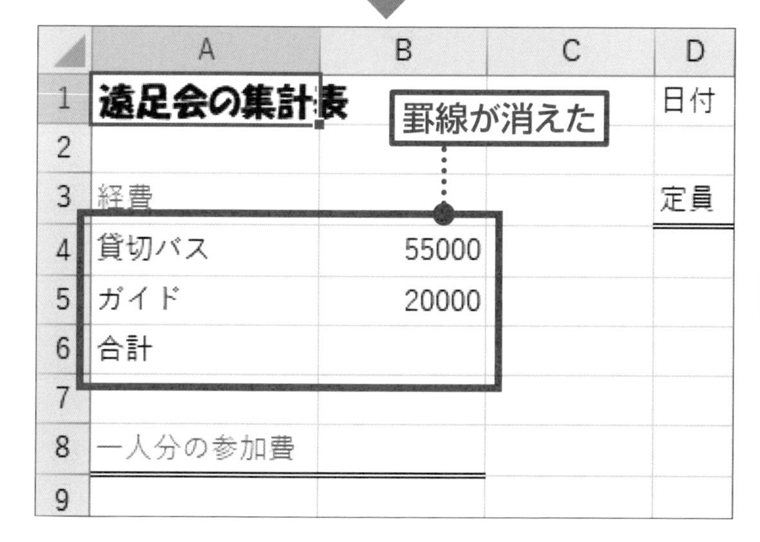

選択していたセルの罫線が消えました。

ポイント！

別のセルを左クリックして、選択を解除します。

行をあとから追加しよう

表にデータを追加したいときは、行を追加します。
ここでは、13行目に行を追加して表の明細行を増やします。

1 追加する場所を選択します

8	一人分の参加費		
9			
10		初心者	上級者
11	参加費		
12	リフト代		
13	入場料		
14	合計		
15			
16			

左クリック

追加したい行の番号（ここでは 13 ）に カーソル を移動します。カーソル が ➡ に変わったら、左クリックします。

11	参加費		
12	リフト代		
13	入場料		
14	合計		

行全体が選択されます。

2 行を追加します

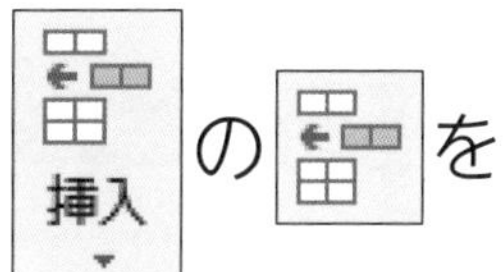の左クリックします。

一人分の参加費
初心者
上級者
参加費
リフト代
場料
合計
行が挿入された

新しい行が
追加されました。

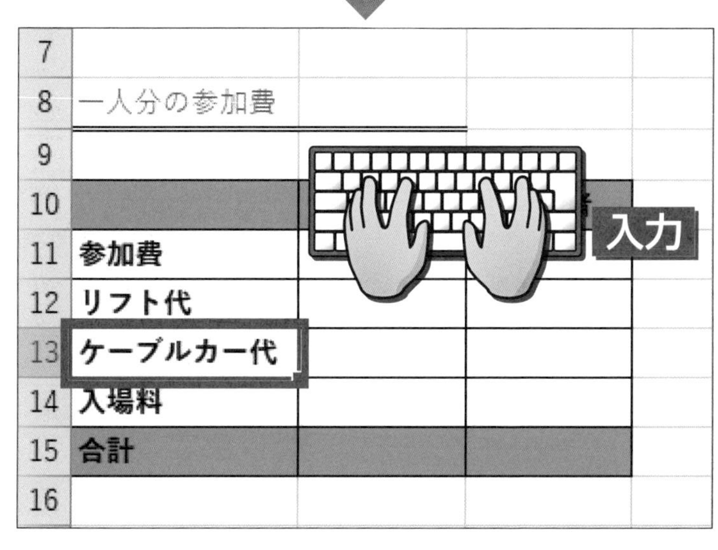

追加した行のA13セルに文字（ここでは「ケーブルカー代」）を入力します。

行を削除しよう

不要になった行は、あとから削除できます。
ここでは、入場料の行を削除してみましょう。

1 削除する行を選択します

8	一人分の参加費			
9				
10		初心者	上級者	
11	参加費			
12	リフト代			
13	ケーブルカー代			
14	入場料			
15	合計			
16				

左クリック

削除したい行の番号（ここでは 14 ）に カーソル を移動します。

カーソル が ➡ に変わったら、

左クリックします。

12	リフト代			
13	ケーブルカー代			
14	入場料			
15	合計			

行全体が
選択されます。

2 行を削除します

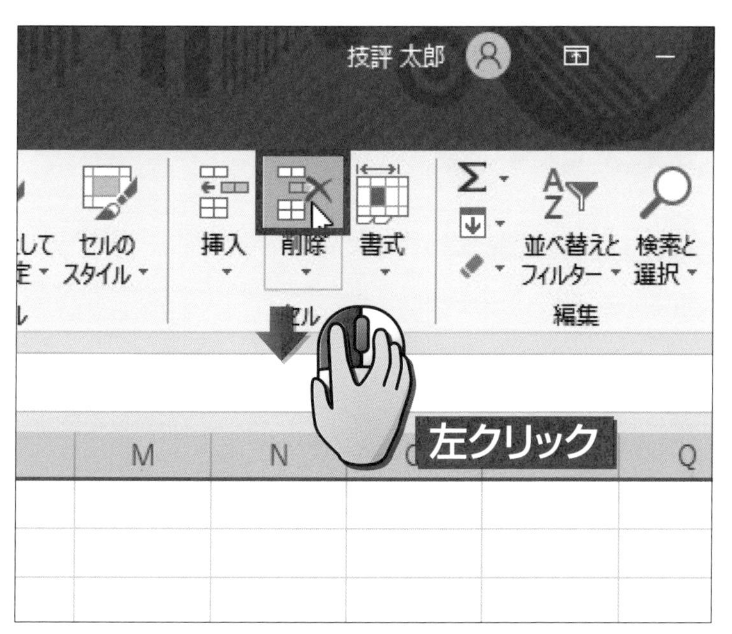

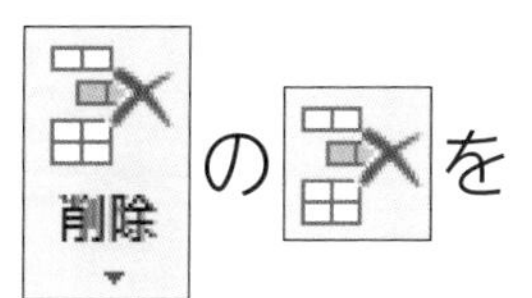

3 行が削除されました

5	ガイド	20000		
6	合計			
7				
8	一人分の参加費			
9				
10		**初心者**	**上級者**	
11	**参加費**			
12	**リフト代**			
13	**ケーブルカー代**			
14	**合計**			
15				
16				

選択していた行が
削除されました。

列をあとから追加しよう

表に新しい列を追加してみましょう。
選択した列の左側に列が追加されます。

1 追加する場所を選択します

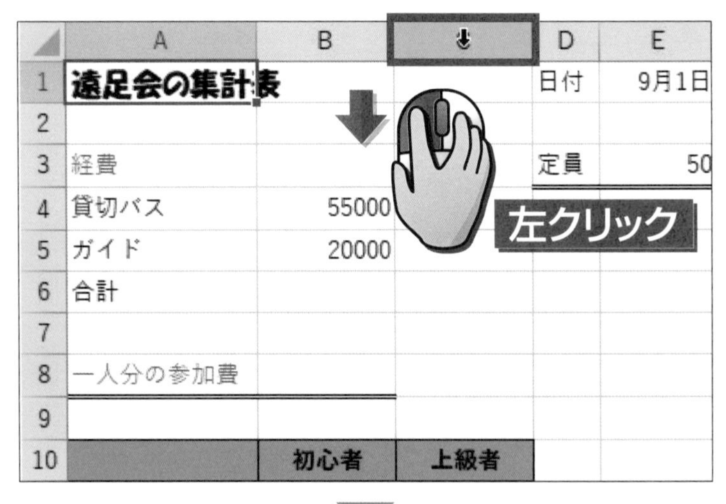

追加したい列の番号（ここでは C ）にカーソルを移動します。カーソルが⬇に変わったら、左クリックします。

	A	B	C	D	E
1	遠足会の集計表			日付	9月1日
2					
3	経費			定員	50

列全体が選択されます。

2 列を追加します

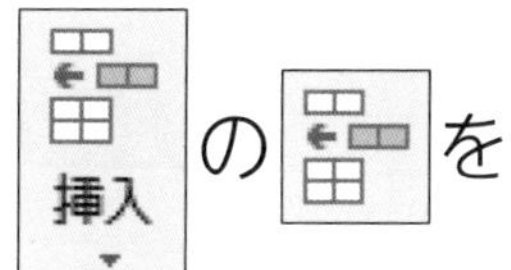のを左クリックします。

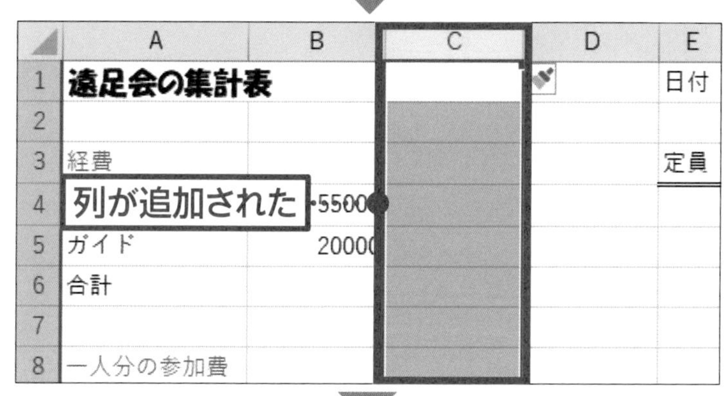

新しい列が追加されました。

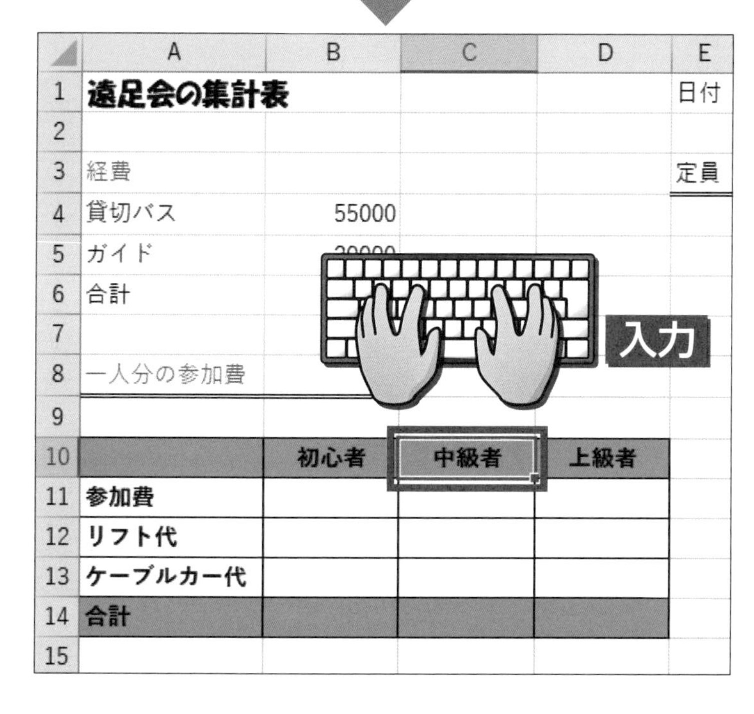

遠足会の集計表
日付
経費
定員
貸切バス
55000
ガイド
合計
一人分の参加費
入力
初心者
中級者
上級者
参加費
リフト代
ケーブルカー代
合計

追加した列のC10セルに、文字(ここでは「中級者」)を入力します。

列を削除しよう

不要になった列はあとから削除できます。
ここでは、D列を削除します。

1 削除する列を選択します

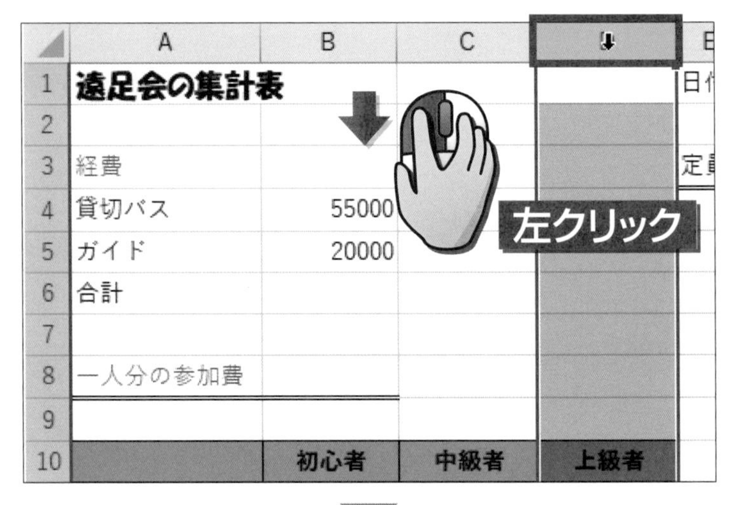

A
B
C
E
1 遠足会の集計表
2
3 経費
4 貸切バス 55000
5 ガイド 20000
6 合計
7
8 一人分の参加費
9
10 初心者 中級者 上級者
左クリック

削除したい列の番号（ここでは D ）に

カーソル ✚ を移動します。

カーソル ✚ が ⬇ に変わったら、

左クリックします。

	A	B	C	D	E
1	遠足会の集計表				日付
2					
3	経費				定員

列全体が
選択されます。

2 列を削除します

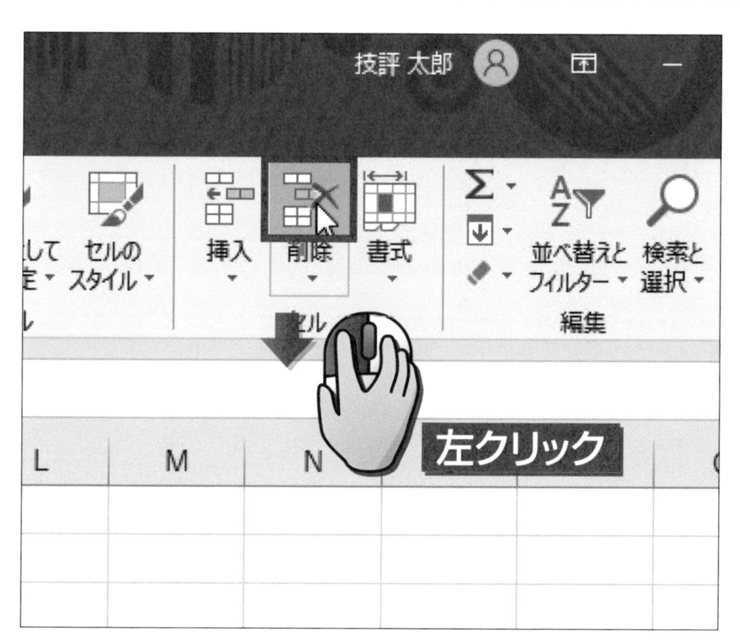

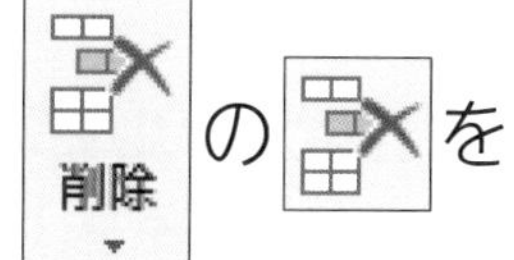のを左クリックします。

3 列が削除されました

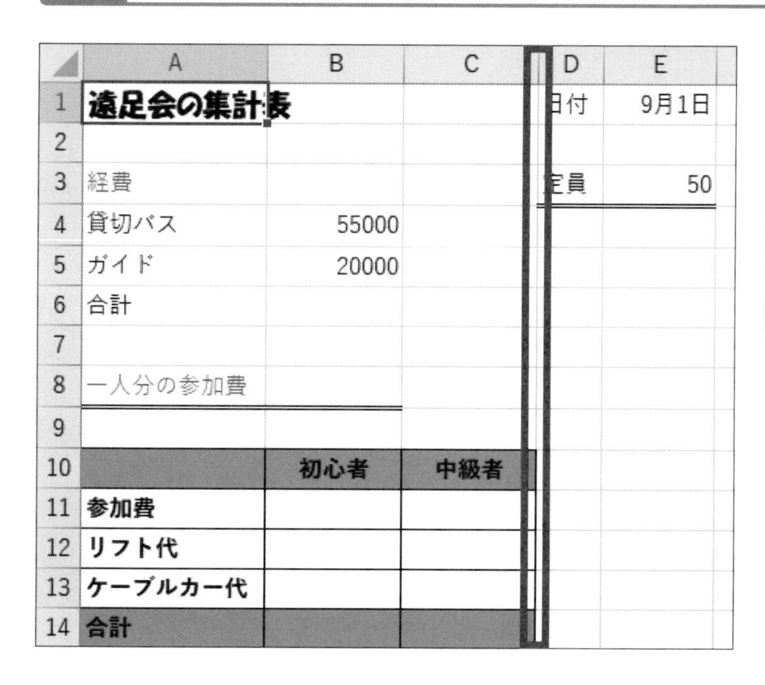

選択していた列が削除されました。

ポイント!

164ページの方法で上書き保存を行い、エクセルを終了します。

第9章 練習問題

1

選択したセル範囲の下に二重線を引くときに、
左クリックする項目はどれですか?

❶ 枠なし(N)

❷ 格子(A)

❸ 下二重罫線(B)

2

5行目全体を選択するときに、
左クリックするところは次のどこですか?

❶ (全セル選択ボタン)

	A	B	C	D
1	遠足会の集計表			日付
2				
3	経費			定員
4	貸切バス	55000		
5 ❷	ガイド	20000 ❸		
6	合計			

3

列をあとから追加するときに、最初にすることは何ですか?

❶ 列を削除する
❷ 行を選択する
❸ 列を選択する

第10章

エクセルで計算式を入力しよう

この章で学ぶこと

- エクセルで足し算や割り算ができますか?
- 合計を求める計算式を作成できますか?
- 計算式をコピーできますか?
- 金額に「¥」や桁区切りのカンマを表示できますか?
- 作成した表を印刷できますか?

この章でやること

この章では、表に入力した金額をもとに計算を行います。
計算式の入力方法を覚えましょう。

計算式って何?

エクセルでは、表に入力したデータを使って**計算**ができます。
算数で計算式を作るのと同じように、
エクセルでもセルに**計算式を入力**します。

● 算数の計算式

5＋8＝

● エクセルの計算式

＝5＋8　＝A1＋A2

算数と異なり、
＝が計算式の先頭につく

セルに入力されている
データを使って計算できる

計算式を入力する

計算式を入力するときは、まず、**先頭に=**を入力します。
「=」に続いて計算式を入力すると、セルに計算結果が表示されます。
数値の代わりに、セルを指定して計算することもできます。

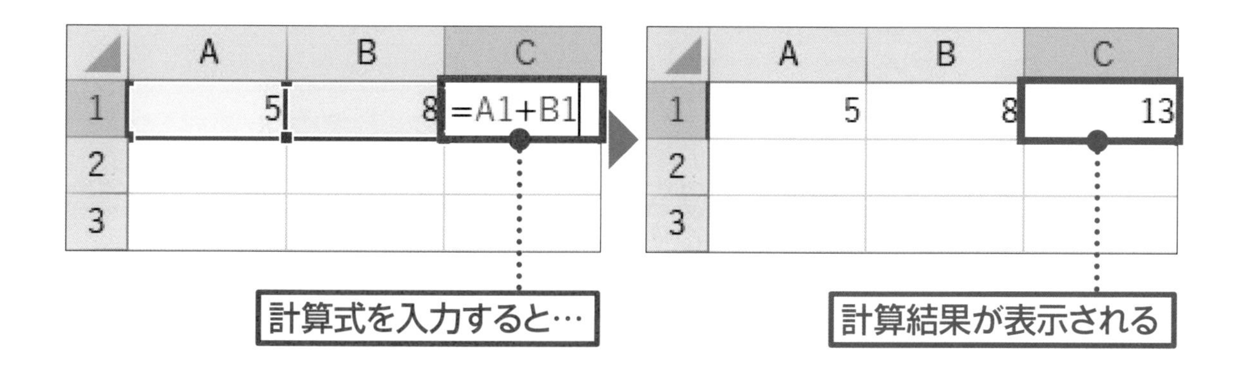

セルの数値を書き換える

計算式に使ったセルの数値を**書き換える**と、
計算結果が自動的に変わります。

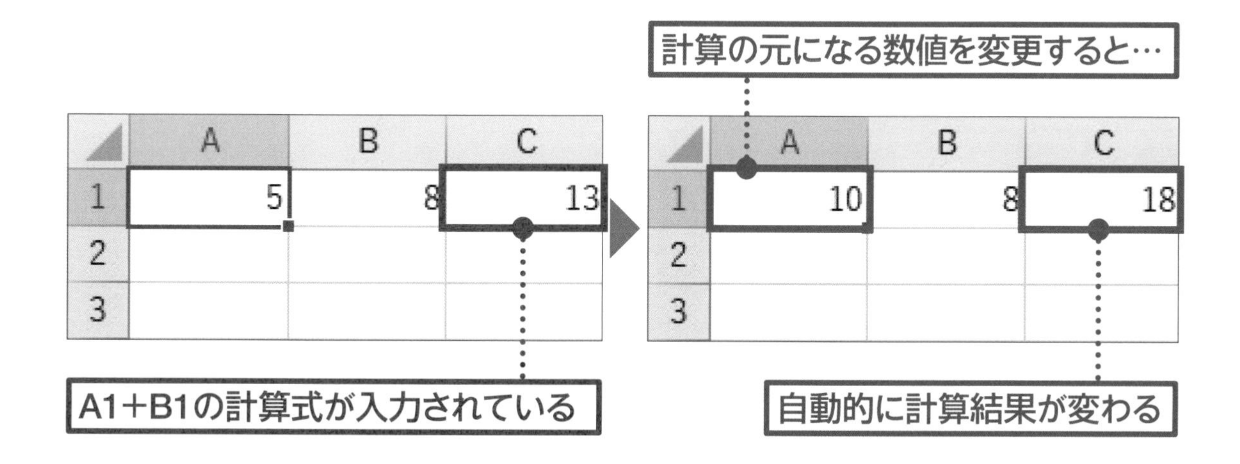

足し算しよう

「遠足会の集計表」を使って、遠足会の経費の合計を計算しましょう。
ここでは、貸切バス代とガイド代の金額を足し算する計算式を作ります。

1 セルを選択します

142ページの方法で、「遠足会の集計表」を開きます。

	A	B	C
1	遠足会の集計表		
2			
3	経費		
4	貸切バス	55000	
5	ガイド	20000	
6	合計		
7			
8	一人分の		
9			

左クリック

B6セルに

カーソルを移動して、

左クリックします。

ポイント!

入力モードアイコンが あ になっている場合は、40ページの方法で A に切り替えます。

2 計算式を入力する準備をします

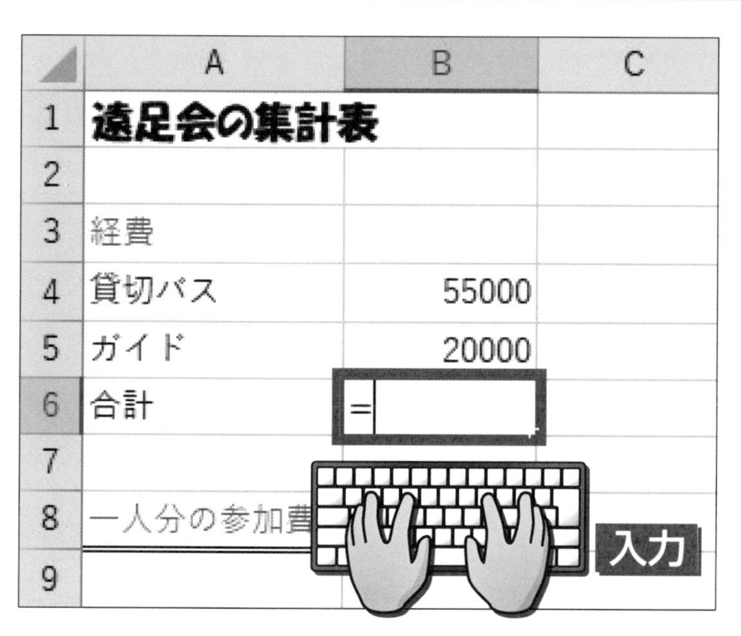

「=」を

ポイント！

「=」は、Shift キーを押しながら（ほ）のキーを押して入力します。

3 計算式を入力します　その1

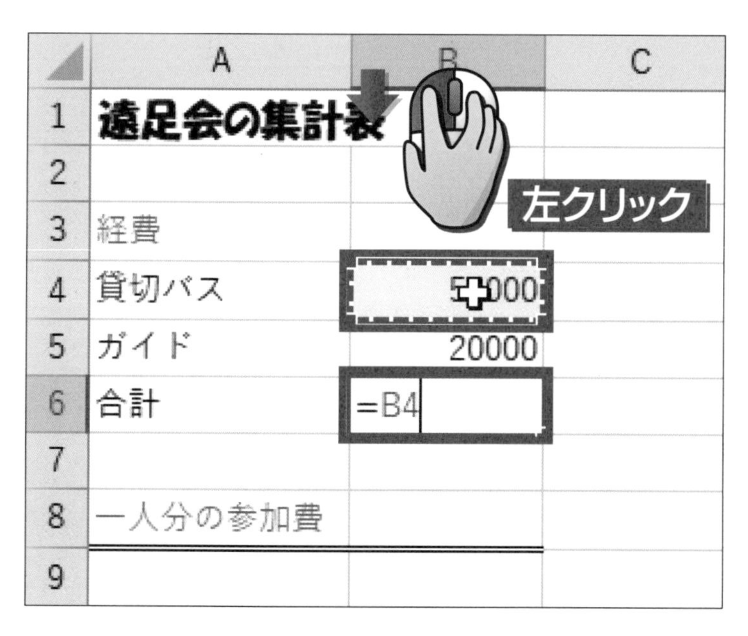

A
B
C
1
遠足会の集計表
2
3
経費
4
貸切バス
5
ガイド
20000
6
合計
=B4
7
8
一人分の参加費
9
左クリック

貸切バス代を入力したB4セルを

「=」のあとに「B4」と表示されます。

4 計算式を入力します　その2

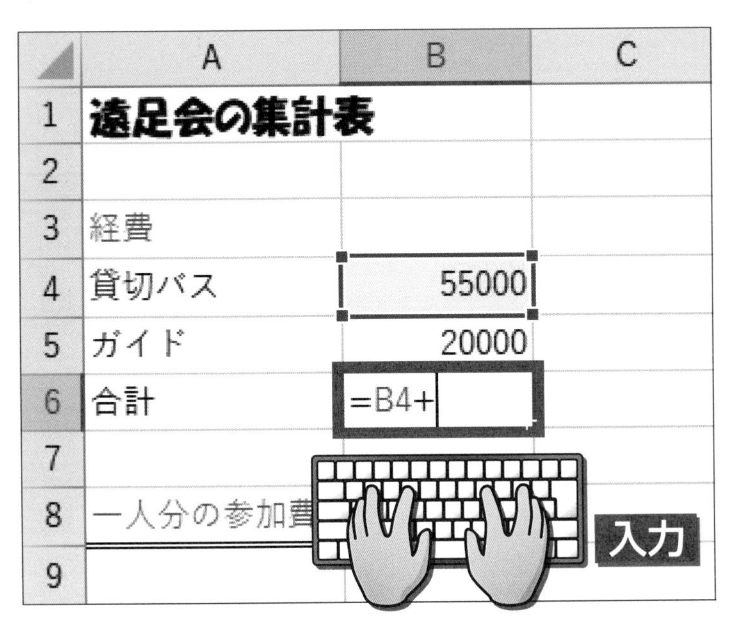

足し算をするため、
「+」を

入力します。

「=B4+」と
表示されました。

ポイント!

「+」は、Shift キーを押しながら（れ）のキーを押して入力します。

5 計算式を入力します　その3

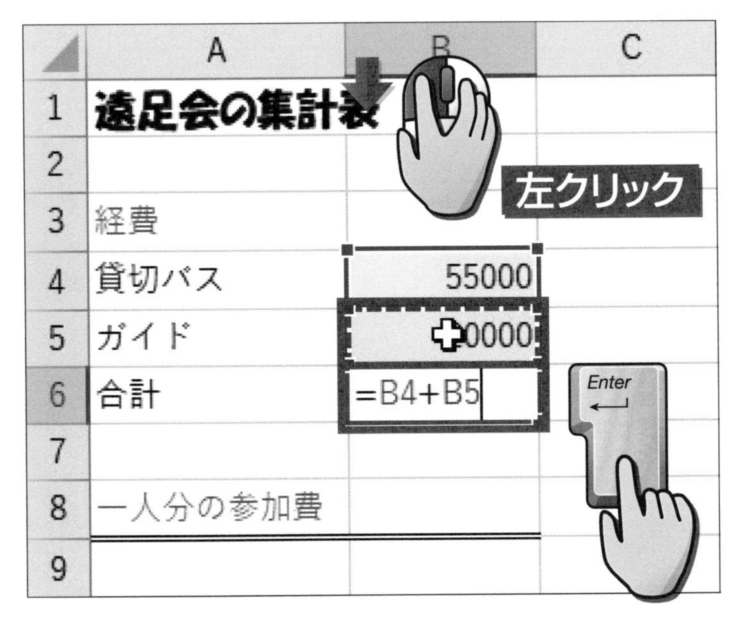

B5セルを

左クリックします。

「=B4+B5」と
表示され、
計算式が完成しました。

エンター

キーを押します。

6 計算結果が表示されました

	A	B	C
1	**遠足会の集計表**		
2			
3	経費		
4	貸切バス	55000	
5	ガイド	20000	
6	合計	75000	
7			
8	一人分の参加費		
9			

計算結果が表示される

B6セルに、
B4セルの値と
B5セルの値の合計が
表示されました。

ポイント!

計算式を作成するときは、足し算は「+(プラス)」、引き算は「−(マイナス)」、掛け算は「*(アスタリスク)」、割り算は「/(スラッシュ)」の記号を使います。

コラム 計算式の内容を理解しよう

遠足会の経費の「合計」は、
「貸切バス代」と「ガイド代」を足した値です。
「貸切バス代」は**B4**セル、「ガイド代」は**B5**セルに入力されているため、ここでは「**=B4+B5**」という計算式を入力しています。

3	経費			定員
4	貸切バス	55000	貸切バス「B4」	
5	ガイド	20000	ガイド「B5」	
6	合計	75000	合計「=B4+B5」	

割り算しよう

「遠足会の集計表」で、1人分の参加費を計算しましょう。
遠足会の経費の合計を定員で割り算する計算式を作ります。

操作

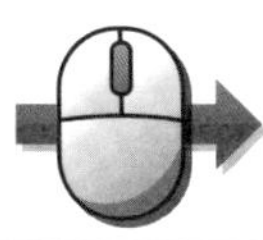

移動 ▸P.014

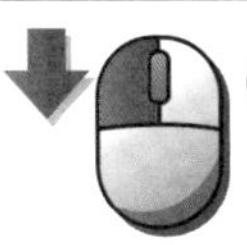

左クリック ▸P.015

入力 ▸P.018

1 セルを選択します

	A	B	C
1	**遠足会の集計表**		
2			
3	経費		
4	貸切バス	55000	
5	ガイド	20000	
6	合計	75000	
7			
8	一人分の参加費	✚	
9			
10			中級者
11	参加費		

左クリック

B8セルに

カーソル ✚を移動して、

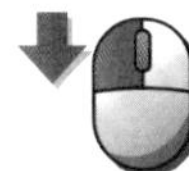

左クリックします。

ポイント!

入力モードアイコンが あ になっている場合は、40ページの方法で A に切り替えます。

2 計算式を入力する準備をします

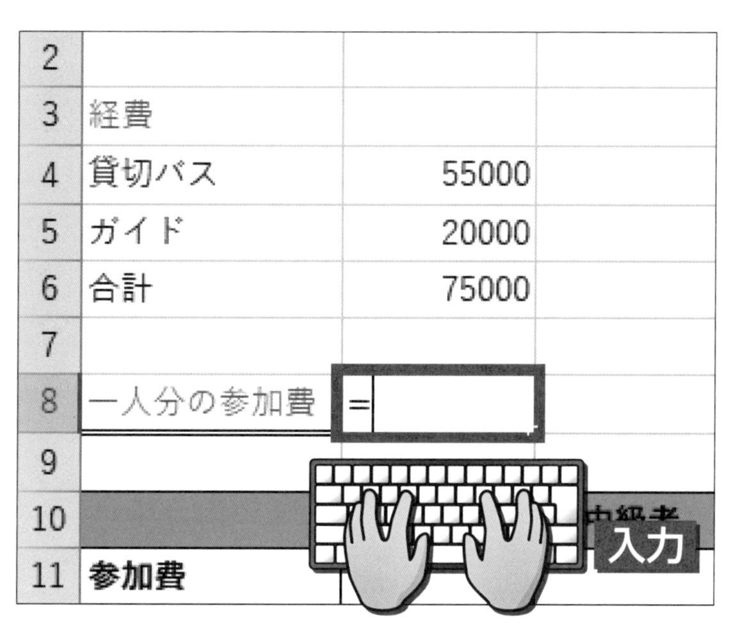

「=」を

ポイント!

「=」は、Shift キーを押しながら ほ（ほ）のキーを押して入力します。

3 計算式を入力します その1

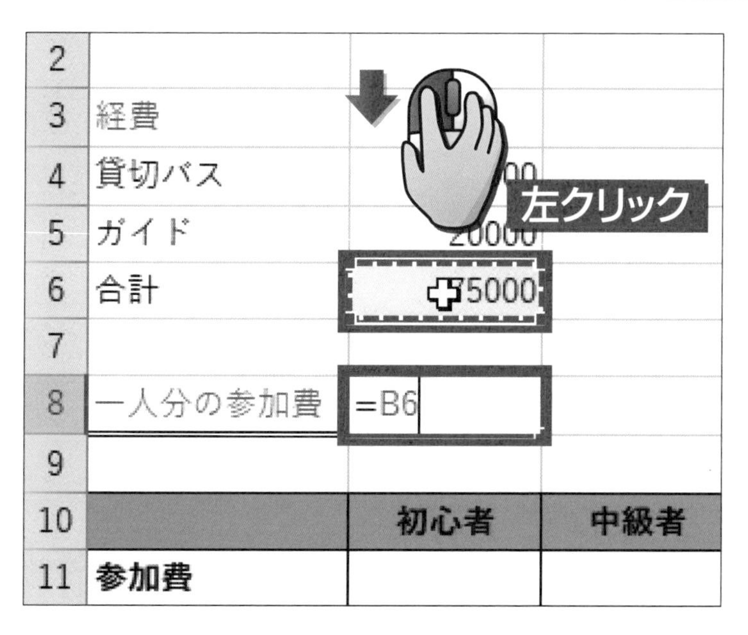

経費の合計が
表示されている
B6セルを

「=」のあとに「B6」と
表示されます。

4 計算式を入力します　その2

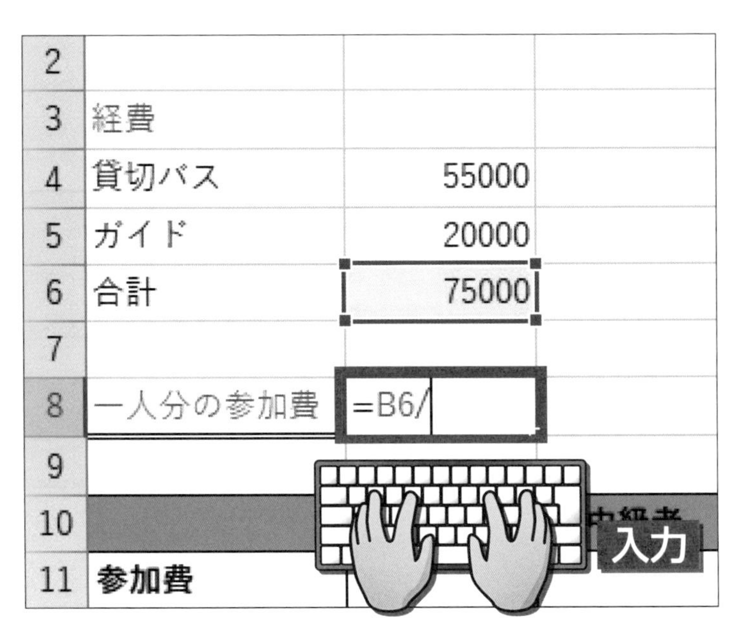

割り算をするため、
「/」を

「=B6/」と
表示されました。

ポイント!

「/」は?/め(め)のキーを押して入力します。

5 計算式を入力します　その3

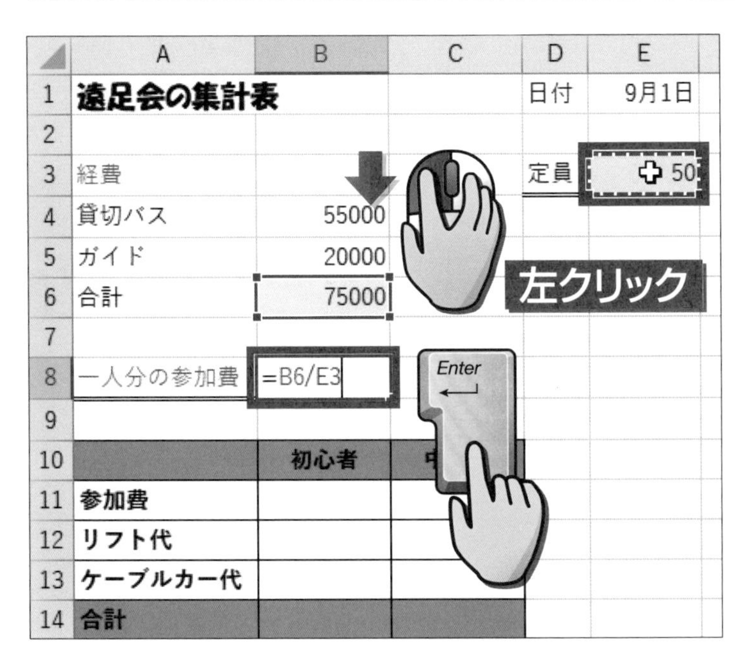

定員を入力した
E3セルを

「=B6/E3」と
表示され、
計算式が完成しました。

キーを押します。

6 計算結果が表示されました

	A	B	C	D	E
1	**遠足会の集計表**			日付	9月1日
2					
3	経費			定員	50
4	貸切バス	55000			
5	ガイド	20000			
6	合計	75000			
7					
8	一人分の参加費	1500			
9					
10		初心者	中級者		

計算結果が表示される

B8セルに、
B6セルの値を
E3セルの値で割った
結果が表示されました。

コラム 計算式の内容を理解しよう

「1人分の参加費」は、
遠足会の経費の「合計」を「定員」で**割り算**して求めます。
遠足会の経費の「合計」は**B6**セル、
「定員」は**E3**セルに入力されているため、
ここでは「**＝B6/E3**」という計算式を入力しています。

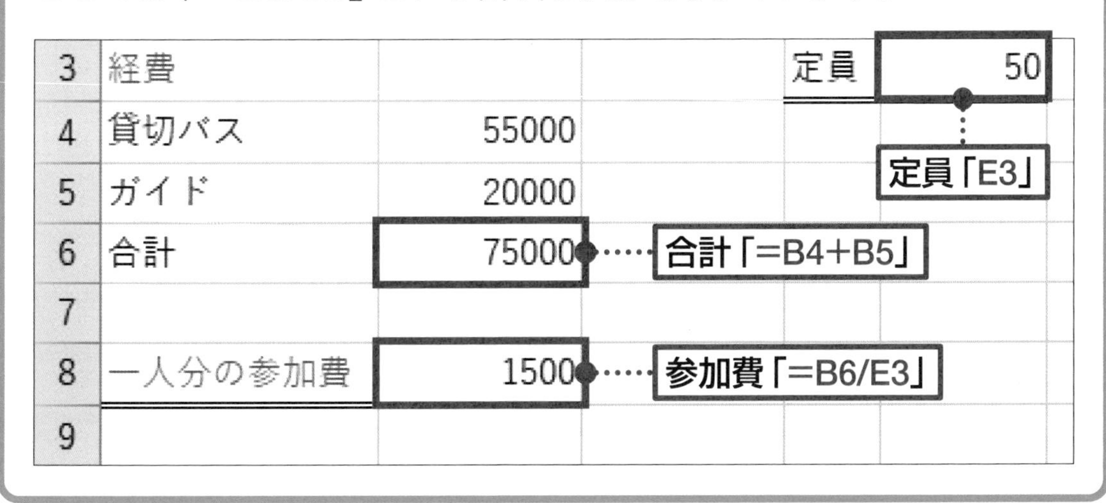

3	経費			定員	50
4	貸切バス	55000			
5	ガイド	20000			
6	合計	75000			
7					
8	一人分の参加費	1500			
9					

合計を求めよう

複数のセルの値を合計する計算式を入力しましょう。
ここでは、計算式を自動的に入力する機能を使います。

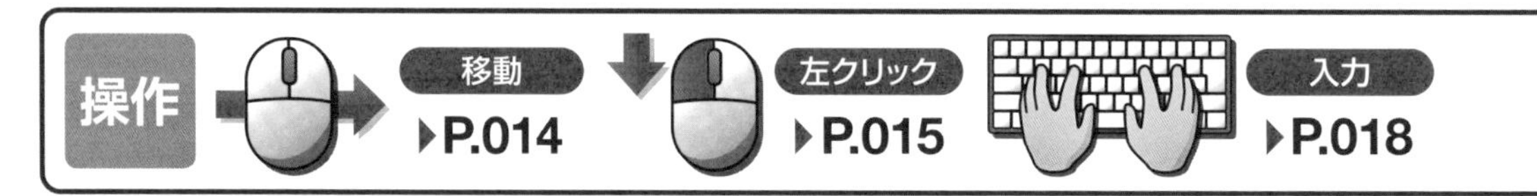

▶P.014 ▶P.015 ▶P.018

1 計算の元の数値を入力します

	A	B	C
5	ガイド	20000	
6	合計	75000	
7			
8	一人分の参加費	1500	
9			
10		初心者	中級者
11	**参加費**	1500	1500
12	**リフト代**	500	500
13	**ケーブルカー代**	400	
14	**合計**		
15			
16			
17			

入力

左のように、「参加費」「リフト代」「ケーブルカー代」の金額を入力します。

入力モードアイコンが あ になっている場合は、40ページの方法で A に切り替えます。

2 セルを選択します

8	一人分の参加費	1500	
9			
10		初心者	中級者
11	参加費	1500	1500
12	リフト代	500	500
13	ケーブルカー代	400	
14	合計		
15			
16			
17			

左クリック

B14セルに

カーソル を移動して、

3 合計を求める計算式を入力します

を

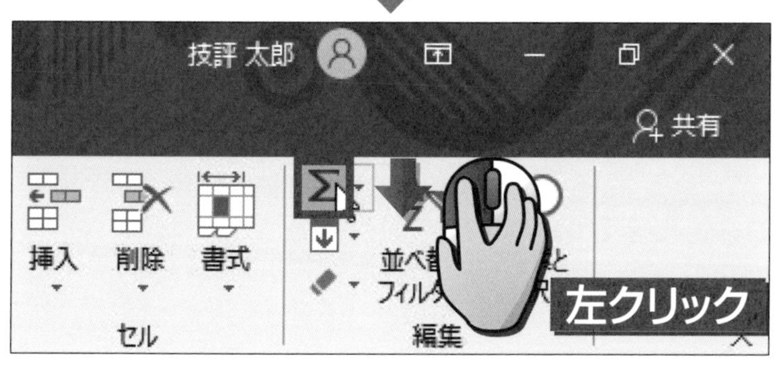

合計

を

4 計算式が入力されます

8	一人分の参加費	1500	
9			
10		初心者	中級者
11	参加費	1500	1500
12	リフト代	500	500
13	ケーブルカー代	400	
14	合計	=SUM(B11:B13	
15		SUM(数値1, [数値	
16			
17			

計算式が
入力されました。

キーを押します。

ポイント!

合計を求めるセル範囲は、エクセルが自動的に認識してくれます。

5 計算結果が表示されました

8	一人分の参加費	1500	
9			
10		初心者	中級者
11	参加費	1500	1500
12	リフト代	500	500
13	ケーブルカー代	400	
14	合計	2400	
15			
16			
17			

B11セルからB13セルまでの
合計が計算された

B14セルに、
B11セルから
B13セルまでの値の
合計が表示されました。

コラム 計算式の内容を理解しよう

計算式が入力されているセルを左クリックすると、
数式バーに計算式の内容が表示されます。

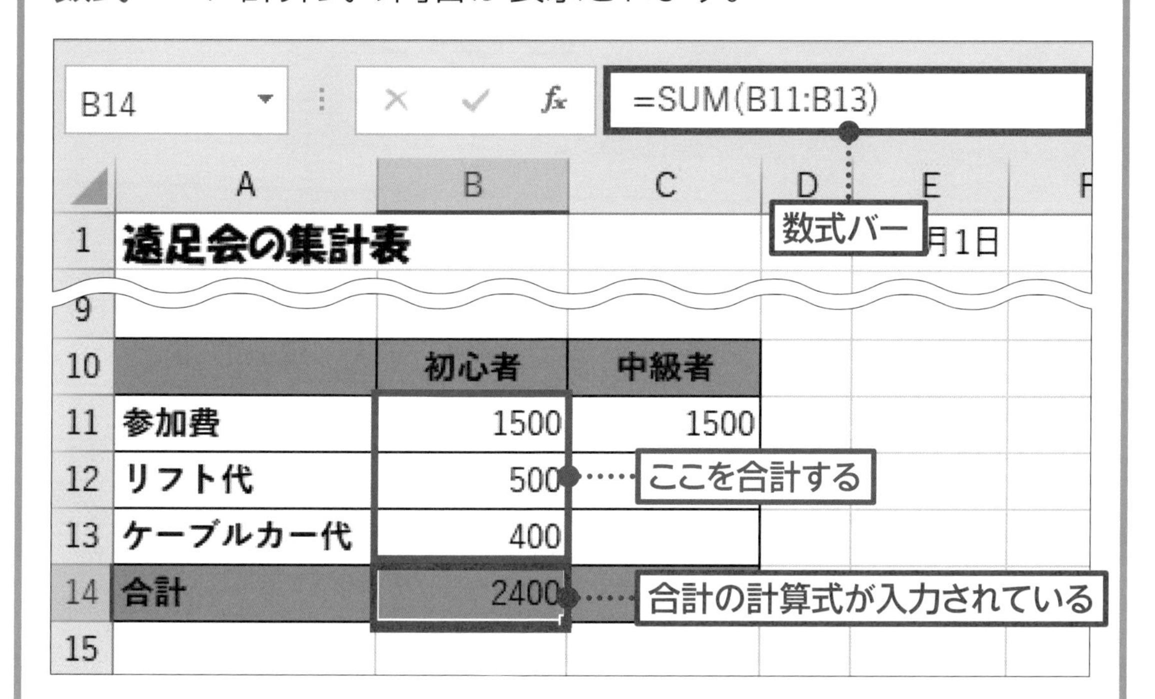

● 計算式の内容

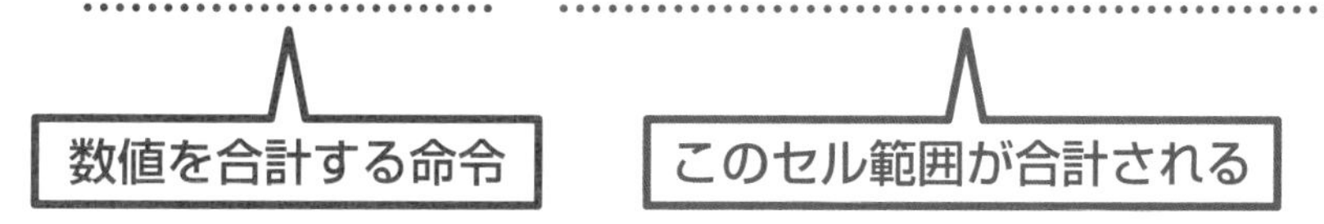

この計算式の意味は、
B11セルからB13セルまでの**合計**を求めるというものです。
計算式の中で、**合計を求めるセル範囲**が指定されています。

計算式をコピーしよう

似たような計算式を作成するときは、計算式をコピーして利用できます。
前のページで作成した計算式をコピーして、「中級者」の料金を求めましょう。

移動 ▶P.014

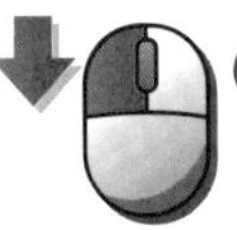
左クリック ▶P.015

ドラッグ ▶P.017

1 セルを選択します

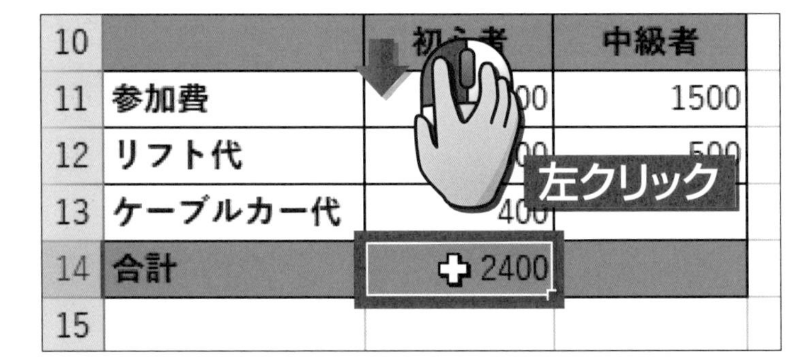

B14セルを

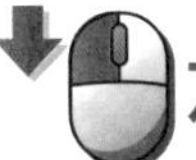左クリックします。

10		初心者	中級者
11	参加費	1500	1500
12	リフト代	500	500
13	ケーブルカー代	400	
14	合計	2400	
15			

B14セルの右下に

✚(カーソル)を移動します。

ポイント!

ここでは、B14セルに入力されている計算式をコピーします。

2 計算式をコピーします

	A	B	C
7			
8	一人分の参加費	1500	
9			
10		初心者	中級者
11	参加費	1500	1500
12	リフト代	500	500
13	ケーブルカー代	400	
14	合計	2400	
15			
16			
17			

ドラッグ

（カーソル）が＋になったら、C14セルの右下まで右方向にドラッグします。

3 計算式がコピーされました

	A	B	C
7			
8	一人分の参加費	1500	
9			
10		初心者	中級者
11	参加費	1500	1500
12	リフト代	500	500
13	ケーブルカー代	400	
14	合計	2400	2000
15			
16			
17			

B14セルの計算式がコピーされ、「中級者」の合計が表示されました。

ポイント！

ここでは、B14セルの計算式をC14セルにコピーしました。C14セルには、C11セルからC13セルの合計が表示されます。

金額に¥マークをつけよう

金額を見やすく表示しましょう。
¥マークと、3桁ごとの区切りの，(カンマ)を表示します。

操作   移動 ▶P.014 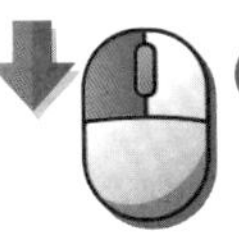 左クリック ▶P.015  ドラッグ ▶P.017

1 セルを選択します

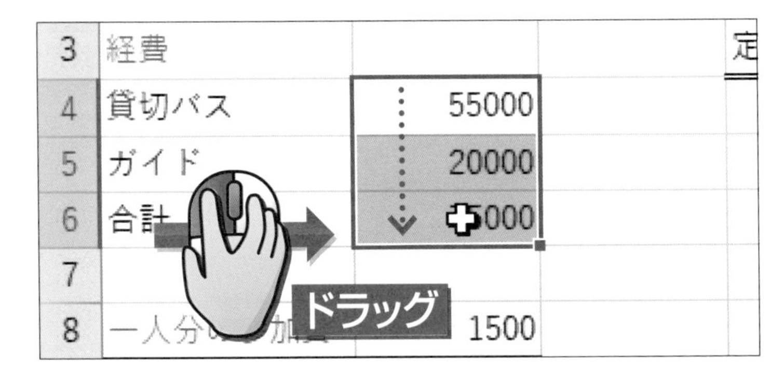

B4セルからB6セルを

ドラッグして

選択します。

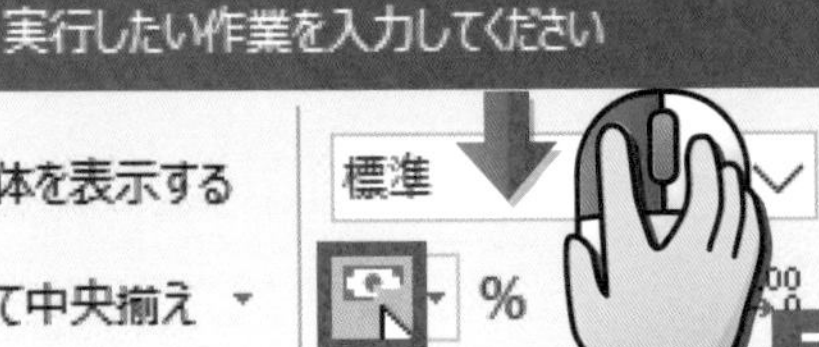

通貨表示形式
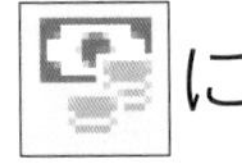に

カーソル
を移動して、

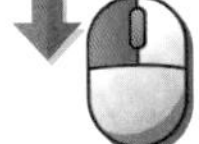左クリックします。

2 ¥マークと,（カンマ）をつけます

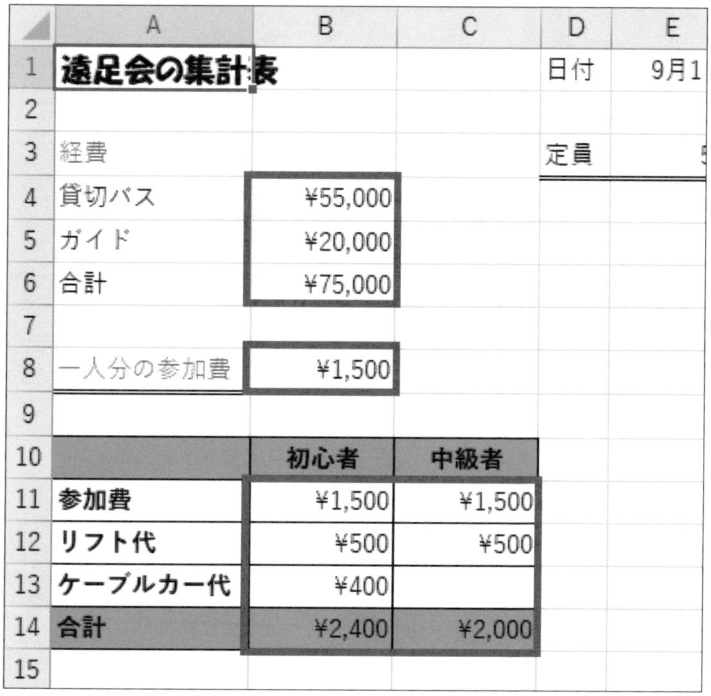

	A	B	C	D	E
1	遠足会の集計表			日付	9月1
2					
3	経費			定員	5
4	貸切バス	¥55,000			
5	ガイド	¥20,000			
6	合計	¥75,000			
7					
8	一人分の参加費	¥1,500			
9					
10		初心者	中級者		
11	参加費	¥1,500	¥1,500		
12	リフト代	¥500	¥500		
13	ケーブルカー代	¥400			
14	合計	¥2,400	¥2,000		
15					

数字に、¥マークと
,（カンマ）がつきました。

同様の方法で、
B8セル、
B11セルからC14セルに
¥マークと,（カンマ）を
つけます。

コラム ¥マークの表示を元に戻すには

表示を元に戻すには、元に戻したいセルを選択し、

通貨 の右側の ∨ を**左クリック**します。

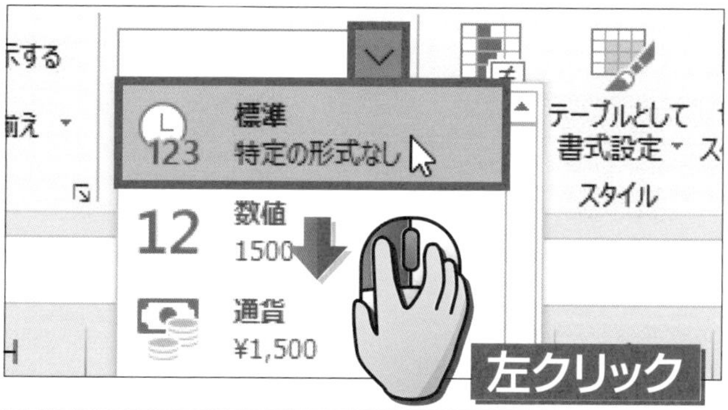

標準 特定の形式なし
数値 1500
通貨 ¥1,500
テーブルとして書式設定
スタイル
左クリック

表示されたメニューから
標準 特定の形式なし を
左クリックします。

エクセルで表を印刷しよう

作成した計算表を印刷しましょう。
まずは、印刷イメージを確認します。

1 印刷イメージを表示します その1

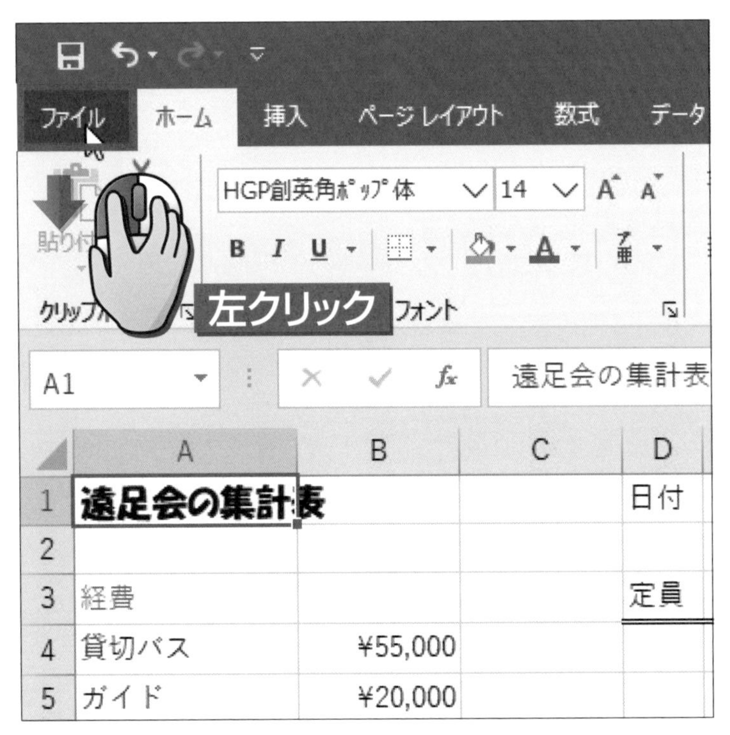

ファイル に

カーソルを移動して、

2 印刷イメージを表示します　その2

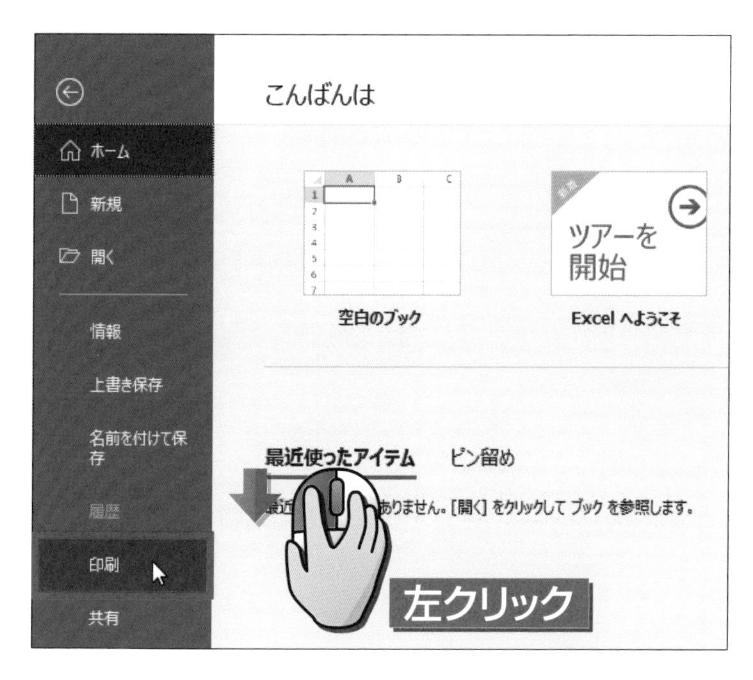

に

カーソル を移動して、

左クリックします。

ポイント!

画面左上の を左クリックすると、元の画面に戻ります。

3 印刷イメージが表示されました

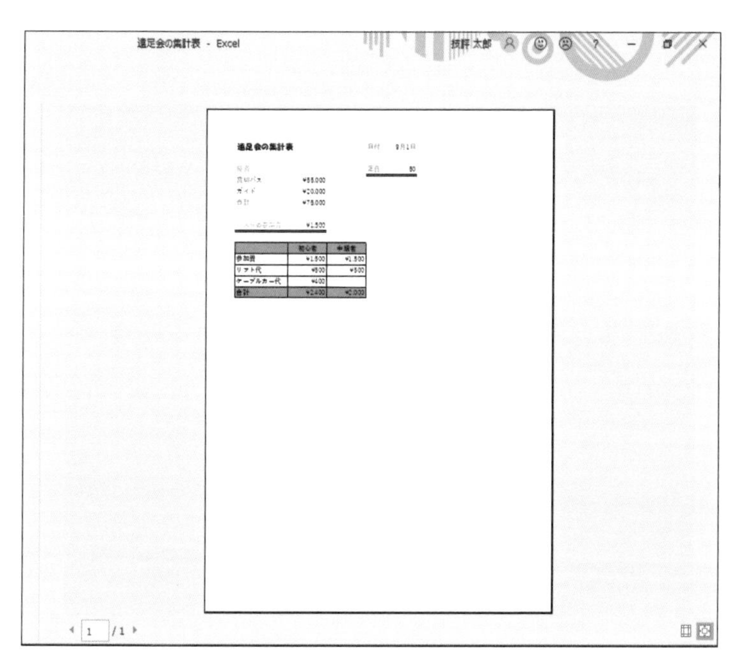

印刷イメージを確認します。

これで問題がないか確認しましょう。

4 プリンター名を確認します

プリンター に、
利用するプリンターの名前が表示されていることを確認します。

ポイント!

違うプリンターの名前が表示されている場合は、右側の▼を左クリックして目的のプリンターを選択します。

5 印刷部数を入力します

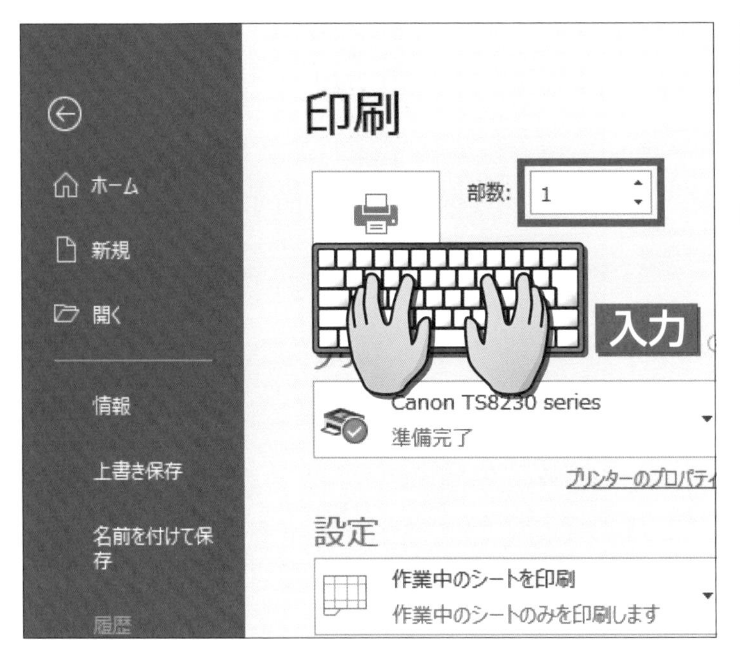

部数: 1 に、
印刷部数を
入力します。

6 印刷を実行します

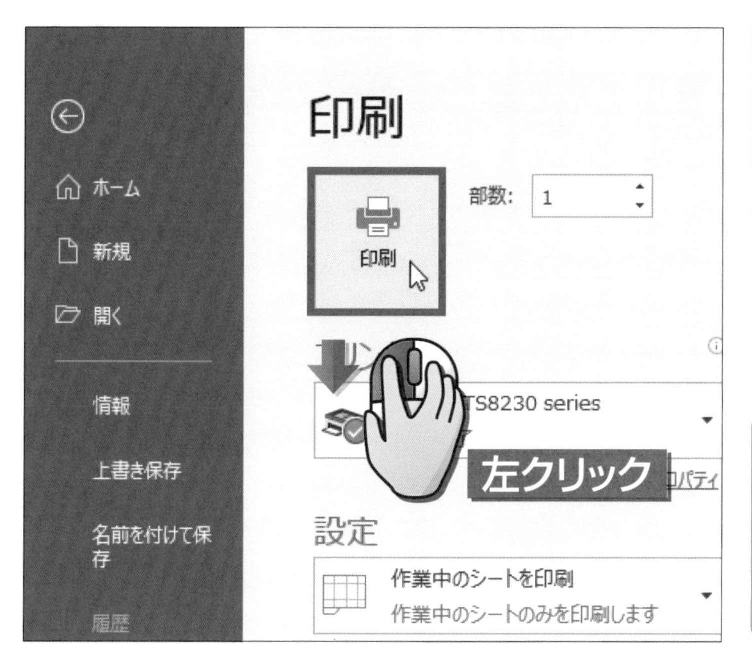

を

印刷が始まります。

ポイント！

印刷が始まらない場合は、プリンターの電源が入っているか、用紙がセットされているかなどを確認しましょう。

7 印刷できました

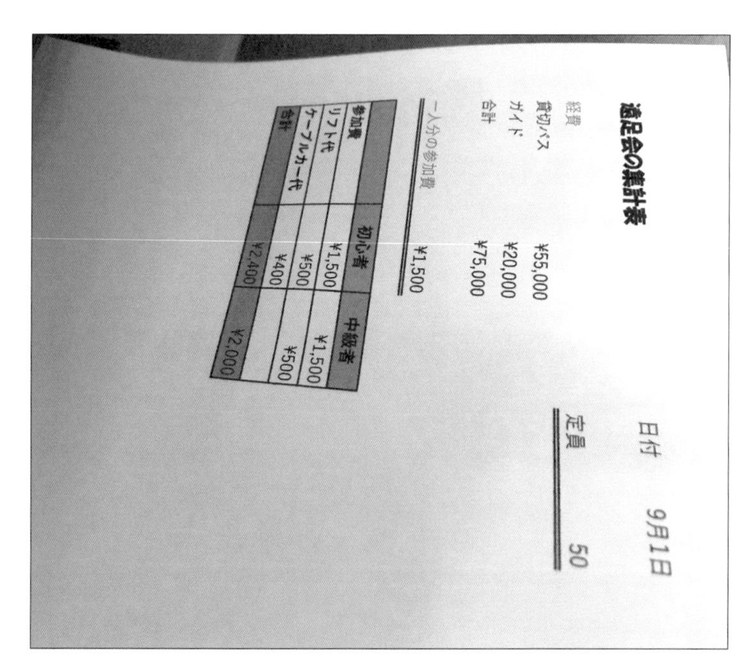

印刷が行われました。

ポイント！

164ページの方法で上書き保存を行い、エクセルを終了します。

第10章　練習問題

1　A1セルの値をA2セルの値で割り算する計算式で、正しいものはどれですか？

❶ ＝A1/A2
❷ ＝A1＋A2
❸ ＝A1＊A2

2　合計を求める計算式を入力するときに、左クリックするボタンはどれですか？

❶ 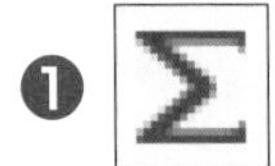　❷ 　❸ 

3　C1セルに入力されている計算式をC2セルとC3セルにコピーするには、どうすればよいですか？

❶ C2セルとC3セルに計算式を入力する
❷ C1セルを選択し、セルの外枠をドラッグする
❸ C1セルを選択し、右下の＋を下方向にドラッグする

第11章

ワードでエクセルの表を利用しよう

この章で学ぶこと

- エクセルで表をコピーできますか?
- エクセルの表をワードの文書に貼り付けられますか?
- ワードで表の列幅を変更できますか?

この章でやること

この章では、ワードの文書にエクセルの表を貼り付ける方法を紹介します。
ワードとエクセルの画面を切り替えながら操作しましょう。

エクセルの表をワードに貼り付けよう

ワードで作った「遠足会のご案内」に、
エクセルで作った「遠足会の集計表」を貼り付けます。

● ワードで作った「遠足会のご案内」

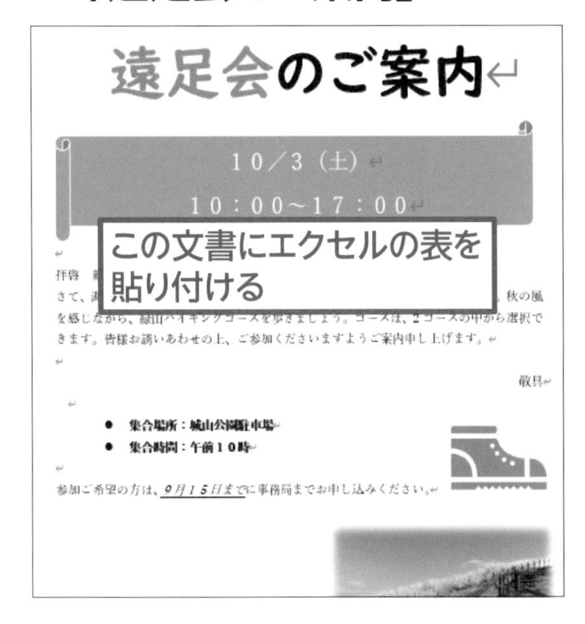
遠足会のご案内
10／3（土）
10：00～17：00
拝啓
さて、
秋の風
を感じながら、
ます。皆様お誘いあわせの上、ご参加くださいますようご案内申し上げます。
敬具
● 集合場所：城山公園駐車場
● 集合時間：午前１０時
参加ご希望の方は、９月１５日までに事務局までお申し込みください。

● エクセルで作った「遠足会の集計表」

	A	B	C	D
1	遠足会の集計表			日付
2				
3	経費			定員
4	貸切バス	¥55,000		
5				
6				
7				
8	一人分の参加費	¥1,500		
9				
10		初心者	中級者	
11	参加費	¥1,500	¥1,500	
12	リフト代	¥500	¥500	
13	ケーブルカー代	¥400		
14	合計	¥2,400	¥2,000	
15				

エクセルの表のこの部分をワードの文書に貼り付ける

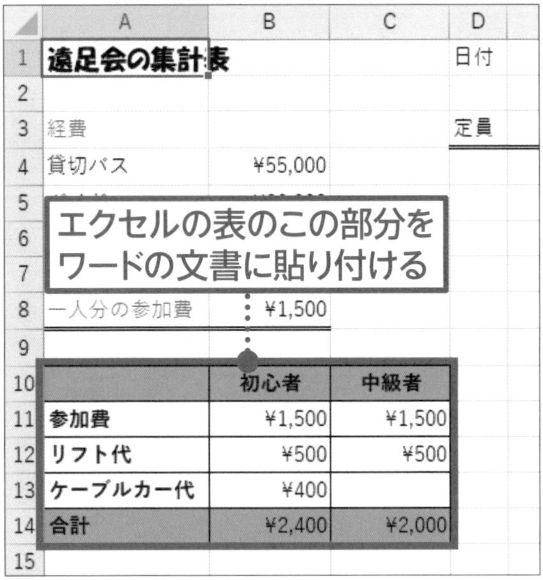

作業の手順

作業の手順は、以下のとおりです。

1 エクセルで貼り付ける表をコピーする

2 ワードに切り替える

3 コピーした表をワードの文書に貼り付ける

きます。皆様お誘いあわせの上、ご参加くださいますようご案内申し上げます。

敬具

- **集合場所：城山公園駐車場**
- **集合時間：午前１０時**

参加ご希望の方は、*9月15日まで*に事務局までお申し込みください。

＜参加費・現地徴収費＞

	初心者	中級者
参加費	¥1,500	¥1,500
リフト代	¥500	¥500
ケーブルカー代	¥400	
合計	¥2,400	¥2,000

エクセルの表を
ワードの文書に貼り付けた

ワードで貼り付けの準備をしよう

ワードの文書を開き、エクセルの表を貼り付ける準備をします。
最初に、表を貼り付ける場所を選択します。

1 ワードの文書を開きます

32ページの方法で、「遠足会のご案内」の文書を開きます。

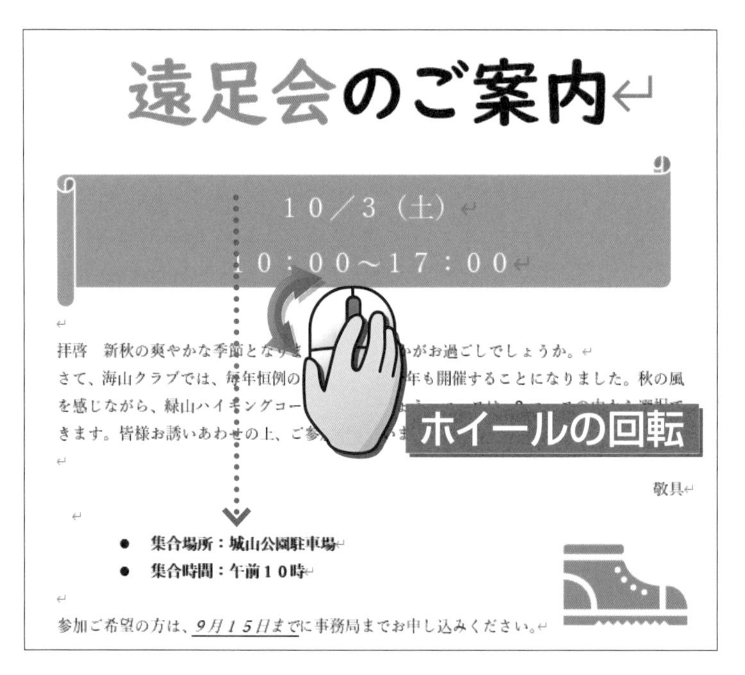

マウスのホイールを

回転します。

文書の下の方を
表示します。

2 表を貼り付ける場所を選択します

文書の末尾の ↵ を

左クリックして、

エンター

キーを押します。

3 表のタイトルを入力します

表のタイトルを

入力します。

エンター

キーを押して、

改行します。

ポイント!

<と>は Shift キーを押しながらは ね(ね)と る(る)のキーを押して入力します。

エクセルの表をコピーしよう

エクセルの表をワードに貼り付ける準備をしましょう。
エクセルで、ワード文書に貼り付ける表をコピーします。

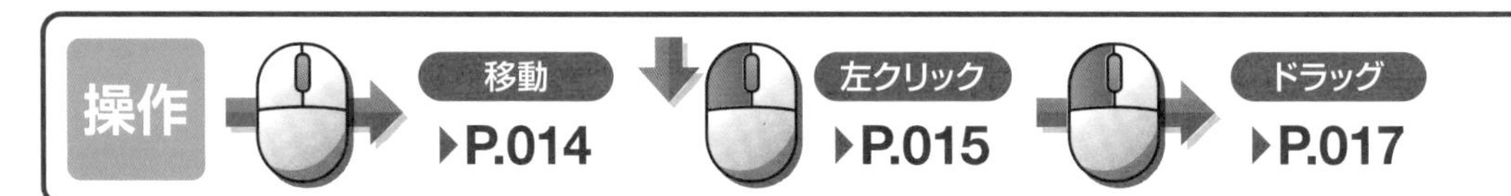

1 エクセルのファイルを開きます

142ページの方法で、「遠足会の集計表」を開きます。

	A	B	C
5	ガイド	¥20,000	
6	合計	¥75,000	
7			
8	一人分の参加費	¥1,5	
9			
10		初心者	中級者
11	参加費	¥1,500	¥1,500
12	リフト代	¥500	¥500
13	ケーブルカー代	¥400	
14	合計	¥2,400	2,000
15			
16			

ドラッグ

A10セルから
C14セルまでを

して、

選択します。

2 表をコピーします

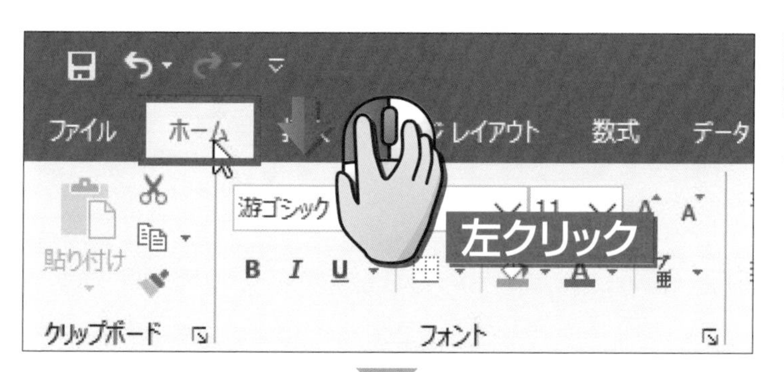

ホーム を

コピー
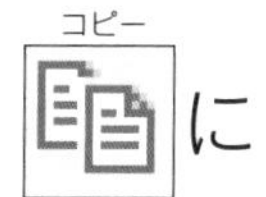
に

カーソル
を移動して、

	A	B	C	D
3	経費			定員
4	貸切バス	¥55,000		
5	ガイド	¥20,000		
6	合計	¥75,000		
7				
8	一人分の参加費	¥1,500		
9				
10		初心者	中級者	
11	参加費	¥1,500	¥1,500	
12	リフト代	¥500	¥500	
13	ケーブルカー代	¥400		
14	合計	¥2,400	¥2,000	
15				

A10セルから
C14セルまでが
コピーされます。

ポイント!

コピーに成功すると、コピーされた範囲が点線で囲まれます。

コピーした表をワードに貼り付けよう

エクセルでコピーした表を、ワードの文書に貼り付けましょう。
ここからは、画面をワードに切り替えて操作します。

1 ワードに切り替えます

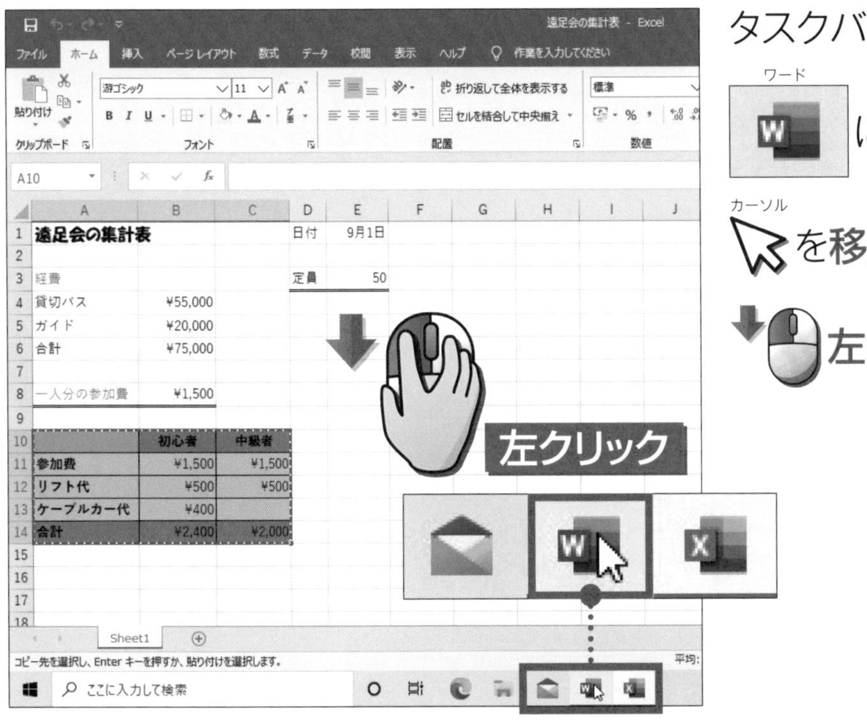

タスクバー上の

に

カーソルを移動して、

左クリックします。

2 ワードに切り替わりました

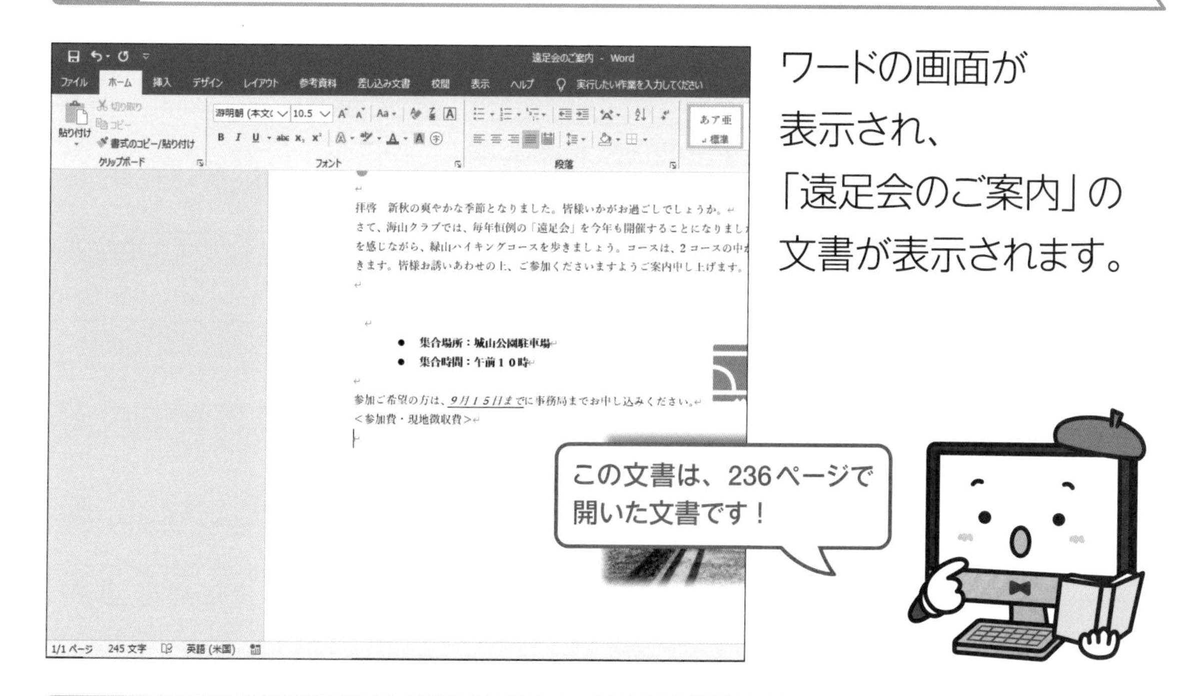

ワードの画面が表示され、「遠足会のご案内」の文書が表示されます。

3 貼り付ける場所を確認します

を感じながら、緑山ハイキングコースを歩きましょう。コ
きます。皆様お誘いあわせの上、ご参加くださいますよう

- 集合場所：城山公園駐車場
- 集合時間：午前１０時

参加ご希望の方は、*9月15日まで*に事務局までお申し込
＜参加費・現地徴収費＞

文章の末尾に文字カーソル｜が表示されていることを確認します。

ポイント！

｜（文字カーソル）が正しい場所で表示されていない場合は、52ページの方法で、｜（文字カーソル）を移動します。

4 タブを切り替えます

ホーム に

カーソルを移動して、

左クリックします。

5 表を貼り付けます

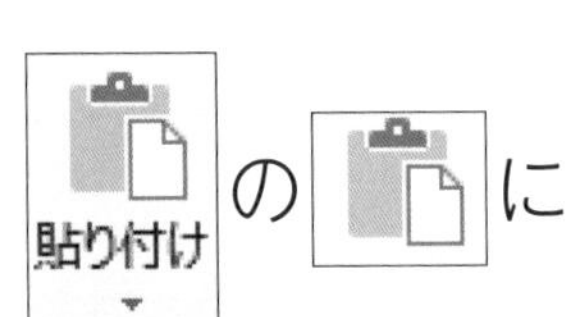

6 表が貼り付けられました

エクセルの表が、ワードの文書に貼り付けられました。

遠足会のご案内

10／3（土）

10：00～17：00

拝啓　新秋の爽やかな季節となりました。皆様いかがお過ごしでしょうか。
さて、海山クラブでは、毎年恒例の「遠足会」を今年も開催することになりました。秋の風を感じながら、緑山ハイキングコースを歩きましょう。コースは、2コースの中から選択できます。皆様お誘いあわせの上、ご参加くださいますようご案内申し上げます。

敬具

- **集合場所：城山公園駐車場**
- **集合時間：午前10時**

参加ご希望の方は、*9月15日まで*に事務局までお申し込みください。
＜参加費・現地徴収費＞

	初心者	中級者
参加費	¥1,500	¥1,500
リフト代	¥500	¥500
ケーブルカー代	¥400	
合計	¥2,400	¥2,000

(Ctrl)

エクセルの表が貼り付けられた

ポイント!

表が次のページにはみ出してしまったときは、
106ページの方法で写真のサイズを小さくしましょう。

表の列幅を整えよう

ワードに貼り付けた表の列幅を整えましょう。
列の境界線をドラッグして調整します。

▸P.014
▸P.017

1 表の列幅を変更する準備をします

エクセルからワードに貼り付けた表の列幅を変更します。

参加ご希望の方は、*9月15日まで*に事務局までお申し込み

＜参加費・現地徴収費＞

	初心者	中級者
参加費	¥1,500	¥1,500
リフト代	¥500	¥500
ケーブルカー代	¥400	
合計	¥2,400	¥2,000

(Ctrl)

列幅を変更する列の右側の罫線に、

カーソル を**移動**します。

カーソル の形が

┼ になったことを確認します。

2 表の列幅を広くします

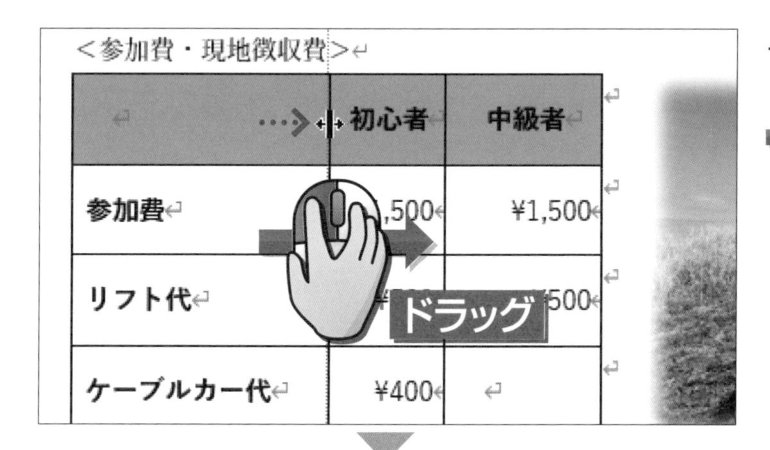

そのまま右方向に

ドラッグします。

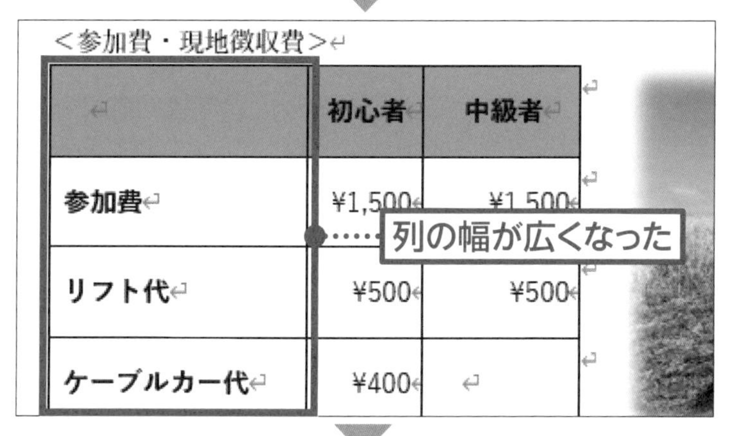

列の幅が
広くなりました。

<参加費・現地徴収費>

	初心者	中級者
参加費	¥1,500	¥1,500
リフト代	¥500	¥500
ケーブルカー代	¥400	
合計	¥2,400	¥2,000

列幅を調整した

同様の方法で、
他の列幅を調整します。

ポイント!

ワードのファイルとエクセルのファイルを、ともに上書き保存して終了します。

第11章 練習問題

1 エクセルの表をコピーするときに、左クリックするボタンはどれですか?

❶ ❷ ❸

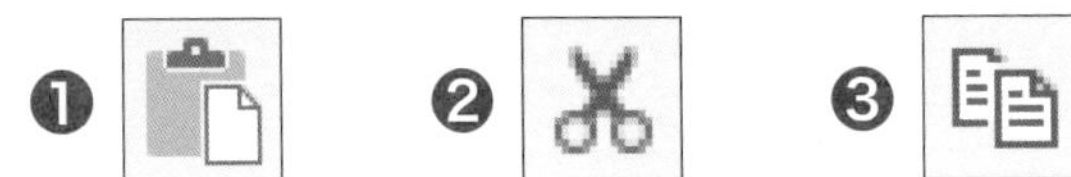

2 エクセルとワードが起動しているとき、画面をワードに切り替えるときに、左クリックするボタンはどれですか?

❶ ❷ ❸

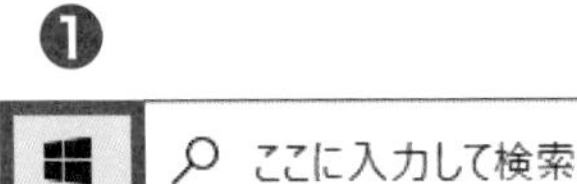

3 ワードにエクセルの表を貼り付けるときに、左クリックするボタンはどれですか?

❶ 

❷ 

❸ 

12

第12章 便利な機能を知っておこう

この章で学ぶこと

- エクセルとワードをかんたんに起動できますか?
- 文字を拡大して表示できますか?

エクセルやワードをかんたんに起動しよう

エクセルやワードをかんたんに起動する方法を紹介します。
画面下のタスクバーに、アイコンを表示しましょう。

1 スタート画面でワードを探します

20ページまたは
130ページの方法で、

または

に

カーソルを移動して、

2 タスクバーにピン留めします

その他 を

左クリックします。

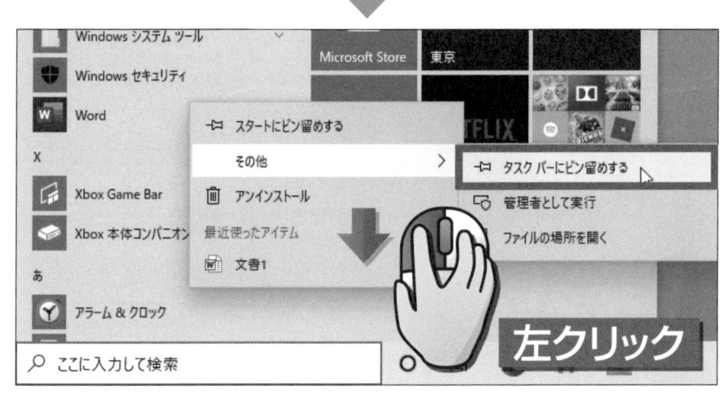

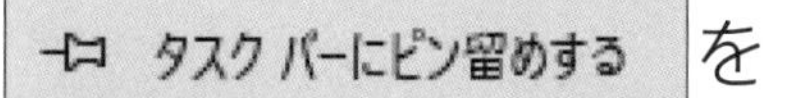
タスク バーにピン留めする を

左クリックします。

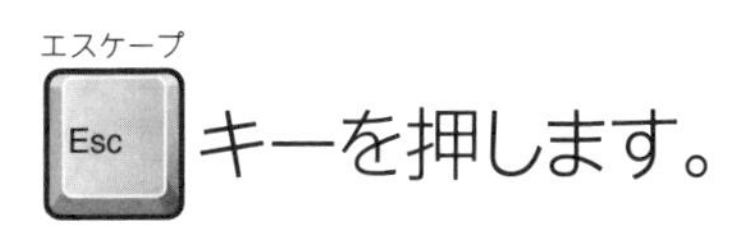
Esc（エスケープ）キーを押します。

3 アイコンが追加されました

デスクトップ画面が表示され、タスクバーにアイコンが追加されます。

タスクバーの W（ワード）を

左クリックすると、

ワードが起動します。

ポイント!

エクセルの場合は、 のアイコンが追加されます。

文字を拡大して見よう

文字が小さくて見づらい場合は、画面を拡大して表示しましょう。
文字が読みやすい倍率に変更できます。

1 拡大表示の準備をします

エクセルを起動し、表を開いておきます。

画面右下の＋（拡大）に（カーソル）を移動します。

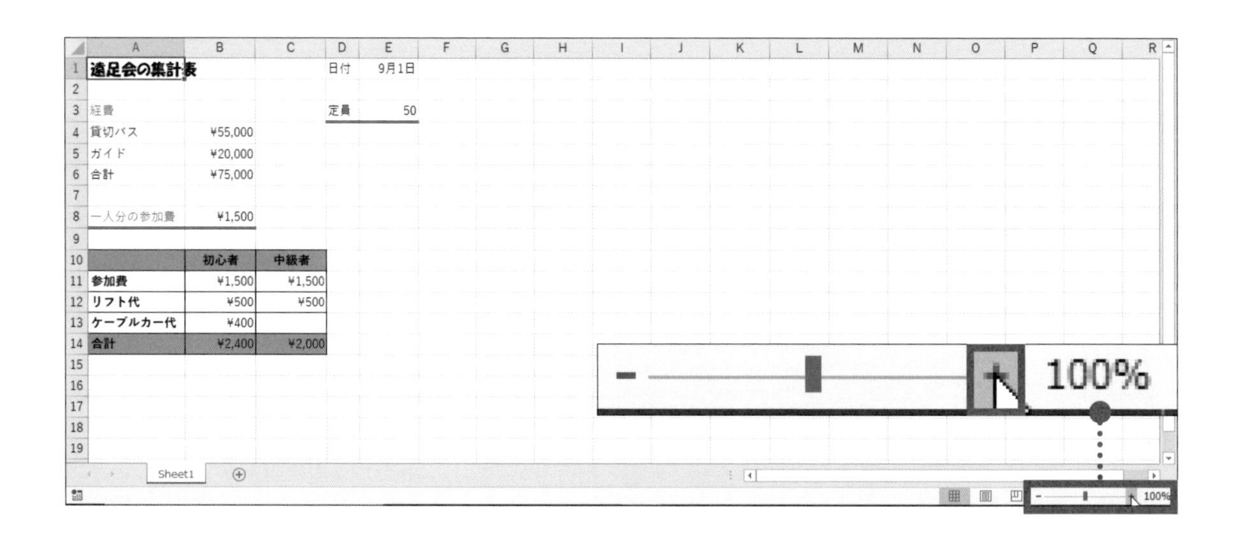

2 画面を拡大します

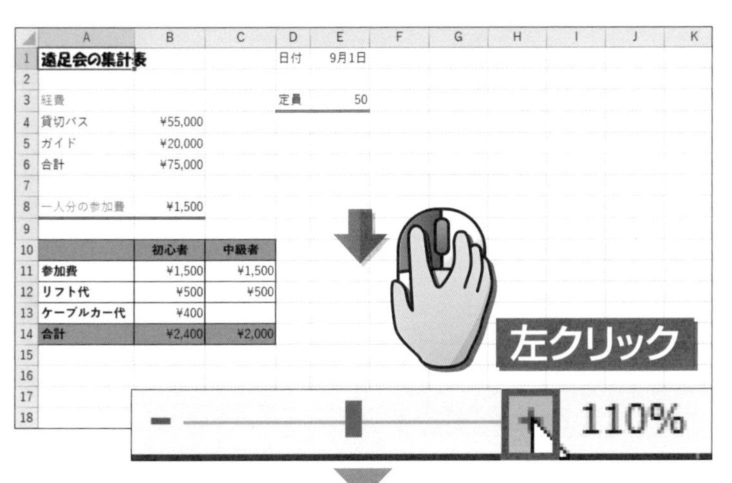

拡大

を

左クリックします。

少し拡大表示されます。

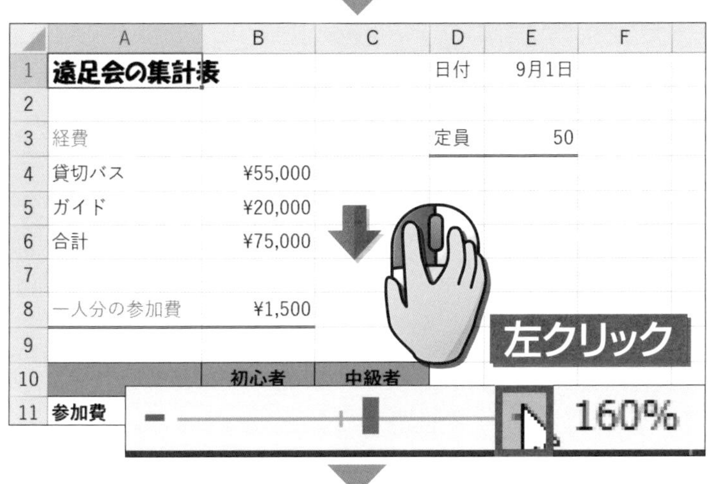

拡大 ＋ を何度か

左クリックします。

大きく
拡大表示されます。

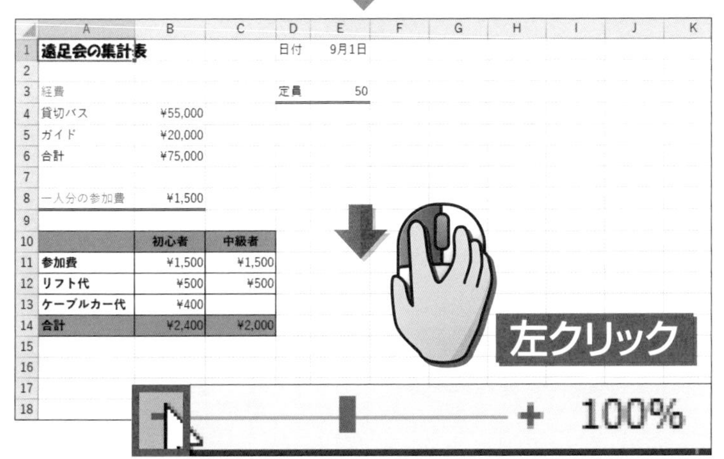

縮小 － を何度か

左クリックします。

表示が元に戻ります。

ポイント！

ワードでも、同様の方法で画面を拡大／縮小表示できます。

練習問題解答

第1章

1 正解 ❶
2 正解 ❷
3 正解 ❷

第2章

1 正解 ❸
2 正解 ❷
3 正解 ❶

第3章

1 正解 ❶
2 正解 ❶
3 正解 ❸

第4章

1 正解 ❷
2 正解 ❸
3 正解 ❶

第5章

1 正解 ❶
2 正解 ❸
3 正解 ❷

第6章

1 正解 ❶
2 正解 ❶
3 正解 ❸

第7章

1 正解 ❶
2 正解 ❸
3 正解 ❷

第8章

1 正解 ❶
2 正解 ❷
3 正解 ❸

第9章

1 正解 ❸
2 正解 ❷
3 正解 ❸

第10章

1 正解 ❶
2 正解 ❶
3 正解 ❸

第11章

1 正解 ❸
2 正解 ❷
3 正解 ❶

索引

ワード

さ行

た行

な・は行

ま行

ら行

わ行

著者
門脇香奈子（かどわきかなこ）

カバー・本文イラスト
株式会社 アット　イラスト工房

●イラスト工房 ホームページ
https://www.illust-factory.com/

本文デザイン
株式会社 リンクアップ

カバーデザイン
田邉恵里香

DTP
株式会社 技術評論社　制作業務課

編集
大和田洋平

サポートホームページ
https://book.gihyo.jp/116

今すぐ使えるかんたん　ぜったいデキます!
ワード&エクセル超入門
[2019/2016対応版]

2020年8月20日　初版　第1刷発行

著　者　門脇香奈子
発行者　片岡　巌
発行所　株式会社技術評論社
東京都新宿区市谷左内町21-13
電話　03-3513-6150　販売促進部
03-3513-6160　書籍編集部
印刷／製本　大日本印刷株式会社

定価はカバーに表示してあります。

ISBN978-4-297-11482-4 C3055
Printed in Japan

問い合わせについて

本書に関するご質問については、本書に記載されている内容に関するもののみとさせていただきます。本書の内容と関係のないご質問につきましては、一切お答えできませんので、あらかじめご了承ください。また、電話でのご質問は受けつけておりませんので、必ずFAXか書面にて下記までお送りください。
なお、ご質問の際には、必ず以下の項目を明記していただきますよう、お願いいたします。

1 お名前
2 返信先の住所またはFAX番号
3 書名
4 本書の該当ページ
5 ご使用のOSのバージョン
6 ご質問内容

FAX

1 お名前
技術　太郎
2 返信先の住所または FAX 番号
03-XXXX-XXXX
3 書名
今すぐ使えるかんたん
ぜったいデキます！
ワード＆エクセル超入門
4 本書の該当ページ
111 ページ
5 ご使用の OS のバージョン
Windows 10
6 ご質問内容
写真を移動したら
レイアウトが崩れてしまった。

問い合わせ先

〒162-0846 新宿区市谷左内町21-13
株式会社技術評論社 書籍編集部

「今すぐ使えるかんたん　ぜったいデキます!
ワード&エクセル超入門
[2019/2016対応版]」質問係
FAX.03-3513-6167

なお、ご質問の際に記載いただいた個人情報は、ご質問の返答以外の目的には使用いたしません。また、ご質問の返答後は速やかに破棄させていただきます。